高等学校数字媒体专业规划教材

Photoshop平面设计实用教程

张辉 编著

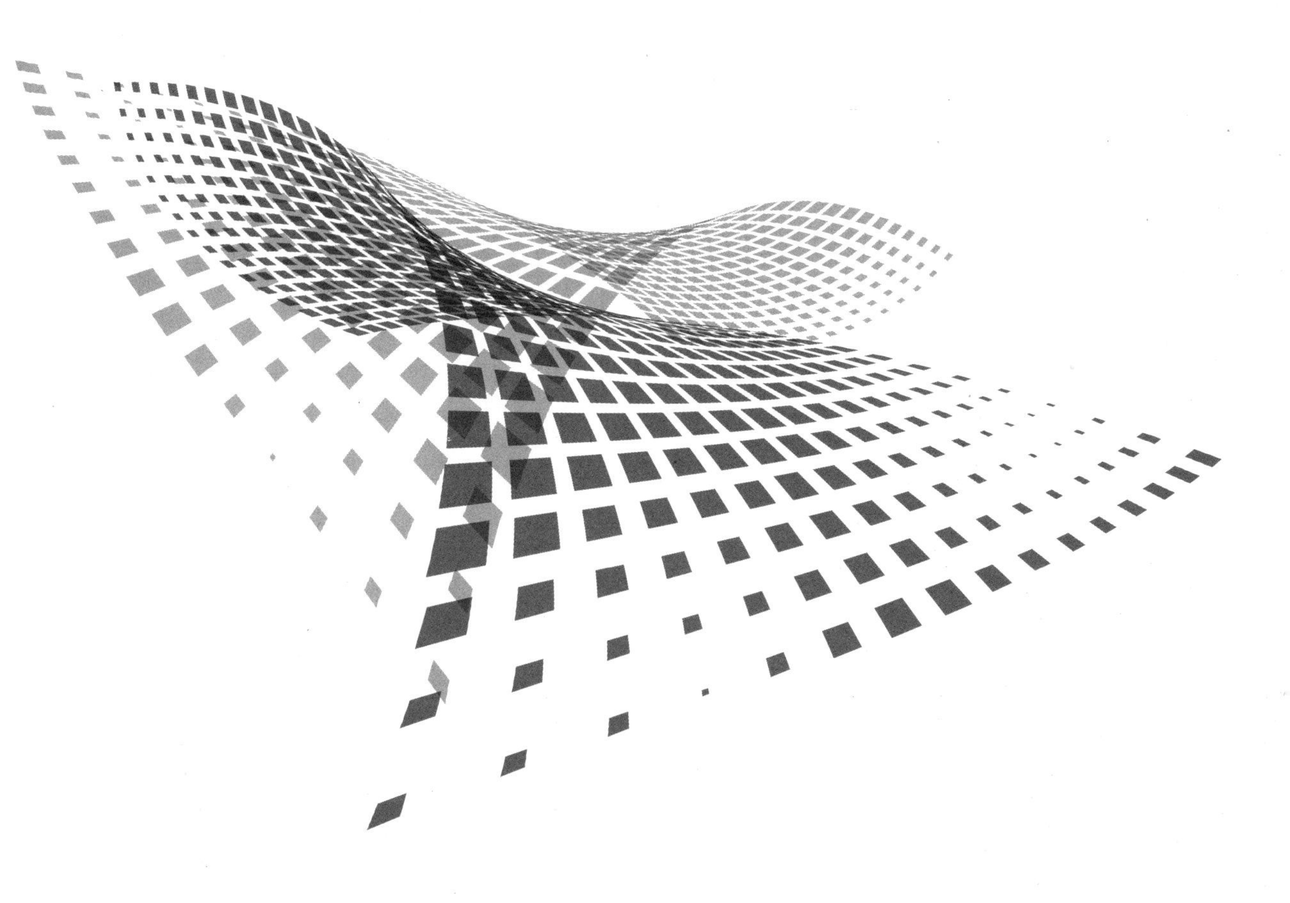

清华大学出版社
北京

内容简介

本书主要内容包括 Photoshop 基础知识、常用操作、选择方法、绘画与图像修饰、色彩调整、图层应用技巧、蒙版与通道、矢量工具与路径、文字与编辑、滤镜的应用、网页图像与动画、动作与自动化、色彩管理与系统预设、商业设计案例。

本书采用"教程＋案例"的编写形式，内容及案例选择立足于教学实际，结合"理、实一体化"及"工学结合"的教学理念，突出实用性、灵活性、先进性和技巧性，内容涉及目前 Photoshop 的主流应用，而且强调不同应用之间技术和设计理念的有机结合。书中每章均附有基础实例和综合实例，并在最后一章进行商业案例的实战演练。

本书兼具技术手册和教学用书的特点，适合作为高等学校数字媒体专业和各类培训机构相关课程的教材和教学参考书，也可以作为平面设计从业人员的参考用书。

图书在版编目（CIP）数据

Photoshop 平面设计实用教程/张辉编著. --北京：清华大学出版社，2013
高等学校数字媒体专业规划教材
ISBN 978-7-302-32414-0

Ⅰ. ①P…　Ⅱ. ①张…　Ⅲ. ①平面设计－图像处理软件－高等学校－教材　Ⅳ. ①TP391.41

中国版本图书馆 CIP 数据核字(2013)第 095972 号

责任编辑：焦　虹
封面设计：傅瑞学
责任校对：李建庄
责任印制：刘海龙

出版发行：清华大学出版社
网　　址：http://www.tup.com.cn，http://www.wqbook.com
地　　址：北京清华大学学研大厦 A 座　　**邮　　编**：100084
社 总 机：010-62770175　　**邮　　购**：010-62786544
投稿与读者服务：010-62776969，c-service@tup.tsinghua.edu.cn
质量反馈：010-62772015，zhiliang@tup.tsinghua.edu.cn
课件下载：http://www.tup.com.cn，010-62795954
印 刷 者：北京世知印务有限公司
装 订 者：北京市密云县京文制本装订厂
经　　销：全国新华书店
开　　本：185mm×260mm　　**印　　张**：18.25　　**字　　数**：456 千字
版　　次：2013 年 7 月第 1 版　　**印　　次**：2013 年 7 月第 1 次印刷
印　　数：1～2000
定　　价：69.00 元

产品编号：053556-01

前言

1. 本书主要内容

本书采用“理、实一体化”的教学模式，以培养实践能力为中心，体现“做中学、学中做”的特点。作者在教学中将典型案例、商业实践项目与教学融为一体，并将职业素养和创新意识纳入实践教学体系。全书共分 14 章，概括如下：

第 1 章讲解 Photoshop 的发展历程及应用领域、新功能、基本概念。

第 2 章讲解界面控制、常用的编辑操作、图像形状变换等功能。

第 3 章讲解各类选区的创建方式，重点讲解基本选择工具、“抽出”滤镜及选区的运用。

第 4 章讲解修复工具、内容识别比例、“消失点”滤镜、“操控变形”命令的使用方法。

第 5 章讲解图层的常用编辑，图层蒙版、图层样式及图层混合模式的应用技巧。

第 6 章讲解图像色彩调整命令的基本应用及操作技巧。

第 7 章讲解图层蒙版及通道中存储信息的基本原理。

第 8 章讲解文字工具及路径字、段落排版、艺术字制作等内容。

第 9 章讲解画笔工具、钢笔工具、矢量绘图工具的定制和使用。

第 10 章讲解滤镜库及外挂滤镜的使用。

第 11 章讲解如何使用、录制动作，批处理图像，创建 Web 照片画廊及制作全景图像。

第 12 章讲解切片的创建、删除、组合、网页输出、制作动画和处理视频等。

第 13 章讲解校样设置、环境参数设置等内容。

第 14 章讲解商业应用领域的 9 个实践案例。

2. 本书主要特色

本书以学生知识、能力和素质一体化的培养为目标，重点在于培养学生的自主学习能力和创新能力，强化学生的工程意识和工程实践能力。

前言

本书每章都附有相应的基础实例、综合实例，以层层递进的方法讲解每个实例的内容和步骤，强化读者对知识的理解。在最后一章介绍了具有鲜明特色的案例，内容涉及海报、相册封面、广告、网页素材、形象宣传、主题背景、软件UI界面等应用领域。每个商业案例均从案例要求、设计思路、知识要点、制作步骤、案例小结五个方面介绍其完成过程，体现了CDIO工程教育的理念。

3. 课程教学方法

(1) 应用理论与案例交替循环授课

教师示范和学生操作训练互动，学生提问与教师解答、指导有机结合，让学生在教和学的过程中，掌握平面设计的知识和技能。

(2) 基于行动导向的"六步法"情境化学习过程

在每个学习任务的教学实施过程中，按照基于行动导向的"资讯、决策、计划、实施、检查、评价"六步法，以"任务描述、任务资讯、任务分析(决策、计划)、任务实施、任务检查、任务评价与总结、拓展训练"的过程实施教学。

4. 教学评价体系

(1) 采用阶段评价、目标评价、项目评价、理论与实践一体化评价的模式。

(2) 注重评价的多元性，结合考勤、课堂提问、课堂讨论、学生作业、平时测验、实验实验、技能竞赛及考试情况，综合评价学生的成绩。

(3) 注重学生职业素质、岗位技能和专业知识的综合性评价，着重培养学生的综合素质，力求使评价体系全面、可控、可行。

(4) 注重学生创新能力的培养，对具有独特创意的学生予以特别鼓励。

本书在编写过程中，注意重点内容的深入浅出和案例选择的合理性、时效性。由于作者水平有限，书中难免有不足之处，恳请广大读者和同行批评指正。

张辉

目录

目录

目录

目录

目录

目录

目录

目录

目录

目录

目录

目录

目录

目录

目录

目录

目录

目录

目录

目录

第1章 平面设计基础知识

知识要点

- Photoshop 的应用领域。
- 像素与分辨率的概念。
- 计算机图形的类型。
- Photoshop 的色彩模式。
- 常用的图像文件格式。

本章导读

本章介绍 Photoshop 的应用领域；另外还对部分关键概念进行了讲解，例如像素、图像分辨率、图像的类型、色彩模式等。这是图像处理与编辑技术的基础概念，需要重点掌握；此外，还要了解常用的图像文件格式的特点及应用。

1.1 Photoshop 的应用领域

Adobe 公司的 Photoshop 是世界上最优秀的图像编辑软件之一。它在计算机图形设计领域的应用十分广泛，不论是 3D 动画软件、平面设计软件、网页制作软件、矢量图形软件、多媒体制作软件还是排版软件，Photoshop 在每一个环节中都发挥着不可替代的重要作用。

1.1.1 在平面设计中的应用

Photoshop 不仅引发了印刷业的技术革命，而且也已成为图像处理领域的行业标准。在平面设计制作中，特别是基于像素的图像处理，Photoshop 是设计师必备的软件，也是设计师信任与依赖的工具。经过 20 多年的发展，Photoshop 已经完全渗透到产品包装、海报招贴、特效制作、卖点广告(POP)、书籍装帧、印刷、制版等平面设计的各个领域。两个实例如图 1-1 和图 1-2 所示。

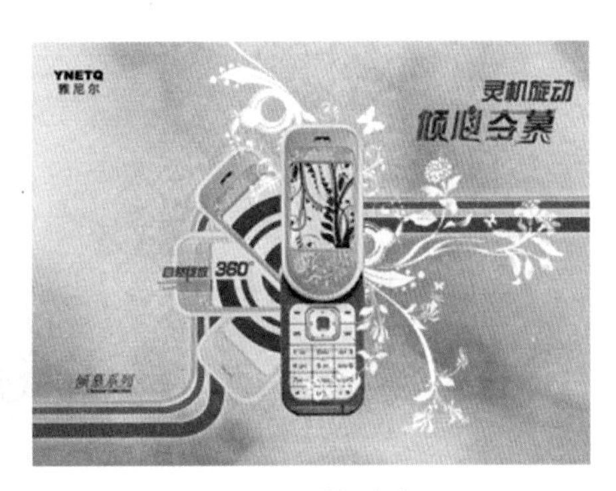

图 1-1 手机广告

图 1-2 房地产海报

1.1.2 在网页设计中的应用

网页设计与制作目前已是比较成熟的行业，将 Photoshop 与网页制作软件相结合，可达到事半功倍的效果。用 Photoshop 设计网页页面以及背景、按钮、图标等应用素材，将设计好的页面效果图进行合理切片并输出为网页格式，然后导入到 Dreamweaver 等网页编辑软件中进行处理，再用 Flash 添加动画内容，便可以创建出可维护性和互动性较强的多媒体网页。因此，一个合格的网页设计师，首先应该是一个平面设计师。网页模板如图 1-3 和图 1-4 所示。

图 1-3 网页模板(1)

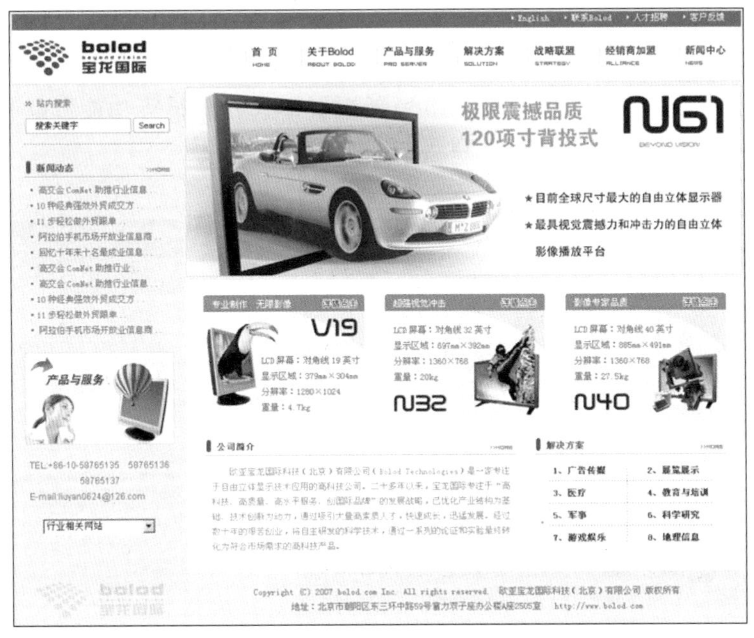

图 1-4 网页模板(2)

1.1.3 在插画设计中的应用

电脑艺术插画作为 IT 时代最先锋的视觉表达艺术之一，其触角延伸到了网络、广告、CD 封面甚至 T 恤，已经成为新文化群体表达文化意识形态的利器。使用 Photoshop 可以绘制风格多样的插图，而且能够制作出各种效果和质感，如图 1-5 和图 1-6 所示。

图 1-5 人物插画

图 1-6 场景插画

★**提示**：绘制插画的软件主要有 Illustrator、Photoshop 和 Painter 等。

1.1.4 在界面设计中的应用

古板单调的界面已无法满足人们的视觉体验，界面设计师就是为了满足软件专业化和标准化的需求而产生的。从以往的软件界面、游戏界面到如今的手机操作界面、智能家电等，界面设计伴随着计算机、网络和智能电子产品的普及而迅猛发展。Photoshop在界面设计中有很强的优势，使用Photoshop的图层样式和滤镜等功能可以制作具有各种真实的质感和特效的界面，如图1-7和图1-8所示。

图1-7 游戏界面

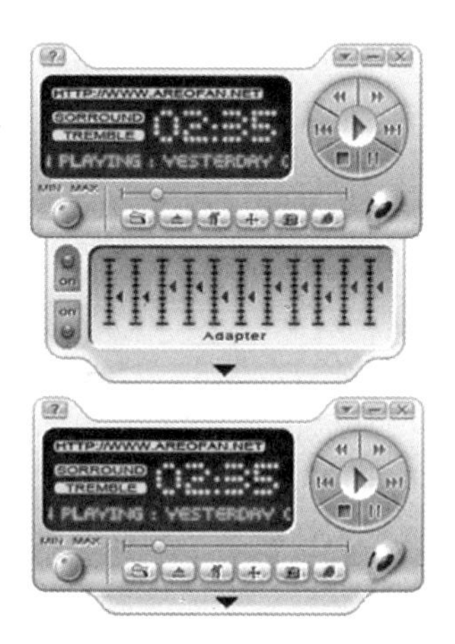

图1-8 播放器界面

1.1.5 在数码照片与图像修复中的应用

传统摄影过程中总是离不开暗房这一环节，如果没有暗房，冲印是根本不可能实现的；而数码摄影则完全可以在明室的环境下操作。采用数码化的摄影方式和照片制作流程，可以使摄影从暗房中解放出来。数码相机与电脑之间联系紧密，使用电脑对数码照片进行后期处理，可以轻松地完成在传统相机上需要花费很大的人力和物力才能完成的特殊的拍摄效果。

作为最强大的图像处理软件，Photoshop可以完成从照片的扫描与输入，再到校色、图像修正，最后到分色输出等一系列专业化的工作。此外，Photoshop还提供了大量的色彩和色调调整，图像修复与修饰工具。不论是色彩与色调的调整，照片的校正、修复与润饰，还是图像创造性的合成，在Photoshop中都可以找到最佳的解决方法。实例如图1-9和图1-10所示。

图1-9 人物写真

图1-10 婚纱摄影

1.1.6 在动画与CG设计中的应用

在3D动画软件领域，3ds Max、Maya等三维制作软件的贴图制作功能都比较弱，模型的贴图通常都是在Photoshop中制作的。

使用Photoshop制作的人物皮肤贴图、场景贴图和各种质感的材质不仅效果逼真，还可以为动画渲染节省宝贵的时间。实例如图1-11和图1-12所示。

图1-11 人物材质

图1-12 模型贴图

1.1.7 在效果图后期制作中的应用

在制作室内外建筑艺术效果图时，后期的色彩调整以及对灯光、质感等用三维软件不容易实现的部分都可以在Photoshop中实现；在室外景观效果图制作中，例如，人物、车辆、植物、天空、景观和各种装饰品都可以在Photoshop中进行后期处理并合成。这样不仅节省渲染时间，也增强了画面的美感。实例如图1-13和图1-14所示。

图1-13 室内效果图

图1-14 室外效果图

1.2 像素与分辨率

1.2.1 了解像素

像素是图像最基本的元素，它有自己的明确位置，记载着图像的颜色信息。像素所占有的存储空间决定了图像色彩的丰富程度。一个图像的像素越多，包含的色彩信息也就越丰富，但文件也会随之增大。

1.2.2 了解分辨率

分辨率是指单位长度内包含的像素点的数量，它的单位为像素/英寸(ppi)。一般情况下，图像的分辨率越高，所包含的像素就越多，图像就更加清晰。相同尺寸的图像，分辨率不同，文件的大小也不一样。高、低分辨率图像的对比如图 1-15 所示。

图 1-15 高、低分辨率图像的对比

在打印图像时，高分辨率的图像比低分辨率的图像包含的像素更多，因此像素点更小。与低分辨率的图像相比，高分辨率的图像中像素密度更高，可以重现更多细节和更细微的颜色过渡，但同时也会增加文件的磁盘占有率。因此，如果图像用于屏幕显示，可将分辨率设为 72 像素/英寸(ppi)，这样可以减少文件的大小，提高传输和浏览速度。如果图像用喷墨打印机打印，则将分辨率设为 100～150 像素/英寸(ppi)；如果用于专业印刷，则应设置为 300 像素/英寸(ppi)。

印刷时往往使用线屏(LPI 线/英寸)而不是分辨率来定义印刷的精度，在数量上线屏是分辨率的两倍。一份以 175 线屏印刷的出版物，意味着出版物中的图像必须具有 350 像素。这有助于在知道图像的最终用途后，确定图像的扫描分辨率。

- 报纸印刷常用低线屏值(85～150 像素/英寸)的图像。
- 普通杂志常用中等范围值(135～175 像素/英寸)的图像。
- 高品质的印刷品会使用更高的线屏值，这往往需要向印刷商咨询。

★**提示**：除了分辨率外，影响文件大小的另一个因素是文件格式。由于 GIF、JPEG 和 PNG 等文件格式的压缩方法各不相同，因此，即使像素大小相同，不同格式的文件大小差异也会很大。另外，图像中的颜色位深度、图层及通道的数目也会影响文件大小。

1.3 图像的类型

计算机图形主要分为两类，一类是位图图像，另外一类是矢量图形。Photoshop 是典型的位图处理软件，但也包含矢量功能，可以创建矢量图形和路径。了解两种类型之间的差异，对于创建、编辑和导入图片是很有帮助的。

1.3.1 位图的特征

位图图像在技术上被称为栅格图像，是由许多小方块组成的，这些小方块便是像素。在 Photoshop 中处理图像时，编辑的就是这些像素。位图图像的特点是可以表现色彩的变化和颜色的细微过渡，从而产生逼真的效果，并且可以很容易地在不同的软件之间交换使用。使用数码相机拍摄的照片、通过扫描仪扫描的图片以及在计算机屏幕上抓取的图像等都是属于位图。

在保存位图图像时，系统需要记录每一个像素的位置和颜色值，因此，位图所占用的存储空间比较大。另外，由于受到分辨率的制约，位图图像包含固定的像素数量，因此在对其进行旋转或者缩放时，很容易产生锯齿。

选择“缩放”工具，在视图中多次单击，将图像放大，可看到图像是由像素点组成的，每个像素都具有特定的位置和颜色值。位图图像最显著的特征就是它们可表现颜色的细腻层次。基于这一特征，位图图像被广泛用于照片处理、数字绘画等领域，如图 1-16 所示。

(a) 原图

(b) 放大后的原图

图 1-16 像素图

1.3.2 矢量图的特征

矢量图是图形软件通过数学的向量方式进行计算得到的图形。矢量图所占用的存储空间要比位图小很多。它最大的优点是可以任意旋转和缩放而不会影响图形的清晰度和光滑性，这是由于矢量图与分辨率没有直接关系，因此，也就不会受到分辨率的限制了。

使用“缩放”工具将图像不断放大，此时可看到矢量图形仍保持为精确、光滑的图形，如图 1-17 所示。

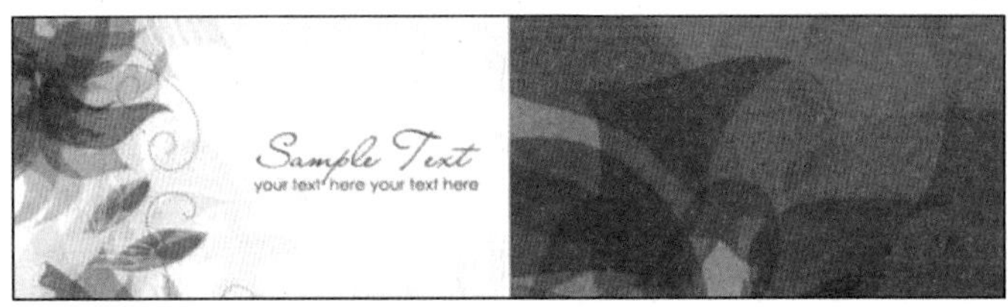

图 1-17　矢量图

矢量图适合创建图标、Logo 等内容，但其缺点也很明显。它不能创建过于复杂的图形，无法表现照片等位图的那种丰富的颜色变化和细腻的色调过渡。典型的矢量图软件有 Illustrator、CorelDRAW、FreeHand 和 AutoCAD 等。

★**提示**：由于计算机的显示器只能在网格中显示图像，因此，在屏幕上看到的矢量图形和位图图像均显示为像素。

1.4　图像的颜色模式

在 Photoshop 中，可以为每个文档选取一种颜色模式。颜色模式决定了用来显示和打印所处理图像的颜色的方法。选择某种特定的颜色模式，就等于选择了某种特定的颜色模型（一种描述颜色的数值方法）。Photoshop 的颜色模式基于颜色模型，而颜色模型对于印刷中使用的图像非常有用。在"图像"→"模式"下拉菜单中可以选择需要的颜色模式，例如 RGB、CMYK、Lab 模式。还可以选择用于特殊色彩输出的颜色模式，例如索引颜色和双色调等。

1.4.1　位图模式

位图模式使用两种颜色值（黑色或白色）表示图像中的像素，因此，在将图像转换为位图模式后，图像中只包含纯黑和纯白两种颜色。彩色图像转换为位图模式时，像素中的色相和饱和度信息都将被删除，只保留亮度信息。由于只有灰度和双色调模式的图像才能够转换为位图模式，因此如果要将这两种模式以外的图像转换为位图模式，则应先将其转换为灰度模式或双色调模式，然后才能转换为位图模式。

打开一个灰度图像，执行"图像"→"模式"→"位图"命令，可以打开"位图"对话框。在"输出"选项中可以设置图像的输出分辨率，如图 1-18 所示。

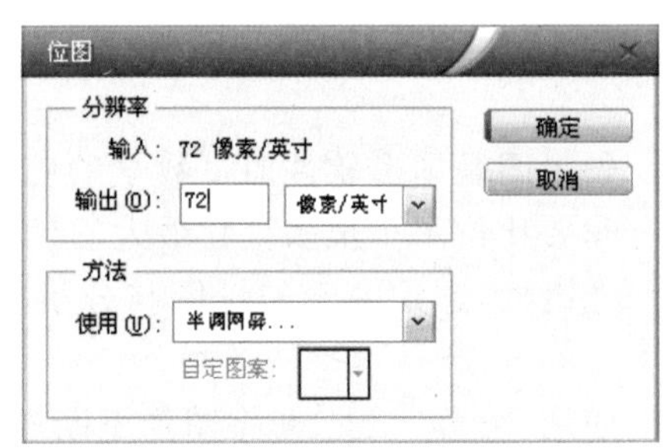

图 1-18　位图对话框

在"方法"选项中可以选择一种转换方法，包括"50%阈值"、"图案仿色"、"扩散仿色"、"半调网屏"和"自定图案"。

50%阈值：将 50%色调作为分界点，灰度值高于中介色阶 128 的像素将转换为白色，灰色值低于色阶 128 的像素将转换为黑色，进而创建高

对比度的黑白图像。

图案仿色：可使用黑白点的图案来模拟色调。

扩散仿色：通过使用从图像左上角开始的误差扩散过程来转换图像，由于转换过程的误差原因，会产生颗粒状的纹理。

半调网屏：可模拟平面印刷中使用的半调网点外观。图1-19显示了“半调网屏”对话框，可以用来设置频率、角度和形状。

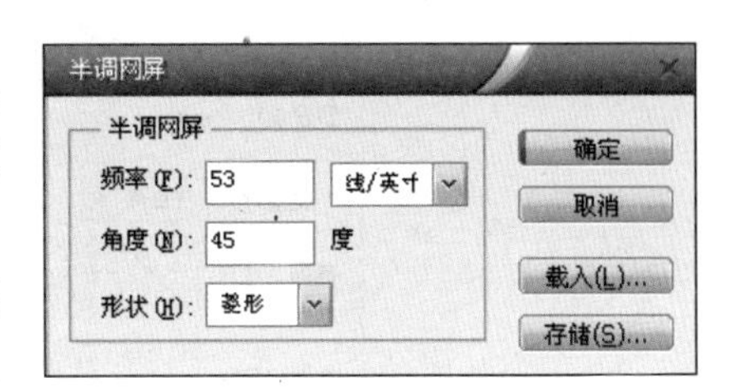

图1-19　“半调网屏”对话框

自定图案：可选择一种图案来模拟图像中的色调。

1.4.2　灰度模式

灰度模式的图像不包含颜色，彩色的图像转换为灰度模式后，它的色彩信息都将被删除。

灰度图像中的每个像素都有一个0～255之间的亮度值。0代表黑色，255代表白色，值则代表了黑、白中间过渡的灰色。在8位图像中，最多有256级灰度；在16和32位图像中，图像中的级数比8位图像要大得多。

灰度模式的图像也可以转换为其他彩色模式，转换过程中灰度色会被其他模式的颜色代替。如转换为RGB或CMYK模式时，在人的视觉上还是一张灰度图片，但是它原有的灰度色已经被构成RGB或CMYK的各种单色混合出来的灰色代替。

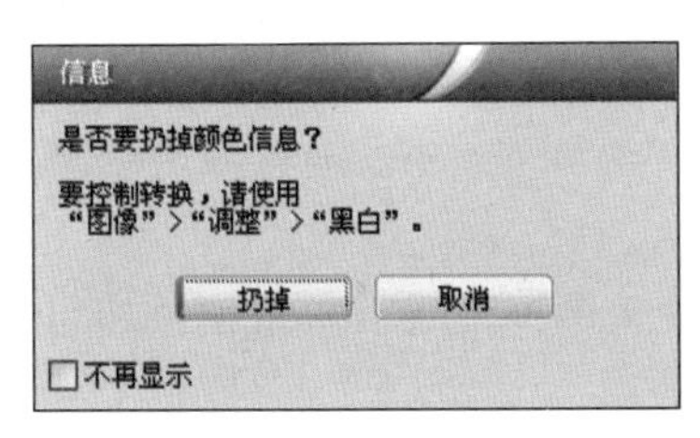

图1-20　提示框

灰度模式的图像只有一个灰色通道。在Photoshop中对彩色图像执行“图像”→“模式”→“位图”命令，会弹出提示框，如图1-20所示。提示此操作会扔掉图像的颜色信息，并且不能恢复(除非使用历史记录取消操作)。

如果图像中含有多个图层，则在转换过程中会提示是否在扔掉颜色信息时合并图层。灰度模式的图像支持多个图层。如果选择不拼合图层，则其转换后的图层信息会完全保留。当彩色模式的图像转换为灰度模式时，Photoshop会自动计算每种彩色相对灰度的亮度，并在灰度图像还原，从而得到完整的灰度图像。

★**提示**：使用黑白或灰度扫描仪生成的图像通常以灰度模式显示。

1.4.3　双色调模式

在Photoshop中可以创建单色调、双色调、三色调和四色调的图像。单色调是用非黑色的单一油墨打印的灰度图像，双色调、三色调和四色调分别是用两种、三种和四种油墨打印的灰度图像。在这些图像中，将使用彩色油墨(而不是不同的灰度梯度)来重现带色彩灰色。

执行“图像”→“模式”→“双色调”命令，可以打开“双色调选项”对话框，如图1-21所示。通过1～4种自定油墨可创建单色调、双色调(两种颜色)、三色调(三种颜色)和四色调(四种颜色)的灰度图像。

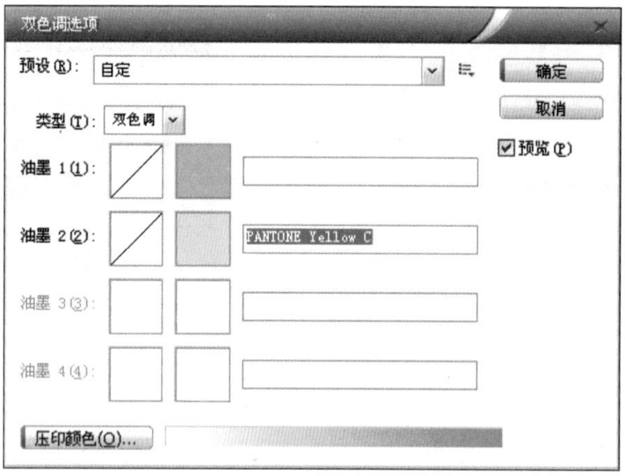

图 1-21 “双色调选项”对话框

类型：在该下拉列表中可以选择创建“单色调”、“双色调”、“三色调”和“四色调”。

油墨：用来对油墨进行编辑。选择“单色调”时，只能编辑一种油墨；选择“四色调”时，可以编辑全部 4 种油墨。单击“对角斜线”状图标。可以打开“双色调曲线”对话框，调整对话框中的曲线可以改变油墨的百分比。单击“油墨”选项右侧的颜色块，可以在打开的“拾色器”设置油墨的颜色。如果单击“拾色器”中的“颜色库”按钮，则可以选择一个颜色系统中的预设颜色。

★**提示**：在双色调模式的图像中，每一种油墨都可以通过一条单独的曲线来指定颜色如何在阴影和高光内分布。由于原始图像中的每个灰度值都被映射到一个特定的油墨百分比，因此，通过拖延图形上的点或输入不同的油墨百分比值，可以调整每种油墨的双色调曲线。

压印颜色：压印颜色是指相互打印在对方之上的两种无网屏油墨。单击该按钮可以在打开的“压印颜色”对话框中设置压印颜色的屏幕上的外观。

★**提示**：只有灰度模式的图像才可以转换为双色调模式。如果要将其他模式的图像转换为双色调模式，应先将其转换为灰度模式。

1.4.4 索引模式

索引颜色模式最多支持 256 种颜色，它是 GIF 文件格式的默认颜色模式。当彩色图像转换为索引颜色时，Photoshop 将构建一个颜色查找表(CLUT)，用以存放并索引图像中的颜色。如果原图像中的每种颜色没有出现在该表中，则程序将选取最接近的一种，或使用仿色以现有颜色来模拟该颜色。执行“图像”→“模式”→“索引颜色”命令，可以打开“索引颜色”对话框，如图 1-22 所示。

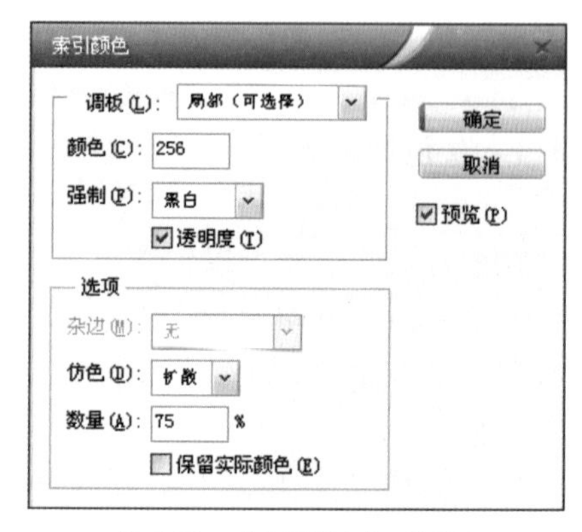

图 1-22 “索引颜色”对话框

调板：可选择转换为索引颜色后使用的调板类型，它决定将使用哪些颜色。

颜色：如果在“调板”选项中选择了“平均分布”、“可感知”、“可选择”或“随样性”，可以通过输入“颜色”值指定要显示的实际颜色数量(多达256种)。

强制：可选择将某些颜色强制包括在颜色表中的选项。选择“黑色和白色”，可将纯黑色和纯白色添加到颜色表中；选择“原色”，可添加红色、绿色、蓝色、青色、洋红、黄色、黑色和白色；选择Web，可添加216种Web安全色；选择“自定”，则允许定义要添加的自定颜色。

杂边：可指定用于填充与图像的透明区域相邻的消除锯齿边缘的背景色。

仿色：在该下拉列表中可以选择是否使用仿色，除非正在使用“实际”颜色表选项，否则颜色表可能不会包含图像中使用的所有颜色。若要模拟颜色表中没有的颜色，可以采用仿色。仿色混合现有颜色的像素，以模拟缺少的颜色。要使用仿色，可在该选项下拉列表中选择仿色选项，并输入仿色数量的百分比值。该值越高，所仿颜色越多，但是可能会增加文件大小。

★提示：所有颜色可以在保持多媒体演示文稿、Web页等的视觉品质的同时，减少文件大小，但是在这种模式下只能进行有限的编辑。例如，渐变和许多滤镜都不能使用。因此，如果要进一步进行编辑，可临时转换为RGB模式。

1.4.5 RGB 颜色模式

电脑屏幕上的所有颜色，都是由红色、绿色、蓝色三种色光按照不同的比例混合而成的。一组红、绿、蓝色就是一个最小的显示单位。屏幕上的任何一个颜色都可以由一组RGB值来记录和表达。图1-23(a)的图片是由图1-23(b)中的三个部分组成的。

(a) 原图

(b) 三个部分

图 1-23 RGB 模式

RGB模式是一种用于屏幕显示的颜色模式。R代表了红色，G代表了绿色，B代表了蓝色。在24位图像中，每一种颜色都有256种亮度值，RGB颜色模式可以重现256×256×256=16 777 216(1670多万)种颜色，也称为24位色(2的24次方)。这24位色还有一种称呼是8位通道色。这里的所谓通道，实际上就是指三种色光各自的亮度范围。因为计算机是二进制的，因此在表达色彩数量以及其他一些数量的时候，都使用2的n次方，256是2的8次方，就称为8位通道色。这里的色彩通道和图像通道在概念上不完全相同。如果把三原色光比作三盏不同颜色的可调光台灯，那么通道就相当于调光的按钮。对于观看者而言，感受到的只是图像本身，而不会去联想究竟三种色光是如何混合的。因此，通道的作用是“控制”而不是“展现”。

从Photoshop CS版本开始增强了对16位通道色的支持，这就意味着可以显示更多的色彩数(即 48 位色,约 281 万亿)。RGB 单独的亮度值为 2^{16},等于 65 536,65 536 的三次方为 281 474 976 710 656。由于人眼所能分辨的色彩数量还达不到 24 位的 1678 万色。所以更高的色彩数量在人眼看来并没有区别。

1.4.6 CMYK 颜色模式

CMYK 也称作印刷色彩模式。C 代表青色,M 代表品红色,Y 代表黄色,K 代表黑色。从理论上来说,只需要 C、M、Y 三种油墨就足够了,它们加在一起就应该得到黑色。由于目前制造工艺还不能造出高纯度的油墨,C、M、Y 相加的结果实际是一种暗红色,因此还需要加入一种专门的黑墨来调和。在 CMYK 模式下,可以为每个像素的每种印刷油墨指定一个百分比值。CMYK 的色域要比 RGB 模式小,只有在制作要用印刷色打印的图像时,才使用 CMYK 模式。它和 RGB 相比有一个很大的不同:RGB 模式是一种发光的色彩模式,CMYK 是一种依靠反光的色彩模式。单击颜色调板的▶按钮,在菜单中选择"CMYK 滑块",会看到 CMYK 是以百分比来选择的,相当于油墨的浓度。和 RGB 模式一样,CMYK 模式也有通道,而且是 4 个,C、M、Y、K 各一个。在 RGB 模式下只能看到 RGB 通道,需要手动转换色彩模式到 CMYK 后才可以看到 CMYK 通道。注意图像色彩可能会发生一些变化,此时观察通道,就会看到 CMYK 各通道的灰度图,如图 1-24 所示。

图 1-24　CMYK 模式

CMYK 通道的灰度图和 RGB 类似,是一种含量的表示。RGB 灰度表示色光亮度,CMYK 灰度表示油墨浓度。但两者对灰度图中的明暗有着不同的定义。

- RGB 通道灰度图中较白表示亮度较高,较黑表示亮度较低。纯白表示亮度最高,纯黑表示亮度为零。
- CMYK 通道灰度图中较白表示油墨含量较低,较黑表示油墨含量较高。纯白表示完全没有油墨,纯黑表示油墨浓度最高。

在图像交付印刷的时候,一般需要把这四个通道的灰度图制成胶片(称为出片),然后制成硫酸纸等,再上印刷机进行印刷。传统的印刷机可以比喻为 4 个印刷滚筒,分别负责印制青色、洋红色、黄色和黑色。一张白纸进入印刷机后要被印 4 次,先被印上图像中青色的部分,再被印上洋红色、黄色和黑色部分,顺序如图 1-25 所示。

图 1-25 CMYK 模式印刷原理

在印刷过程中，纸张在各个滚筒间传送，可能因为热胀冷缩或者其他一些原因产生位移，使得原本该印上颜色的地方没有印上。为了检验印刷品的质量，在印刷各个颜色的时候，都会在纸张空白的地方印一个＋符号。如果每个颜色都套印正确，那么在最终的成品上只会看到一个＋符号。如果有两个或三个，就说明产生了套印错误，将会造成废品。不同用途的印刷品对套印错误造成的废品标准也不同。报纸等较低质的印刷品，＋符号误差 0.5 毫米甚至 1 毫米都允许。但画册、精美杂志，尤其是地图等精细印刷品，对废品的标准就要严格得多。正因为在印刷中可能出现的这种问题，所以在制作用作印刷的图像时要特别注意。比如要画一条 0.1 毫米的很细的线条，那么如果套印错位 0.1 毫米，就会出现两条线。这时，在用色上就应该避免使用多种颜色的混合色。

图 1-26 是 CMYK 颜色调板，其中左边和右边都是绿色。左边的绿色在 CMYK 四色上都有成分，那么使用这个颜色画的线将被印刷 4 次；而右边的绿色只使用了 C 和 Y 两种颜色，只要被印两次就可以了。后者套印错误的机会自然比前者低得多。

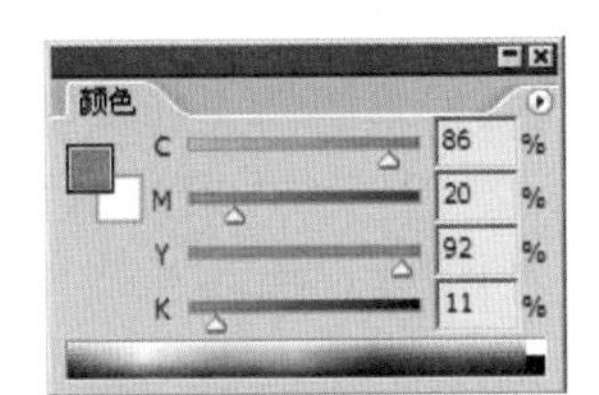

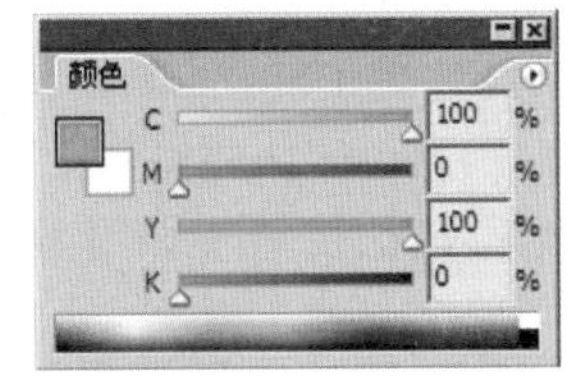

图 1-26 CMYK 颜色调板

★**提示：**"只要被印两次"并不是说只需经过两个滚筒，同样还是要经过 4 个，但只有其中两个滚筒有图像印上。

□**技术看板：普通家庭用的喷墨打印机和大型印刷机**

喷墨打印机当然也是按照 CMYK 方式工作，它其中装着 CMYK 四色的墨盒(个别型号会更多但工作原理相同)，和印刷机类似。喷墨打印机是一次性打印，不会产生套印错误。喷墨打印机将多个喷嘴前后依次排列。这样在打印的时候，纸张第一行先被喷上 C，然后纸张向前移动一行，原先的第一行停在了 M 喷嘴下被喷上 M 色，同时新的空白的第二行被喷上 C 色。接着纸张再前移，已喷完 C、M 的那一行现在停在了 Y 色喷嘴下，被喷上 Y 色。而第二行被喷上 M。新的空白第三行被喷上 C。以此类推。如果在喷墨打印机打印到一半时取消打印，就会看到在图像的边缘分布着未完成的部分，如图 1-27 所示。

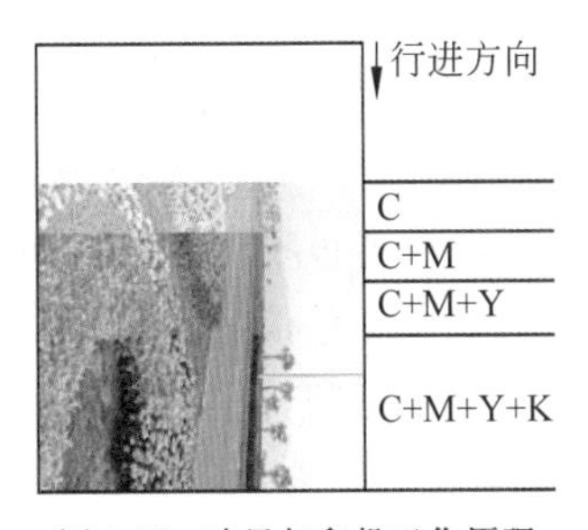

图 1-27 喷墨打印机工作原理

既然喷墨打印机的原理并不复杂，为什么大型印刷机不采用这种印刷方式呢？因为这种打印方式速度很低，喷嘴在每行都需要有一个移动的过程，这需要时间。由于大幅面纸张耗时更久，而报纸等大量的印刷品都需要在短时间内完成，所以这种打印方式是无能为力的，并且精度上也不及印刷机。因此，打印和印刷是有很大区别的。打印一般数量很少，对质量和速度要求也不高。常见于个人及小型办公使用。印刷则正相反。

§ **相关链接**：对于 RGB 模式的图像，可执行"视图"→"校样颜色"命令打开电子校样显示。使用这项功能可以预览图像打印后或是在各种设备上的显示效果。

1.4.7　Lab 颜色模式

Lab 颜色模式是在 1931 年国际照明委员会(CIE)制订的颜色度量国际标准的基础上建立的，是 Photoshop 进行颜色模式转换时使用的中间模式。例如，在将 RGB 模式的图像转换为 CMYK 模式时，Photoshop 会在内部先将其转换为 Lab 模式，再由 Lab 模式转换为 CMYK 模式。Lab 模式的色域最宽，它涵盖了 RGM 模式和 CMYK 模式的色域，如图 1-28 所示。

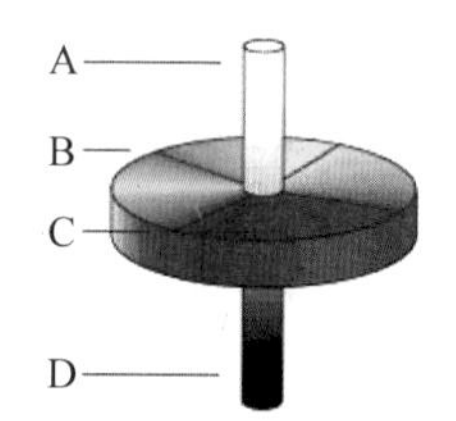

图 1-28　Lab 颜色模式

在 Lab 颜色模式中，L 代表了亮度分量，它的范围为 0～100。分量 a 代表绿色到红色的光谱变化，分量 b 代表由蓝色到黄色的光谱变化。分量 a 和 b 的取值范围均为＋127～－128。

可以使用 Lab 模式处理 PhotoCD 图像，独立编辑图像中的亮度和颜色值，在不同系统之间移动图像并将其打印到 PostScript Level2 和 Level3 打印机。要将 Lab 图像打印到其他彩色 PostScript 设备，应首先将其转换为 CMYK 模式。

1.4.8　多通道模式

多通道模式没有固定的通道数目，它可以由任何模式转换而来。当 RGB 模式或 CMYK 模式丢掉一个通道后，其余的通道也会转换成多通道模式。它只支持一个图层。将图像转换为多通道模式后，Photoshop 将根据原图像产生相同数目的新通道。在多通道模式下，每个通道都使用 256 级灰度。进行特殊打印时，多通道图像十分有用。

★**提示**：在 RGB、CMYK、Lab 颜色模式的图像中，如果删除了某个颜色通道，图像就会自动转换为多通道模式。

1.4.9　8 位、16 位、32 位/通道模式

位深度也称为像素深度或颜色深度，它度量在显示或打印图像中的每个像素时可以使用多少颜色信息。较大的位深度(每像素信息的位数更多)意味着数字图像具有较多的可用颜色和较精确的颜色表示。

- 8 位/通道的位深度为 8 位，每个通道可支持 256 种颜色。
- 16 位/通道的位深度为 16 位，每个通道可支持 65 000 种颜色。在 16 位模式下工

作可以得到更精确的改善和编辑结果。

- 高动态范围(HDR)图像的位深度为 32 位,每个颜色通道包含的颜色要比标准的 8 位/通道多得多,可以存储 100 000∶1 的对比度。在 Photoshop 中,使用 32 位长(32 位/通道)的浮点数字来表示存储 HDR 图像的亮度值。

1.4.10 颜色表

如果将图像的颜色模式转换为索引模式,"图像"→"模式"下拉菜单中的"颜色表"命令将被激活。执行该命令时,Photoshop 将从图像中提取 256 种典型的颜色。如图 1-29 为索引模式的图像,图 1-30 为该图像的索引颜色表。

图 1-29 索引模式的图像

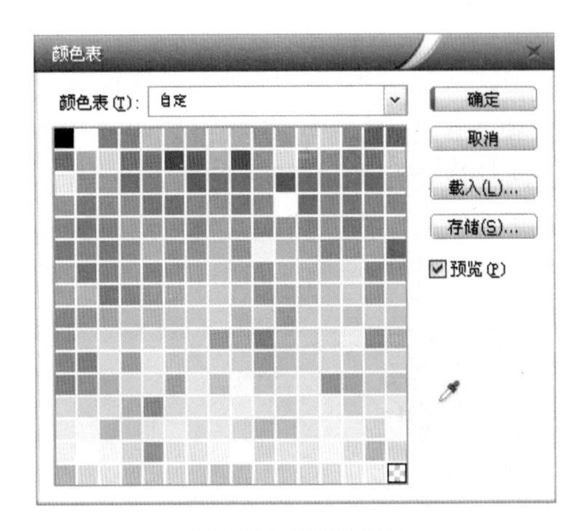

图 1-30 索引颜色表

在"颜色表"下拉列表中可以选择一种预定义的颜色表,包括"自定"、"黑体"、"灰度"、"色谱"、"系统(Mac OS)"和"系统(Windows)"。

自定:自定颜色表对于颜色数量有限的索引颜色图像可以产生特殊效果。

黑体:显示基于不同颜色的调板,这些颜色是黑体辐射物被加热时发出的,从黑色到红色、橙色、黄色和白色。

灰度:显示基于从黑色到白色的 256 个灰阶的调板。

色谱:显示基于白光穿过棱镜所产生的颜色的调色板,从紫色、蓝色、绿色到黄色、橙色和红色。

系统(Windows):显示标准的 Windows 256 色系统调板。

系统(Mac OS):显示标准的 Mac OS 256 色系统调板。

1.5 常用的图像文件格式

对数字图像进行处理必须采用一定的图像格式,也就是把图像的像素按照一定的方式进行组织和存储,把图像数据存储成文件就可得到图像文件。图像文件的格式决定了应该在文件中存放何种类型的信息,文件如何与各种应用软件兼容,文件如何与其他文

件交换数据。

Photoshop 中提供了多种文件格式，有些是 Photoshop 专用格式，有些是跨平台格式，有些是用于程序交换的格式，还有一些是特殊格式。这些格式不能通用。

1.5.1 PSD 文件格式

PSD 是 Photoshop 软件专用的文件格式，是 Adobe 公司优化格式后的文件，因此 Photoshop 能比其他格式更快地打开和存储这种格式的文件。它支持所有可用图像模式（位图、灰度、双色调、索引颜色、RGB、CMYK、Lab 和多通道）、参考线、Alpha 通道、专色通道和图层（包括调整图层、文字图层和图层效果）的格式，可以保存图像的层、通道等信息，但使用这种格式储存的文件较大。

使用这两种格式存储的图像文件特别大，尽管 Photoshop 在计算过程中已经应用了压缩技术。不过，因为这两种格式不会造成任何数据流失，所以在编辑过程中，最好还是选择这两种格式存盘，直到最后编辑完成后，再转换成其他占用磁盘空间较小、存储质量较好的文件格式。当存储成其他格式的文件时，有时会合并图像中的各层以及附加的蒙版通道，再次编辑时会有不少麻烦。因此，最好在存储一个 PSD 或 PDD 的文件备份后再进行转换。

1.5.2 PDF 格式

PDF（可移植文档格式）被用于 Adobe Acrobat（Adobe Acrobat 是 Adobe 公司用于 Windows、Mac OS、UNIX(R)和 DOS 操作系统的一种电子出版软件），使用在应用程序 CD-ROM 上的 Acrobat Reader(R)软件可以查看 PDF 文件。与 PostScript 页面一样，PDF 文件可以包含矢量和位图图形，还可以包含电子文档查找和导航功能，如电子链接。

Photoshop PDF 格式支持 RGB、CMYK、灰度、位图和 LAB 颜色模式，不支持 Alpha 通道。PDF 格式支持 JPEG 和 ZIP 压缩，但位图模式文件除外。位图模式文件在存储为 Photoshop PDF 格式时采用 CCITT Group4 压缩。在 Photoshop 中打开其他应用程序创建的 PDF 文件时，Photoshop 对文件进行栅格化。

1.5.3 BMP 图像文件格式

BMP 是一种与硬件设备无关的图像文件格式，应用非常广。它采用位映射存储格式，除了图像深度可选以外，不采用其他任何压缩，因此，BMP 文件所占用的空间很大。BMP 文件的图像深度可选 1bit、4bit、8bit 及 24bit。BMP 文件存储数据时，图像的扫描方式是按从左到右、从下到上的顺序。由于 BMP 文件格式是 Windows 环境中交换与图有关的数据的一种标准，因此在 Windows 环境中运行的图形图像软件都支持 BMP 文件格式。

1.5.4 PCX 图像文件格式

PCX 图像文件的形成是有一个发展过程的。最先 PCX 雏形是出现在 ZSOFT 公司推出的名为 PC PAINBRUSH 的用于绘画的商业软件包中。以后，微软公司将其移植到 Windows 环境中，成为 Windows 系统中一个子功能。先在微软的 Windows3.1 中广泛应用，随着 Windows 的流行、升级，加之其强大的图像处理能力，使 PCX 同 GIF、TIFF、BMP 图像文件格式一起，被越来越多的图形图像软件工具所支持，也越来越得到人们的重视。

PCX 是最早支持彩色图像的一种文件格式，现在最高可以支持 256 种彩色，显示 256 色的彩色图像。PCX 设计者很有眼光地超前引入了彩色图像文件格式，使之成为现在非常流行的图像文件格式。

PCX 图像文件由文件头和实际图像数据构成。文件头由 128 字节组成，描述版本信息和图像显示设备的横向、纵向分辨率以及调色板等信息，实际图像数据表示图像数据类型和彩色类型。PCX 图像文件中的数据都是用 PCXREL 技术压缩后的图像数据。

PCX 是 PC 机画笔的图像文件格式。PCX 的图像深度可选为 1bit、4bit、8bit。由于这种文件格式出现较早，它不支持真彩色。PCX 文件采用 RLE 行程编码，文件体中存放的是压缩后的图像数据。因此，将采集到的图像数据写成 PCX 文件格式时，要对其进行 RLE 编码；而读取一个 PCX 文件时首先要对其进行 RLE 解码，才能进一步显示和处理。

1.5.5 GIF 文件格式

GIF(Graphics Interchange Format，图像交换格式)，是 Commpuserve 公司在 1987 年开发的图像文件格式，常用于网络传输。它是 Commpuserve 公司所制定的格式。因为 Commpuserve 公司开放使用权限，所以应用范围很广泛，且适用于各种平台，被众多软件所支持。现今的 GIF 格式仍只能达到 256 色，但它的 GIF89a 格式，能储存成背景透明化的形式，并且可以将数张图存成一个文件，形成动画效果。

GIF 是一种 LZW 压缩格式，用来最小化文件大小和电子传递时间。GIF 格式不支持 Alpha 通道，此种格式的文件是一种 8 位的压缩过的文件。它在网络上的传输速度比其他格式文件的速度快得多，因此在网络上多是采用这种格式的文件。但是它不能用来存储真彩色的图像文件，因为最多只有 256 种色彩。使用“文件”→“存储为”命令，可将位图模式(只用黑和白两种颜色表示图像像素的模式)、灰度模式或索引颜色模式(只用 256 种颜色表现图像颜色的模式)图像存储为 GIF 格式，并指定一种交错显示。交错显示的图像从 Web 下载时，以逐步增加的精度来显示，但这种模式会增加文件大小，也不能存储 Alpha 通道。

1.5.6 JPG 文件格式

JPEG(Joint Photographic Experts Group，联合图像专家组)文件后缀名为“.jpg”或

“.jpeg”，是最常用的图像文件格式。它由一个软件开发联合会组织制定，是一种有损压缩格式，能够将图像压缩在很小的储存空间。因此图像中重复或不重要的资料会被丢失，容易造成图像数据的损伤。尤其是它使用过高的压缩比例，将使最终解压缩后恢复的图像质量明显降低。如果追求高品质图像，则不宜采用过高压缩比例。JPEG压缩技术十分先进，它用有损压缩方式去除冗余的图像数据，在获得极高的压缩率的同时能展现十分丰富生动的图像。而且JPEG是一种很灵活的格式，具有调节图像质量的功能，允许用不同的压缩比例对文件进行压缩，支持多种压缩级别，压缩比率通常在10∶1到40∶1之间。压缩比越大，品质就越低；相反地，压缩比越小，品质就越好。当然也可以在图像质量和文件尺寸之间找到平衡点。JPEG格式压缩的主要是高频信息，对色彩的信息保留较好，适合应用于互联网，可减少图像的传输时间。它可以支持24bit真彩色，也普遍应用于需要连续色调的图像。

JPEG格式是目前网络上最流行的图像格式，是可以把文件压缩到最小的格式。在Photoshop软件中以JPEG格式储存时，提供11级压缩级别，以0～10级表示。其中0级压缩比最高，图像品质最差。即使采用细节几乎无损的10级质量保存，压缩比也可达5∶1。以BMP格式保存时得到4.28MB图像文件，在采用JPG格式保存时，其文件仅为178KB，压缩比达到24∶1。经过多次比较，采用第8级压缩为存储空间与图像质量兼得的最佳比例。

JPEG格式的应用非常广泛，特别是在网络和光盘读物上，都能找到它的身影。目前各类浏览器均支持JPEG图像格式，因为JPEG格式的文件尺寸较小，下载速度快。

JPEG 2000作为JPEG的升级版，其压缩率比JPEG高约30%左右，同时支持有损和无损压缩。JPEG 2000格式有一个极其重要的特征在于它能实现渐进传输，即先传输图像的轮廓，然后逐步传输数据，不断提高图像质量，让图像由朦胧到清晰显示。JPEG 2000还支持所谓的“感兴趣区域”特性，可以任意指定影像上感兴趣区域的压缩质量，还可以选择指定的部分先解压缩。

JPEG 2000和JPEG相比优势明显，且向下兼容，因此可取代传统的JPEG格式。JPEG 2000即可应用于传统的JPEG市场，如扫描仪、数码相机等；又可应用于新兴领域，如网路传输、无线通讯等。

1.5.7 WMF文件格式

WMF文件格式是Microsoft Windows中常见的一种图元文件格式。它具有文件短小，图案造型化的特点，整个图形常由各个独立的组成部分拼接而成，但其图形往往较粗糙，并且只能在Microsoft Office中调用编辑。也可在AutoCAD里编辑此文件格式，并且AutoCAD支持输出此格式文件的像素数为32 334×16 524。

1.5.8 PNG图像文件格式

PNG(Portable Network Graphics，可移植性网络图像)能够提供长度比GIF小30%的无损压缩图像文件。PNG格式作为GIF的免专利替代品，与GIF不同，产生的透明背

景没有锯齿边缘。它同时提供24位和48位真彩色图像支持以及其他诸多技术性支持。PNG使用新的、高速的交替显示方案，可以迅速显示，只要下载1/64的图像信息，不可以显示出低分辨率的预览图像。

PNG用存储的Alpha通道定义文件中的透明区域，确保将文件存储为PNG格式前删除不要的Alpha通道。目前越来越多的软件开始支持这一格式，它是未来网页制作中主流的文件格式。PNG格式不支持动画。

1.5.9 TIFF图像文件格式

TIFF(Tag Image File Format)图像文件是由Aldus和Microsoft公司为桌上出版系统研制开发的一种较为通用的图像文件格式，几乎所有的扫描仪和多数图像软件都支持这一格式。该格式支持RGB、CMYK、Lab、索引颜色、位图和灰度模式，支持非压缩方式和LZW、ZIP、JPEG等压缩方式，并可在选用JPEG压缩方式时选择压缩质量。

TIFF是一种灵活的位置图像格式，实际上被所有绘画、图像编辑和页面排版应用程序所支持，而且几乎所有桌面扫描仪都可以生成TIFF图像。

第2章　Photoshop的基础操作

知识要点

- ◆ Photoshop CS5的操作界面。
- ◆ 图像的查看与导航。
- ◆ 使用辅助工具。
- ◆ 图像的恢复与还原操作方法。
- ◆ 使用“历史记录”调板。
- ◆ 非线性历史记录。
- ◆ 图像的变换与变形操作。
- ◆ 裁剪图像的不同方法。
- ◆ 调整图像与画布的大小。
- ◆ 使用“渐隐”命令修改编辑效果。

本章导读

本章介绍Photoshop界面控制中常用的操作，是学习该软件的基础。特别是图像形状变换、画布大小的调整等基本功能在以后的实例制作中应用频繁，需要重点掌握。

2.1　Photoshop CS5 Extended的操作界面

Photoshop CS5 Extended的操作界面主要由图像窗口、工具箱、菜单栏、选项栏和调板等几部分组成，如图2-1所示。

2.1.1　窗口的功能划分

Photoshop CS5 Extended的操作界面与以往的版本相比有了很大改观，工具箱和调板都有很大变化，使得操作区域更加开阔。下面详细了解其操作界面以及工具箱、调板和菜单命令的使用方法。

标题栏：当图像以最大化显示时(单击图像窗口右上角的按钮，可最大化显示图像)，标题栏中可以显示当前文件的名称、视图的显示比例、文件的颜色模式等信息。

菜单栏：菜单栏中包含可执行的命令，这些命令按照功能被划分为10大类。例如

图 2-1　Photoshop CS5 Extended 操作界面

“文件”菜单中包含的是文件设置的命令，“滤镜”菜单中包含的是各种滤镜命令。

工具箱：工具箱中包含了各种工具和一部分按钮，它们用来执行各种操作。例如，创建选区、移动图像、切换屏幕模式等。

工具选项栏：工具选项栏用来设置工具的各种选项，它会随着当前所选工具的不同而变换内容。

调板：帮助编辑图像，它们有的用来设置工具参数，有的用来设置颜色等属性。

状态栏：显示了文档大小、文档尺寸、当前工具和视图比例等信息。

图像窗口：图像的显示和编辑区域。窗口上方的标题栏显示了文件的名称、视图显示比例、当前工作的图层和颜色模式等信息。

2.1.2　菜单栏

Photoshop CS5 Extended 中有 11 个主菜单，如图 2-1 所示。每个菜单内都包含一系列命令，这些命令按照不同的功能采用分隔线进行分隔。

★**提示**：如果菜单中的某些命令显示为灰色，表示该命令在当前状态下不能使用。如果某一命令名称后带有“...”符号表示执行该命令时可以打开一个对话框。

快捷菜单：在图像窗口的空白处或某一对象上单击鼠标右键可显示快捷菜单。在调板上单击右键也可以显示快捷菜单。通过快捷菜单可快速执行相应的命令。

2.1.3　工具箱

Photoshop CS5 Extended 的工具箱中包含了用于创建和编辑图像、图稿、页面元素等式的工具和一些按钮，按照使用功能可以将它们分为 7 组：选择工具、裁剪和切片工具、修饰工具、绘画工具、绘图和文字工具、注释度量和导航工具以及其他控制按钮，如

图 2-2 所示。

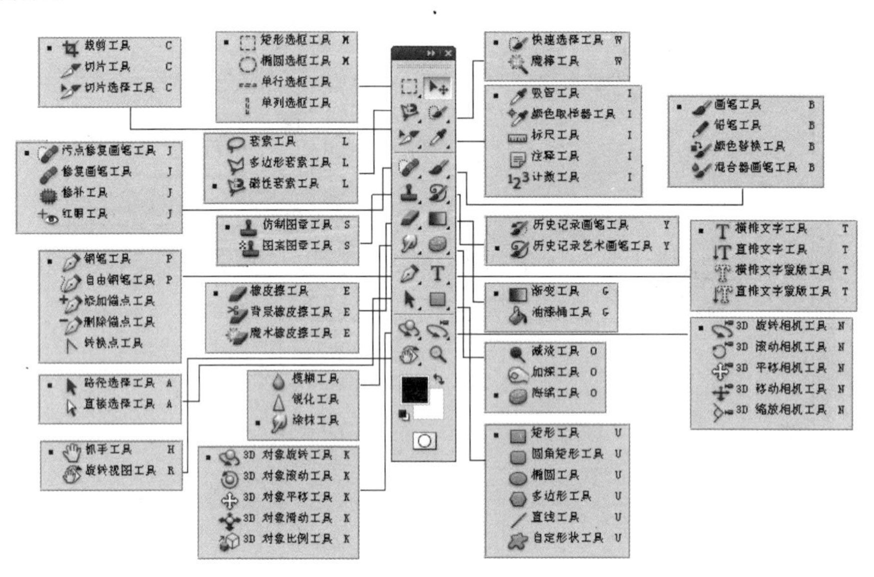

图 2-2 Photoshop CS5 Extended 工具箱

展开/折叠工具箱：单击工具箱顶部的双箭头，可以切换工具箱为单排或双排显示。单排工具箱占用的空间较小。

移动工具箱：启动 Photoshop 时，工具箱位于窗口的左侧。将光标移至工具箱顶部的标题栏中，单击并拖动单鼠标，可以移动工具箱。

★**提示**：当光标停留在一个工具上时，会显示该工具的名称和快捷键。

2.1.4 工具选项栏

工具选项栏用来设置工具的选项。选择不同的工具时，工具选项栏中的选项内容也会随之改变。图 2-3 为选择抓手工具时选项栏显示的内容，图 2-4 为选择吸管工具时选项栏显示的内容。

图 2-3 抓手工具选项栏

图 2-4 吸管工具选项栏

工具选项栏中的一些设置（如绘图模式和不透明度）对于许多工具都是通用的，但有些设置（如铅笔工具的“自动抹掉”设置）却专用于某个工具。

显示/隐藏工具选项栏：执行“窗口”→“选项”命令，可以显示或隐藏工具选项栏。

2.1.5 命令调板

命令调板用来设置颜色、工具参数以及执行编辑命令等操作。Photoshop 中有“图层”、“画笔”、“样式”、“动作”等共20多个调板。在默认情况下，调板被分为两组，其中一组为展开状态，另一组为折叠状态。我们可根据需要随时打开、关闭或是自由组合调板。

选择调板：在调板组中单击一个调板的名称，可以将该调板设置为当前调板，同时显示调板中的选项。

展开/关闭调板：在展开的调板的右上角的三角按钮上单击，可以折叠调板。

拉伸调板：将光标移至调板底部的边缘处，单击并上下或左右移动鼠标，可以拉伸调板。

分离调板：将光标移至调板的名称上，单击并拖至窗口的空白处，可以将调板从调板组中分离出来，使之成为浮动调板。

合并调板：将光标移动至调板的名称上，单击并将其拖至其他调板名称的位置，放开鼠标后，可以将该调板合并到目标调板中。

★提示：窗口中过多的调板会占用工作空间。通过合并调板的方法将多个调板合并为一个调板组，或者将一个浮动调板合并到调板组中，可以提供更多的操作空间。

链接调板：将光标移至调板名称上，单击鼠标并将其拖至另一个调板下，当两个调板的连接处显示为蓝色时，放开鼠标可以将两个调板链接。

★提示：按Tab键可以隐藏工具箱、工具选项栏和所有调板；按Shift＋Tab键可隐藏调板，但保留工具箱和工具选项栏。再次按下相应的快捷键可重新显示被隐藏的内容。

2.1.6 状态栏

状态栏位于图像窗口的底部，它可以显示图像的视图比例、文档的大小、当前使用的工具等信息。用鼠标单击状态栏中的按钮，可以打开下拉菜单，在下拉菜单中可以选择状态栏中显示的内容。

Version Cue：显示文档的Version Cue工作组状态。只有在启用Version Cue时，该选项才可以使用。

文档大小：显示图像中数据量的信息。选择该选项后，状态栏中会出现两组数字，左边的数字表示拼合图层并存储文件后的大小，右边的数字表示没有拼合图层和通道的近似大小。

文档配置文件：显示图像所使用的颜色配置文件的名称。

文档尺寸：显示图像的尺寸。

测量比例：显示文档的比例。

暂存盘大小：显示系统内存和Photoshop暂存盘的信息。选择该选项后，状态栏会出现两个数字。左边的数字表示为当前正在处理的图像分配的内存量，右边的数字表示可以使用的全部内存量。如果左边的数字大于右边的数字，Photoshop将启用暂存盘作为虚拟内存。

效率：显示执行操作实际花费时间的百分比。当效率为100%时，表示当前处理的图像在内存中生成。如果该值低于100%，则表示Photoshop正在使用暂存盘，操作速度也会变慢。

计时：显示完成上一次操作所用的时间。

当前工具：显示当前使用的工具的名称。

32位曝光：用于调整预览图像，以便在计算机显示器上查看32位通道高动态范围（HDR）图像的选项。只有文档窗口显示HDR图像时，该选项才可使用。

2.2 在不同的屏幕模式下工作

Photoshop可以切换屏幕模式，以便在不同的屏幕模式下查看并编辑图像。

标准屏幕模式：默认的屏幕模式。在这种模式下，视图窗口中会显示菜单栏、标题栏、滚动条和其他屏幕元素。

最大化屏幕模式：显示最大化的文档窗口，窗口占用停放之间的所有可用空间，并在停放宽度发生变化时自动调整大小。

带有菜单栏的全屏模式：显示带有菜单栏的50%灰色背景，但没有标题栏或滚动条的全屏窗口。

全屏模式：显示只有黑色背景，没有标题栏、菜单栏和滚动条的全屏窗口。

★**提示**：按下F键可在各个屏幕模式间切换。不论在哪一种模式下，按下键盘中的Tab键都可以隐藏工具箱、调板和工具选项栏，再次按下Tab键则可以显示以上项目。

2.3 图像的查看与导航

在编辑图像的过程中，需要经常放大或缩小视图的显示比例，以便更好地观察和处理图像。应用缩放工具、“导航器”调板和各种缩放命令，可以根据需要选择其中一项或将多种方法结合使用。

★**提示**：放大图像的显示比例后，按住键盘中的空格键并拖动鼠标可移动画面，以查看图像的不同区域。

放大：按下该按钮后，单击鼠标可以放大图像的显示比例。

缩小：按下该按钮后，单击鼠标可以缩小图像的显示比例。

调整窗口大小以满屏显示：勾选该项后，在缩放图像的同时将自动调整窗口大小。

缩放所有窗口：勾选该项后，可以同时缩放所有打开的图像。

实际像素：单击该按钮，图像将以实际像素，即100%的比例显示。也可以双击工具箱中的缩放工具来进行同样的调整。

适合屏幕：单击该按钮，可以在窗口中最大化显示完整的图像。也可以双击工具箱中的抓手工具来进行同样的调整。

打印尺寸：单击该按钮，可以按照实际打印的尺寸显示图像。

2.3.1 自定义工作区域

在Photoshop中，可以根据自己的喜好和使用习惯自定义工作区域，在“窗口”→“工作区”下拉菜单中选择工作区及相关设置命令。

2.3.2 突出显示菜单命令

在使用“工作区”下拉菜单中的预设工作区时，不仅窗口中的调板有变化，相应的菜单命令也会显示为彩色。如果想使其他类型的一个或多个命令也显示为彩色，可以进行下面的操作。

执行“窗口”→“工作区”→“键盘快捷键和菜单”命令，打开“键盘快捷键和菜单”对话框。在对话框左上角单击“菜单”选项，然后在“菜单类型”下拉列表中选择“应用程序菜单”。

单击“图像”选项前的按钮，展开“图像”菜单。选择“模式”命令，将光标移至颜色列单击鼠标，在打开的下拉列表中为该命令选择蓝色。单击“确定”按钮关闭对话框。打开“图像”菜单，可以看到，“模式”命令已经显示为蓝色了。

★**提示**：如果在“键盘快捷键和菜单”对话框的“菜单”类型选项中选择“调板菜单”，则可以采用同样的方法设置调板菜单中突出显示的命令。

2.3.3 显示额外内容

在 Photoshop 中，参考线、网格、目标路径、选区边缘、切片、图像映射、文本边界、文本基线、文本选区和注释是额外内容，它们是不会被打印出来的，但却可以帮助我们选择、定位或编辑图像。如果要显示额外内容，应首先选择“视图”→“显示额外内容”命令，然后在“视图”→“显示”下拉菜单中选择一个额外内容项目。选择某一个命令，可以显示该项目，再次选择这一命令时会隐藏该项目。

2.4 辅助工具

标尺、参考线、标尺工具和注释工具等都属于辅助工具。它们不能用来编辑图像，但有效使用它们，能更好地完成编辑操作。

2.4.1 参考线

参考线是浮在整个图像窗口中但不被打印的直线。用户可移动、删除或锁定参考线。

(1) 执行“视图”→“新建参考线”命令，打开“新建参考线”对话框，如图 2-5 所示。

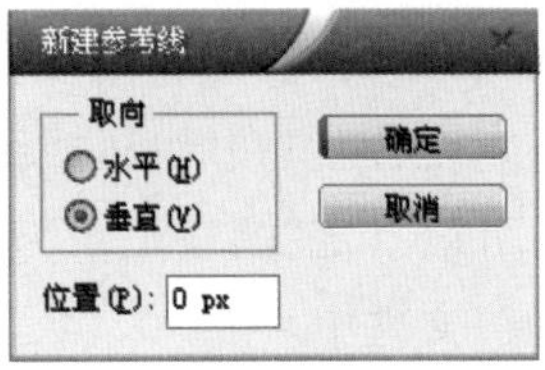

取向：设置参考线的方向。

位置：设置参考线和默认原点的距离。也可直接从标尺栏中拖出参考线。

新建参考线
取向
水平(H)
垂直(V)
确定
取消
位置(P): 0 px

图 2-5 “新建参考线”对话框

使用鼠标在水平标尺上单击并向下拖动鼠标到所需的位置，即可创建一条水平参考线。

★**提示**：按 Ctrl+R 键，可显示或隐藏参考线。

(2) 选择移动工具，移动指针到参考线。当指针呈状时，拖动鼠标调整参考线的位置。

(3) 如果需要删除参考线，可拖动参考线到标尺上，这样可删除该参考线；执行“视图”→“清除参考线”命令，视图中所有参考线都将被删除。

2.4.2 网格

“网格”在默认情况下显示为非打印的直线，也可显示为网点。

(1) 执行“视图”→“显示”→“网格”命令，将显示网格。

(2) 网格和标尺的原点相同。设置标尺的原点时，网格的原点也随之调节，如图 2-6 所示。

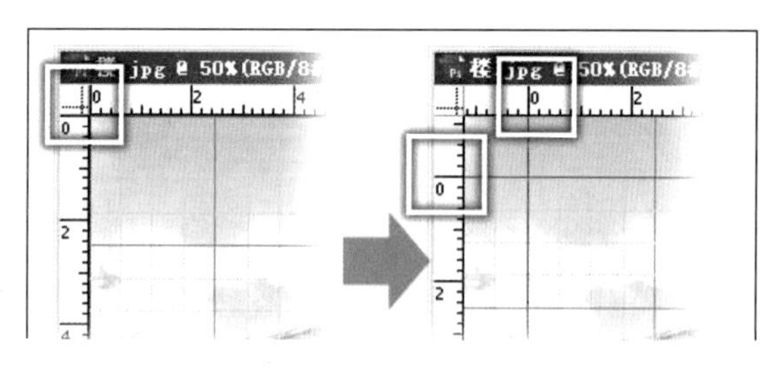

图 2-6 设置原点

★**提示**：按下 Ctrl+'键，可显示或隐藏网格。

2.4.3 注释工具组

注释工具组中包含两个工具，使用注释工具可在图像中添加文字注释，在视图中合适的位置单击，即可创建一个注释窗口。

2.4.4 测量

使用 Photoshop 中的测量功能，可以测量用标尺工具或选择工具定义的任何区域，包括用套索工具、快速选择工具或魔棒工具选定的不规则区域；可测量图像中任何两点间的距离、位置和角度，测量的设置值将显示在选项栏和信息面板中；也可以计算高度、宽度、面积和周长，或跟踪一个或多个图像的测量。测量数据记录在“测量记录”调板中，可以自定“测量记录”列，将列内的数据排序，并将记录中的数据导出到 CSV(逗号分隔值)文件中。

选择标尺工具，在图像上需要测量的起点处按住左键并向终点处拖动，到达终点后松开鼠标，即可完成这两点之间的距离测量。这时在选项栏和信息面板中都会显示它的具体设置值。接着按下 Alt 键，移动鼠标指针到绘制的度量标尺的一侧。当指针呈⊾状，再次按住鼠标左键向另一边线拖动，拖动到某一点上松开鼠标左键，即完成角度测量。

在 Photoshop CS5 中，标尺工具▭有了新的增强功能。应用“拉直”功能可以校正倾斜的图像平面，如图 2-7 所示。

图 2-7 标尺工具选项栏

2.5 自定义快捷键

使用快捷键可以快速选择某一工具，或者执行“编辑”→“键盘快捷键”命令打开设置对话框进行设置，这为编辑操作带来了极大的方便。Photoshop 提供了预设的快捷键，但也支持自定义快捷键，如图 2-8 所示。

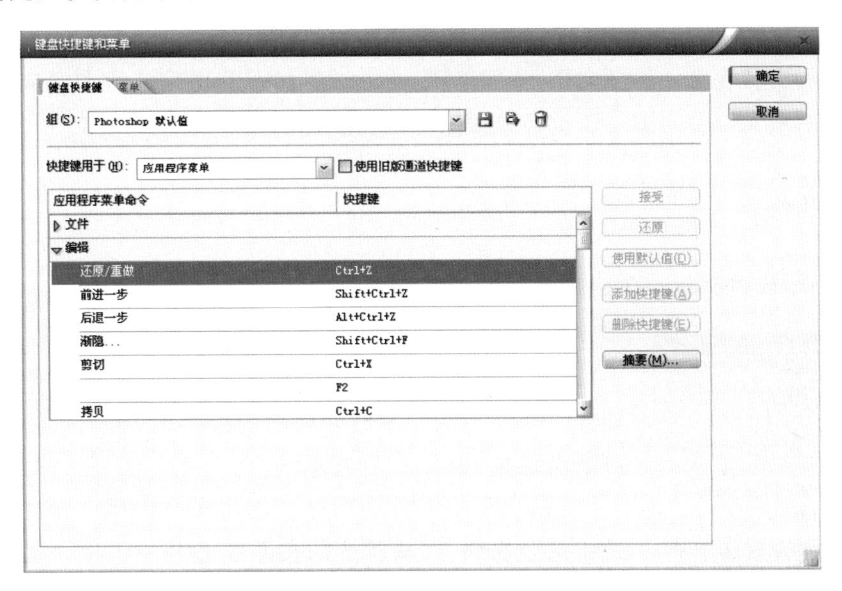

图 2-8 自定义快捷键对话框

2.6 历史记录

“历史记录”控制面板用于记录恢复图像前面的状态，还可以从任意状态创建新的文档或建立快照。默认情况下，“历史记录”控制面板可以恢复 20 次以内的所有操作。

2.6.1 历史记录控制面板

在 Photoshop 中新建或打开文档后，每次对图像进行处理时，图像的新状态、操作都会被记录到“历史记录”控制面板中。要恢复上一步的操作，可按 Ctrl＋Z 键；要恢复上两步或更多操作，可按 Ctrl＋Alt＋Z 键。在默认情况下，“历史记录”控制面板只能恢复 20 次以内的操作，如图 2-9 所示。

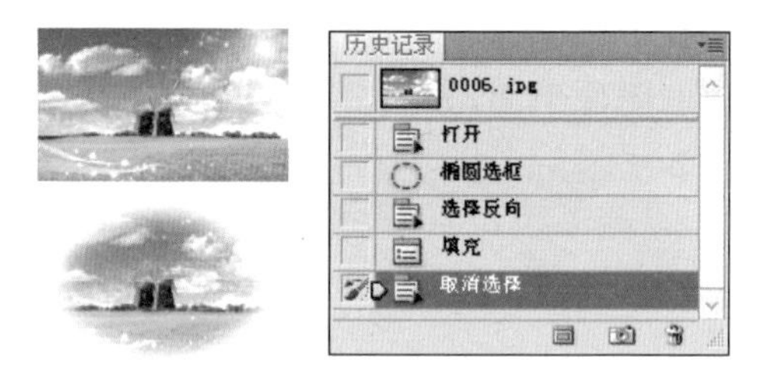

图 2-9 历史记录

历史记录画笔的源：用于确定历史记录画笔的恢复状态，通过单击进行选择。默认情况下，历史记录画笔的源定位在原始图像。

历史记录状态滑块：用于确定当前图像状态。

可以通过单击“历史记录”控制面板中的任意状态，也就是确定“历史记录状态滑块”的位置，确定恢复操作的位置。要删除某个历史记录状态，单击并拖曳其至“历史记录”控制面板中的“删除当前状态” 按钮上方，释放鼠标即可。

单击“从当前状态创建新文档”按钮即可将当前状态的图像或快照变成独立的文档，并保留原来文档中的图层以及各种图层样式和混合模式效果。

2.6.2 创建快照

快照用于创建图像在任何状态下的临时拷贝。新建快照将自动添加到“历史记录”控制面板的快照列表中。使用时单击“历史记录”控制面板中的“创建新快照” 按钮，即可将当前状态的图像保存为新快照。快照不能像图层一样随图像存储，关闭图像时就会删除所有快照，如图 2-10 所示。

图 2-10 创建快照

Photoshop 允许在图像中创建多个快照。通过单击即可选中某个快照，并从所选的快照状态开始工作。删除快照的方法与删除“历史记录”相同。

快照与“历史记录”控制面板中列出的状态有类似之处，但它们还具有以下优点：

- 可以重命名快照，使它更易于识别，方法与重命名图层相同。
- 可以随时存储快照，比较不同效果。例如，在应用滤镜前后创建快照，然后选择第一个快照，并尝试在不同的设置情况下应用同一个滤镜，创建不同设置的快照。在各快照之间切换，找出最适合的设置。
- 利用快照更容易恢复工作。在尝试使用较复杂的步骤创建某个效果的时候，先创建一个快照，如果对结果不满意，就可以选择该快照来还原所有步骤。

□技术看板：清理内存

在处理图像时，Photoshop需要保存大量的中间数据，这使计算机的速度变慢。执行“编辑”→“清理”下拉菜单中的命令，可以释放由“还原”命令、“历史记录”调板或剪贴板占用的内存，以加快系统的处理速度。清理后，项目的名称会显示为灰色。

2.7 图像的变换与变形操作

“编辑”→“变换”下拉菜单中包含对图像进行变换的各种命令。通过这些命令可以对选区内的图像、图层、路径、矢量形状和Alpha通道进行旋转、缩放、扭曲、透视、变形等变换操作。

- 要变换图层中的一部分对象，首先要在图层调板中选择该图层，再选择图层中需要变换的部分图像。
- 要变换多个图层，可在图层调板中按住Ctrl键选择这些图层。
- 要单独变换图层蒙版或矢量蒙版，要先取消其与图像间的链接，并在图层调板中选择蒙版缩略图。
- 要变换路径或矢量形状，先要用路径选择工具选择整个或部分路径。如果选择了路径上的一个或多个锚点，则只变换这些锚点相连的路径段。
- 如果要变换Alpha通道，则要在通道调板中选择该通道。

2.7.1 选区的精确变换操作

在对选区进行变换时，通过变换选区选项栏可以设置精确的变换参数，如图2-11所示。

图2-11 变换选区选项栏

根据数字移动选区：在选项栏的设置参考点的水平位置 X: 262.00 p 和设置垂直位置 Y: 162.50 p 文本框中输入新位置后，可以重新定位参考点并移动对象。按下相关定位按钮△，可以相对于当前位置来指定参考点的新位置，进而移动参考点和选区。

根据数字缩放选区：在选项栏的设置水平缩放 W: 100.00% 和设置垂直缩放比例 H: 100.00% 文本框中可以输入选区的缩放百分比。按下保持长宽比按钮，可以等比例缩放。

根据数字旋转选区：在选项栏的旋转 0.00 度文本框中可以输入选区的旋转角度。

根据数字斜切选区：在选项栏的设置水平斜切 H: 0.00 度和设置垂直斜切 V: 0.00 度文本框中可以输入选区的斜切角度。

2.7.2 参考点

在Photoshop中，所有的变换都是围绕参考点的位置来进行的，参考点的位置会影响变换的结果。参考点默认是在对象的中心位置。在进行变换操作时，可以在选项栏的参考点定位符中单击更改参考点的 9 个位置，也可以把鼠标放在参考点上拖动到任意位置，如图 2-12 所示。

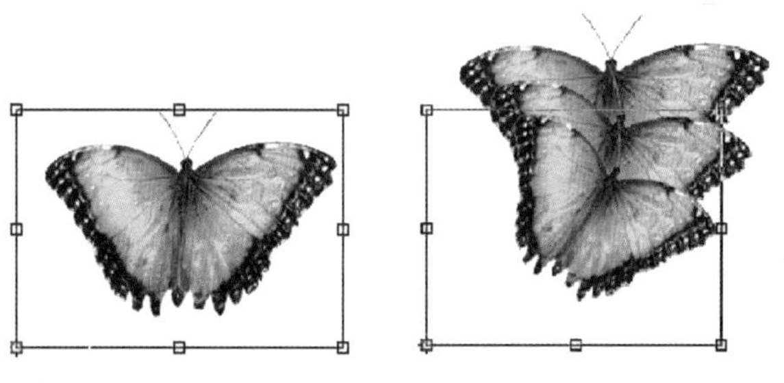

图 2-12　参考点变换应用

2.7.3　在信息调板中查看变换参数

在“信息”调板中，可以观察移动的距离（x 和 y 坐标）、宽度（W）和高度（H）的百分比、旋转角度（A）以及水平切线（H）或垂直切线（V）的角度的参数变化，如图 2-13 和图 2-14 所示。

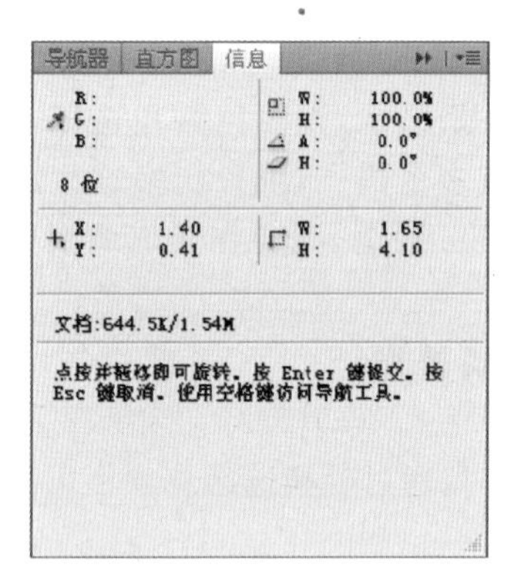

图 2-13　变换前

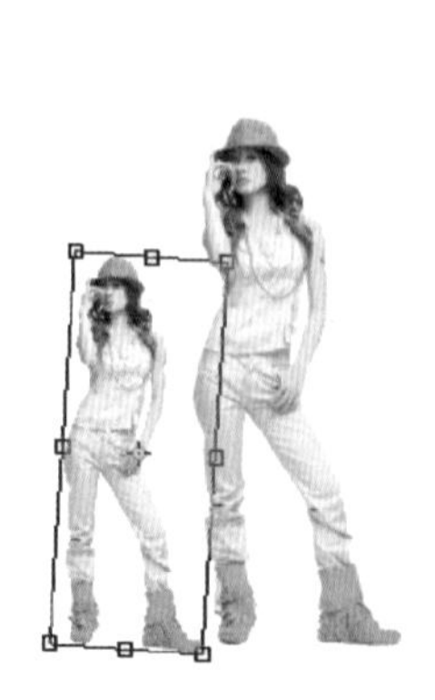

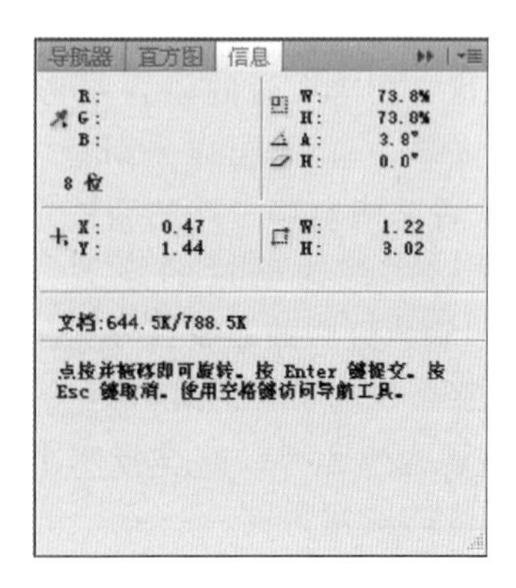

图 2-14　变换后

□技术看板：为变换对象创建智能对象

当变换位图图像时，每次应用变换都将使图像变得略为模糊，变换的次数越多，图像的品质下降得越大。由于 Photoshop 在退出后无法保存历史记录，因此，可以在变换前将图像创建为智能对象，然后再进行操作。智能对象可以保存图像的原始数据，并可根据需要随时恢复。

2.8 裁剪图像

在对数码照片或者扫描的图像进行处理时，经常会裁剪图像，以保留需要的部分。使用裁剪工具、“图像”→“裁剪”命令和“图像”→“裁切”命令(如图 2-15 所示)都可以裁剪图像。

透明像素：可删除图像边缘的透明像素，留下包含非透明像素的最小图像。

左上角像素颜色：从图像中删除左上角像素颜色的区域。

右下角像素颜色：从图像中删除右下角像素颜色的区域。

裁切：设置要修整的图像区域。

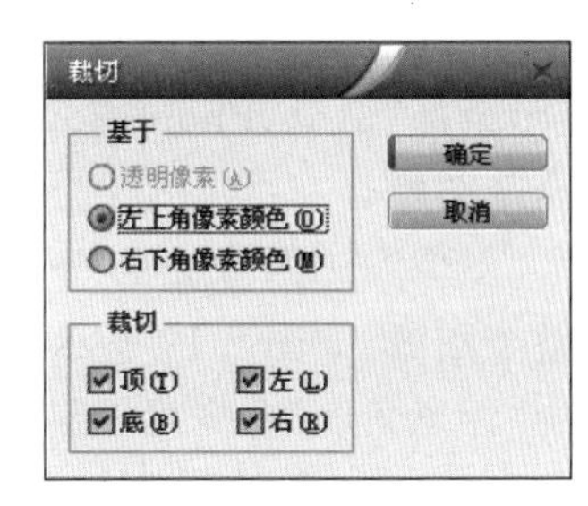

图 2-15 “裁切”对话框

在 Photoshop CS5 中，裁剪工具有了新的增强。应用“裁剪参考线叠加”和“透视”选项可以校正裁剪后的图像视角，如图 2-16 所示。

图 2-16 裁剪工具选项栏

2.9 修改图像大小

新建或打开一个图像文件后，执行“图像”→“图像大小”命令可以对图像的打印尺寸和分辨率作出调整，如图 2-17 所示。

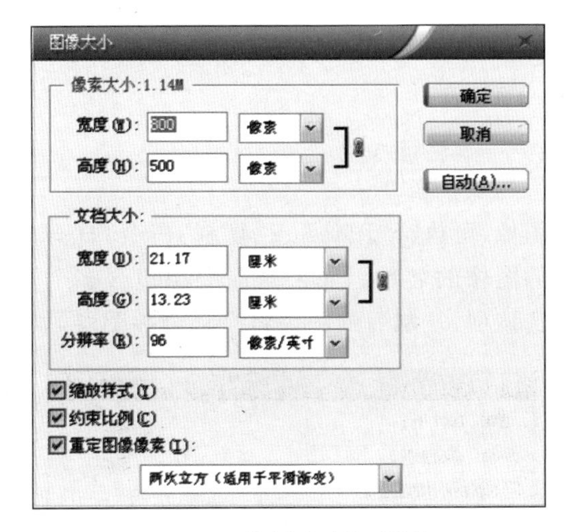

图 2-17 “图像大小”对话框

2.10 修改画布

画布是指整个文档的工作区域。在处理图像时，可以根据需要增加或减少画布，还可以旋转画布。执行"图像"→"画布大小"命令，可以打开"画布大小"对话框，如图 2-18 所示。

当增加画布大小时，可在图像指定方向添加空白区域；当减少画布大小时，则裁剪图像。如果图像中有些内容处在画布以外，这部分内容将不会显示出来。执行"图像"→"显示全部"命令，Photoshop 则会通过判断图像中像素的位置自动扩大显示范围，进而显示全部图像。

"图像"→"图像旋转"下拉菜单中包含旋转画布的命令，执行这些命令可以旋转或翻转整个图像(如图 2-19 所示)，此命令不适于单个图层或图层的一部分、路径及选区边框。其中"任意角度"命令可以设置旋转画布的角度(如图 2-20 所示)。

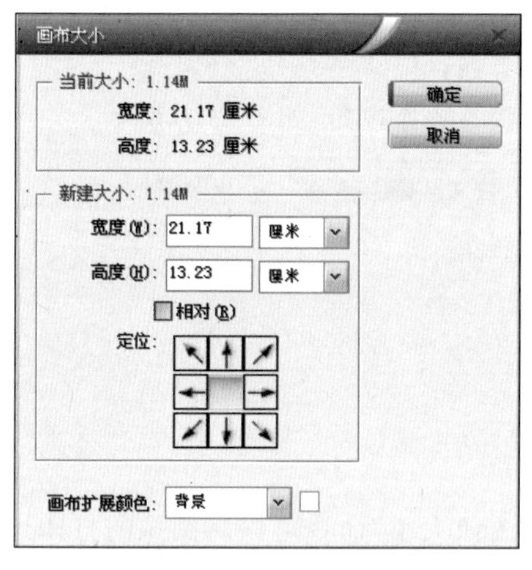

图 2-18 "画布大小"对话框

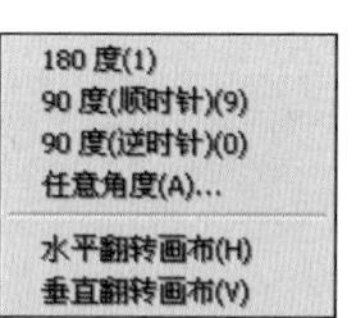

图 2-19 旋转画布菜单

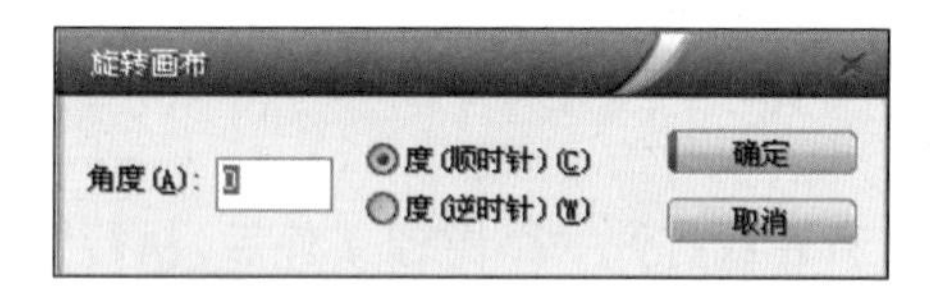

图 2-20 "旋转画布"对话框

2.11 复制图像

如果要复制当前的图像，可执行"图像"→"复制"命令，打开"复制图像"对话框。在"为"选项内输入复制后的图像的名称。如果当前图像包含多个图层，"仅复制合并的图层"选项为可选状态，勾选该项，复制后的图像将自动合并图层，如图 2-21 所示。

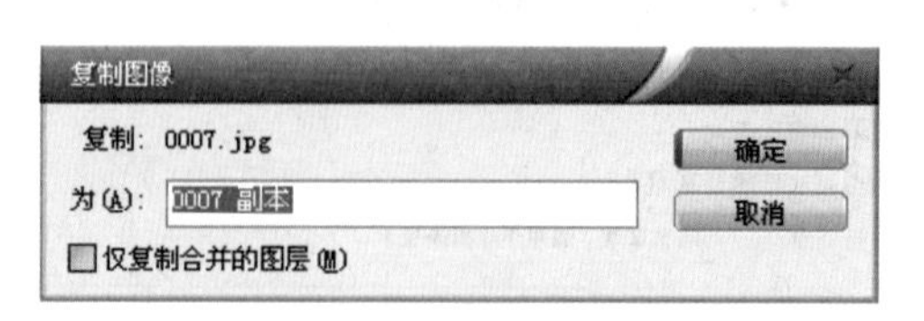

图 2-21 "复制图像"对话框

2.12 Mini Bridge 扩展功能

Photoshop CS5 新增的 Mini Bridge 扩展功能，是简化版的 Bridge。通过 Mini Bridge 可以处理主机应用程序面板中的资源。在多个应用程序中工作时，这是一种访问多种 Adobe Bridge 功能的有效方法。Mini Bridge 与 Adobe Bridge 进行通信可以创建缩览图，使文件保持同步以及执行其他任务。

2.12.1 打开 Mini Bridge 与 Adobe Bridge

在 Photoshop CS5 中，可在界面左上角看到并排的两个按钮，一个是 Br，另一个是 Mb。这是转换开关，可通过这两个按钮，分别打开 Adobe Bridge 与 Photoshop 内置的 Mini Bridge，如图 2-22 所示。

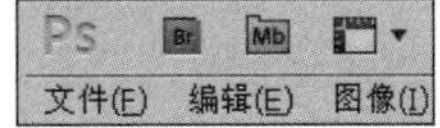

图 2-22 转换开关

也可通过"窗口"→"扩展功能"→"Mini Bridge"菜单找到 Mini Bridge，打开 Mini Bridge 窗口。它和 Adobe Bridge 十分相似，各个功能安排得井井有条。

2.12.2 扩展功能简介

在窗口左上角有"转到父文件夹、近期项目或者收藏夹"按钮。它的作用是执行快速导航。可以快速找到近期进入过的文件夹、我的电脑、照片收藏、桌面等最有可能用获得的路径，甚至可把不同文件夹中放置的、最近用过的文件整理在一起以方便选取。

右上角有三个按钮，其中左侧是转到 Adobe Bridge 按钮。第二个"面板视图"是界面显示选项，可用它显示出文件路径或打开导航区窗口、预览区窗口。在图下可看到图像的预览，取消"预览区"选项，则把预览关掉以节约屏幕空间。

内容面板右侧的四个按钮的作用如下：

"选取"按钮：对图像执行选取操作，比如全选，取消选取，显示出被隐蔽的文件等。

"按评级筛选项目"按钮：对文件执行筛选。依照文件上做的标记把符合条件的文件列出来，方便执行批量操作。

★**提示**：设定星级可在审阅模式中执行，在 Mini Bridge 中不能在缩览图上用右键设定星级。

排序按钮：用于把文件整理排序。

"工具"按钮：提供了批处理工具与置入选项。可以在置入子菜单中，把文件作为智能对象置入另外的文件中；也可在 Photoshop 子菜单中，对文件执行批处理，作为一图层载入当前图像，拼合 HDR 文件，拼接图像等操作。在窗口的最下面，是对预览的设定。

左下方有一个滑块，移动它可调节缩览图的大小，可较为清楚地看到图像文件的大概情况。利用左下角的预览按钮，可对当前选取的图像执行大图预览。运用它旁边的小箭头可执行预览手法的切换，比如全屏预览、幻灯放映等。

2.13　本章基础实例

实例 1　标尺工具应用——校正图像倾斜平面

步骤 1：用拉直工具在天际线上拉出一条直线，如图 2-23 所示。

步骤 2：单击属性选项栏上的"拉直"按钮，如图 2-24 所示。

图 2-23　原始素材

图 2-24　拉直效果

实例 2　剪裁工具应用——校正图像视角

步骤 1：用剪裁工具沿着图像左上方向右下方拉出裁剪区域，如图 2-25 所示。

步骤 2：在属性栏将"裁剪参考线叠加"改成网格，勾选"透视"选项。

步骤 3：用鼠标拖动左上角和右上角的控制点，使两边的边沿线与图中的柱头线平行，调整好后按确认，如图 2-26 所示。

图 2-25　裁剪区域

图 2-26　完成效果

2.14 本章综合实例

实例 1 三维彩色条纹

步骤 1：新建文件（宽 12cm，高 10cm，分辨率为 150 像素/英寸，背景为青色）。

步骤 2：打开所需的素材，运用"单行选框"工具，在视图中绘制选区，如图 2-27 所示。

步骤 3：复制选区内的图像，并粘贴到新文档中，应用"编辑"→"自由变换"，调节图像的大小与位置，如图 2-28 所示。

图 2-27 单行选择

图 2-28 应用拉伸

步骤 4：运用"矩形选项框"工具，在视图中绘制选区。执行"编辑"→"变换"→"扭曲"命令，把选区内的图像变形，如图 2-29 和图 2-30 所示。（也可调节选区内图像的色调，相关知识见第 6 章。）

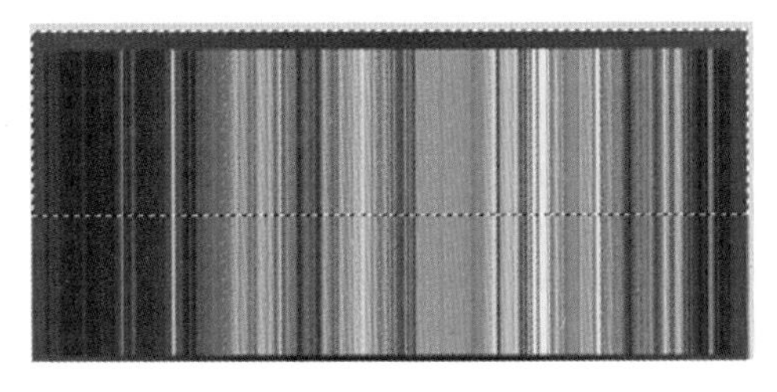

图 2-29 变形选区图像(1)

图 2-30 变形选区图像(2)

步骤 5：取消选区，适当调节彩条图像的大小与位置。运用"橡皮擦"工具，在彩条图像上面涂画，把图像擦去；把彩条图像复制两个，形成两个新的图层，并分别对其执行变换调节，如图 2-31 和图 2-32 所示。

图 2-31 变形选区图像(3)

图 2-32 变形选区图像(4)

步骤 6：把所有彩条图像拼合，并调节图像的大小、旋转角度与亮度对比度，如图 2-33 和图 2-34 所示。

图 2-33 调整色彩

图 2-34 旋转角度

步骤 7：执行“滤镜”→“画笔描边”→“阴影线”命令，参考值(3、10、1)。

步骤 8：最后加上修饰图像、文字信息与背景，如图 2-35 所示。

图 2-35 三维条纹完成效果

实例 2 窗格中的世界

步骤 1：打开背景素材图片，打开立方体素材图片，如图 2-36 所示。用移动工具拖入到背景层的上方，如图 2-37 所示。

图 2-36 打开素材

图 2-37 图层面板

步骤 2：用“编辑”→“变换”→“缩放”命令调整到合适大小；拖入小狗 1 素材图片，用“编辑”→“变换”→“扭曲”命令调整四个角点与立方体的四个角点对应，如图 2-38 所示。

步骤 3：同步骤 2，完成另外两个面的制作，如图 2-39 所示。

图 2-38 变换图片

图 2-39 制作立体形状

步骤 4：用移动工具拖入燕子素材图片，用“编辑”→“变换”→“缩放”命令调整大小。用移动工具移动到合适位置，按回车键确定变换（可根据情况调整立方体及贴元素的位置，为方便调整，按 Ctrl 键的同时用鼠标单击选中各图层，单击图层面板下边的“链接图层”按钮），如图 2-40 所示。

步骤 5：用移动工具拖入墙檐素材图片，调整到页面顶端；拖入窗户素材，根据页宽、页高调整到合适的大小和位置，完成制作，如图 2-41 所示。

图 2-40 加入燕子

图 2-41 窗格效果完成

第3章　选择

知识要点

- 选择的原理。
- 选择方法概述。
- 选区的基本编辑。
- 各种选择工具的使用。
- “色彩范围”选取。
- 快速蒙版编辑选区。
- “抽出”滤镜选取。
- “调整边缘”修改选区。

本章导读

选择是Photoshop中最为重要的技法之一，建立选区是指分离图像的一个或多个部分。通过选择，可以将编辑效果和滤镜应用于图像特定的区域，同时保证未选择的区域不受影响。无论是图像的修复与润饰、色彩与色调的调整、高级蒙版与通道等，都与选择有着密切的关系。在选择过程中，需根据实际情况选择一种或几种方法配合应用。本章简要介绍了关于选区的创建方式，重点讲解了基本选择工具、“抽出”滤镜及选区运算的使用方法。

3.1　关于选择

选择是图像处理的首要工作，通过选区可以将编辑操作和滤镜效果的有效区域限定在选区内。如果没有选区，所进行的操作将会对整个图像或图层产生影响。

在Photoshop中可以创建两种类型的选区，即普通的选区和羽化的选区。普通的选区有清晰的边界，羽化的选区在处理图像时，会在图像的边缘产生淡入淡出的效果，如图3-1和图3-2所示。羽化是非常重要的功能，应用十分广泛。羽化能够使被选择的对象的边缘变得柔和，将选择的对象与其他图像合成时，可以创建出无缝衔接的效果。

图 3-1 羽化值为 0 像素

图 3-2 羽化值为 20 像素

□技术看板：羽化的原理

在通道中，白色代表被选择的区域，黑色代表没有被选择的区域，灰色代表被部分选择的区域。羽化是被选择区域与未被选择区域之间过渡的区域。羽化值越高，灰色区域的范围就越广。羽化不仅影响选区边界内的图像，它还会影响到选区边界外的图像。

3.2 选择方法概述

Photoshop 提供了很多选择工具、选择命令和选择方法，它们都有各自的特点，适合选择某一类型的对象。在选择对象前，首先应该分析图像的特点，然后根据分析结果找出最佳的选择方法。如果不能直接选择对象，则要寻找对象与背景之间的差异，再使用 Photoshop 的各种工具和命令来增加差异，使对象与背景分离，进而选取对象(有时需要多种方式相互配合)。只有把握住图像的特点，才能找到正确、有针对性的选择方法。

3.2.1 形状选择法

边缘清晰、内部没有透明区域而且为矩形、多边形、正圆形和椭圆形等基本几何形状的对象是比较容易选择的对象，可以使用工具箱中的选框工具和多边形工具进行选取如图 3-3 和图 3-4 所示。若对选区的形状要求不高，可以使用套索工具绘制手绘效果的选区。

图 3-3 椭圆选择工具应用

图 3-4 多边形选择工具应用

3.2.2 路径选择法

如果需要选取的对象与背景之间没有足够的色调差异，且对象边缘光滑，呈现不规则形状，采用其他工具和方法也能取得理想效果，则可以使用钢笔工具来选取。Photoshop 中的钢笔工具是矢量工具，可以绘制光滑的路径，且易于修改(如图 3-5 所示)。

3.2.3 智能选择法

快速选择工具(如图 3-6 所示)、背景橡皮擦工具和魔术橡皮擦工具(如图 3-7 所示)都是智能工具，有自动识别对象边缘的功能，适合处理边缘清晰的图像。对象的边缘与背景的对比度越高，处理的效果越好。

图 3-5 钢笔选择工具的应用

图 3-6 快速选择工具的应用

图 3-7 魔术橡皮擦工具的应用

3.2.4 快速蒙版选择法

快速蒙版(如图 3-8 所示)是一种特殊的选区编辑方法。在快速蒙版状态下，可以像处理图像那样使用各种绘画工具和滤镜。

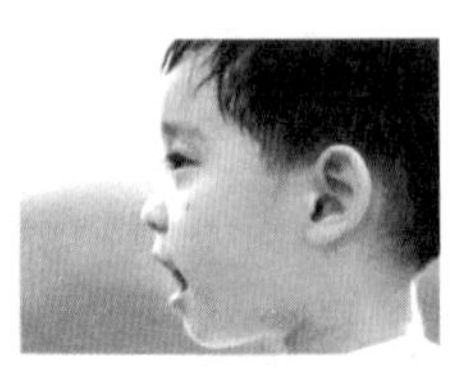
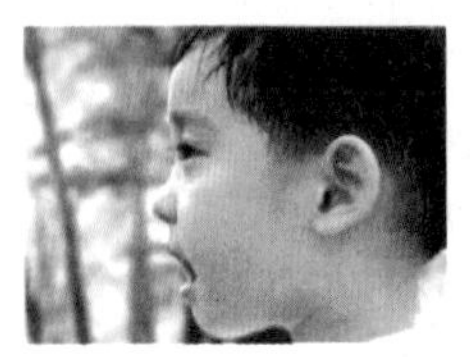

图 3-8 快速蒙版的应用

3.2.5 色调选择法

彩色图像的色彩和色调之间存在着不同程度的差异。色彩的差异指的是图像中的红、绿、蓝等不同色相；色调的差异则是指图像的暗调、中间调和高光。魔棒工具、“选择”→“色彩范围”命令、混合颜色和磁性套索工具都可以基于色调之间的差异创建选区。色调的应用如图 3-9 所示。

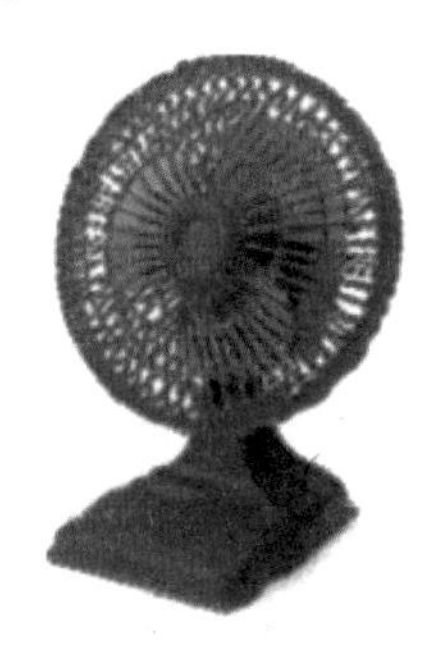

图 3-9 色调的应用

3.2.6 “抽出”滤镜选择法

“抽出”滤镜适合选择飘动的旗帜等边缘模糊或细节较多的对象，以及毛发、树枝等细节烦琐的对象和玻璃杯等透明的对象，如图 3-10 所示。

图 3-10 “抽出”滤镜的应用

3.2.7 通道选择法

在选择毛发等细节丰富的对象以及玻璃、烟雾、婚纱等透明对象和边缘模糊的对象时，应用通道是最好的选择方式。“抽出”通道和通道都可以选择透明对象，但通道在处理像素的选择程度上具有非常强的可控性。在多数情况下，都是应用通道制作此类选区，如图 3-11 所示。

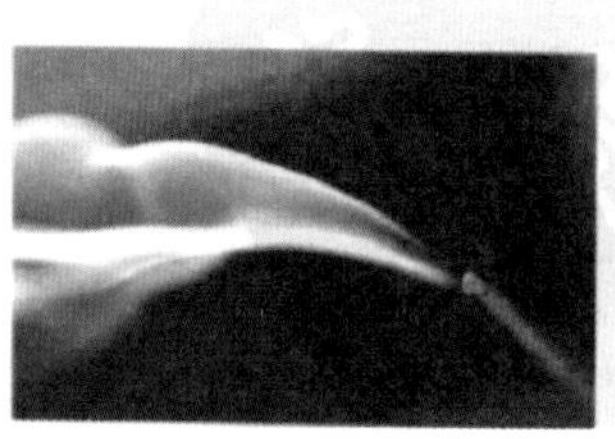

图 3-11　快速蒙版选择应用

3.2.8　其他选择方法

Photoshop 还提供了一些有针对性的选择命令，如在“选择”菜单下的“全选”、“反向”、“选择所有图层”命令等。

★提示：使用移动工具移动选区内的图像时，每按一次键盘中的→、←、↑、↓方向键，可以移动一个像素的距离；如果按住 Shift 键的同时再按方向键，则每次移动 10 个像素的距离。

3.3　基本选择工具

选框工具是 Photoshop 中最基本的选择工具。这些工具包括矩形工具、椭圆选框工具、单行选框工具和单列选框工具，可用来创建规则形状的选区。在创建选区时，如果按住 Alt 键拖动鼠标，可以从单击点为中心向外创建选区；按住 Shift 键拖动鼠标，可以创建正方形选区；如果同时按住 Alt＋Shift 键，则可以从中心向外创建正方形选区（椭圆工具亦同）。矩形选框工具的选项栏中包含了该工具的设置选项，如图 3-12 所示。

图 3-12　矩形选择工具选项栏

羽化：用来设置选区的羽化值。该值越高，羽化的范围越大（范围为 0～250 像素）。

样式：用来设置选区的创建方法。

高度和宽度互换：单击该按钮，可以切换“宽度”和“高度”栏中的数值。

调整边缘：Photoshop CS5 新增的选项。单击该按钮，打开“调整边缘”对话框，可以对选区进行平滑、羽化等处理，如图 3-13 和图 3-14 所示。

□技术看板：椭圆选框工具和矩形选框工具选项栏

椭圆选框工具的选项与矩形选框工具的选项相同，但是前者可以使用“消除锯齿”功能。

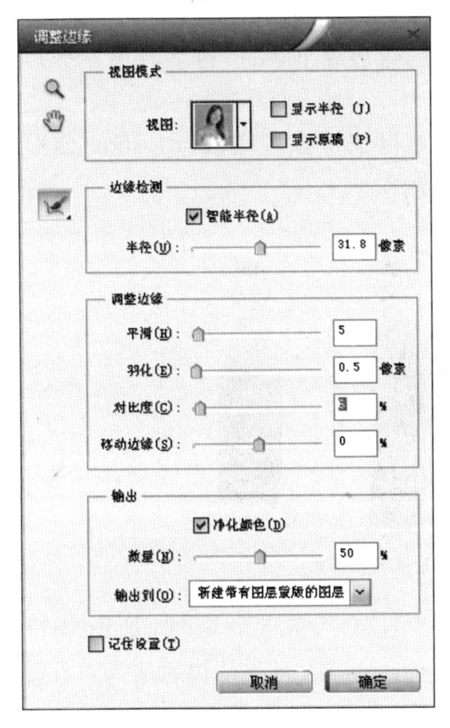

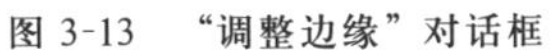

图 3-13 “调整边缘”对话框

图 3-14 原图和处理效果

消除锯齿：由于像素是图像的最小元素，并且是正方形，因此在创建圆形、多边形等选区时便容易产生锯齿。勾选该项后，Photoshop 会在选区边缘 1 个像素宽的范围内添加与周围的图像相近的颜色，使选区看上去比较光滑。由于是边缘像素发生变化，因此不会丢失细节。消除锯齿在剪切、复制和粘贴选区以创建复合图像时非常有用。

选择套索工具，在画面中单击并拖动鼠标绘制选区，将光标移至起点处，放开鼠标按键可闭合选区。如果在拖动鼠标过程中放开鼠标按键，则会在起点和终点之间创建一条直线来闭合选区。选择多边形工具，在需要选取的对象边缘转折处单击鼠标，移动光标至下一个转折处，单击鼠标继续创建选区。如果按住 Shift 键，可以锁定水平、垂直或 45 度角为增量进行绘制。磁性套索工具选项栏如图 3-15 所示。

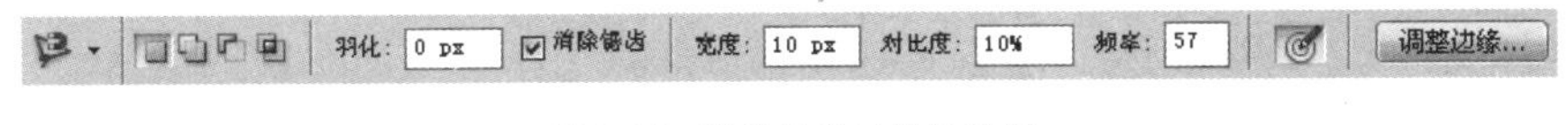

图 3-15 磁性套索工具选项栏

宽度：用来设置工具能检测到的图像边缘宽度。该值越高，检测的范围就越广；该值越低，检测的边缘越精确。在使用磁性套索工具时，按下 CapsLock 键，光标在画面中显示为⊙状，圆形的大小便是工具所能检测到的边缘宽度。按下 ↑ 键和 ↓ 键，可调整检测宽度。

对比度：用来设置工具感应图像边缘的灵敏程度。较高的数值只检测与它们的环境对比鲜明的边缘；较低的数值则检测低对比边缘。如果图像的边缘对比清晰，可以将该值设置得高些；如果边缘不是特别清晰，则该值应设置得低些。

频率：在使用磁性套索工具创建选区的过程中，会生成许多锚点。“频率”决定了锚点的数量。该值越高，生成的锚点越多，捕捉到的边界越准确，但过多的锚点会造成选区的边缘不够光滑。

钢笔压力：如果计算机配置了数位板，可以按下该按钮，Photoshop 会根据压感笔的压力自动调整工具的检测范围，如图 3-16 所示。

图 3-16　磁性套索选择工具的应用

魔棒工具可以快速选择色彩变化不大，并且颜色相近的区域，如图 3-17 所示。Photoshop 中包含两种此类型的工具，一种是魔棒工具，一种是快速选择工具。

图 3-17　魔棒工具选项栏

容差：设置工具选择的颜色范围。该值较低时，只会选择与鼠标单击点像素非常相似的少数区域；该值越高，选择的范围就越广。

连续：勾选该项时，选择颜色连接的区域；反之则会选择整个图像中与鼠标单击点颜色相近的在容差范围内的所有区域。

对所有图层取样：勾选时，可以选择所有可见图层上颜色相近的区域；反之则仅选择当前操作图层上颜色相近的区域。快速选择工具选项栏如图 3-18 所示。

图 3-18　快速选择工具选项栏

选区运算：选择新选区按钮，可创建一个新的选区，如已有选区存在，则取消原选区；选择添加选区按钮，可以在原选区基础上添加选区；选择减去选区按钮，可在原选区基础上减去当前绘制的选区。

画笔：在绘制过程中，可按下右方括号键]和左方括号键[增大、减小笔尖大小。

对所有图层取样：可基于所有可见图层创建一个选区。

自动增强：可减少选区边界的粗糙度和效应，自动将选区向图像边缘进一步流动并应用一些边缘调整。也可以通过在“调整边缘”对话框中使用“平滑”、“对比度”、“半径”等选项手动应用这些边缘调整。

★**提示**：使用磁性套索工具绘制选区的过程中，如果锚点的位置不准确，可按下 Delete 键将其删除；如果遇到直线边界，可按住 Alt 键在对象的直线边缘上单击，这时磁性套索工具转换为多边形工具；绘制完直线选区后，放开 Alt 键拖动鼠标恢复为磁性套索工具。如果按住 Alt 键单击并拖动鼠标，可转换为套索工具，这时可以绘制任意形状的选区(需要一直按着 Alt 键和鼠标),放开 Alt 键拖动鼠标恢复为磁性套索工具。

3.4 快速蒙版

快速蒙版是一种非常灵活的创建选区和编辑选区的工作方式。在快速蒙版状态下,可以使用绘画工具和滤镜编辑选区,也可以使用选框工具和套索工具修改选区。用白色涂抹蒙版可以在图像中选择更多的区域;用黑色涂抹可减少选择区域;用灰色或其他颜色涂抹可部分选择图像。双击工具箱中的以快速蒙版模式编辑按钮,可以打开"快速蒙版选项"对话框,如图 3-19 所示。

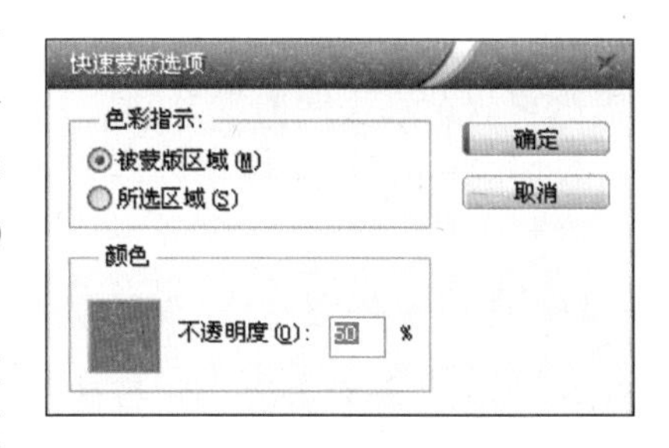

图 3-19 "快速蒙版选项"对话框

色彩指示:用来设置蒙版的显示选项。选择被蒙版区域时,未被选择的区域将被蒙版的颜色覆盖;选择"所选区域"时,被选择的区域将被蒙版的颜色覆盖。

颜色:单击颜色块,可以在打开的"拾色器"中设置蒙版颜色。

不透明度:用来设置蒙版颜色的不透明度,范围为 0~100%。

3.5 "色彩范围"命令

"选择"→"色彩范围"可以在整个图像中选择指定范围内的图像。该命令与魔棒工具的选择原理相似,但提供了更多的设置选项如图 3-20 所示。

图 3-20 "色彩范围"对话框

选择：设置选区的创建依据。

颜色容差：控制颜色的选择范围。

选择范围/图像：如果勾选“选择范围”，在预览区域的图像中，白色代表被选择区域，黑色代表未被选择区域，灰色代表部分选择（带有羽化效果）的区域。如果勾选“图像”，预览区内将显示原色图像。

选区预览：在图像窗口预览选区的方式。“无”表示不在窗口显示选区的预览效果；“灰度”可以按选区在灰度通道中的外观来显示选区；“黑色杂边”表示未被选择的区域上将覆盖一层黑色；“白色杂边”表示未被选择的区域上将覆盖一层白色；“快速蒙版”可以使用当前的快速蒙版设置显示选区，此时，未被选择的区域将覆盖一层宝石红色（颜色根据快速蒙版设置不同而改变）。

存储/载入：用于保存选区和载入选区预设文件。

吸管工具：提供三个吸管工具，在单击点的取样颜色设置为选区、添加选区和减少选区。

反相：可以反转选区，相当于创建了选区后，执行“选择”→“反向”命令。

□技术看板：“颜色容差”与“容差”的区别

“色彩范围”命令对话框中的“颜色容差”可以增加或减少选取的范围，通过该选项还可以控制相关颜色的选择程度。当相关颜色的选择程度为100%时，可以将其完全选择，被选择的像素在预览图上显示为白色；当相关颜色选择程度为0时，表示没有被选择，此时预览图上显示为黑色；如果选择程度介于0～100%之间，则能够部分选择这些像素，这些像素在预览图上显示为深浅不同的灰色。浅灰色区域的像素被选择的程度较高，选择后，像素的透明度较低；深灰色区域的像素被选择的程度较低，选择后，像素的透明度较高，如图3-21所示。

图3-21　色彩范围的选择

魔棒工具有一个“容差”选项，用于确定选择像素的相似点差异。如果该值较低，仅会选择与单击点像素非常相似的少数几种颜色；如果该值较高，则会选择范围更广的颜色。但无论怎样调整“容差”，都不能部分选择像素，因此，不能选择出带有一定透明度的像素，这是它与“色彩范围”命令对话框中的“颜色容差”最为显著的区别之一。魔棒工具的选择如图3-22所示。

图 3-22 魔棒工具的选择

3.6 “抽出”滤镜

执行“滤镜”→“抽出”命令打开对话框，如图 3-23 所示。对话框中有三个主要控制区域。其中左侧为该滤镜的工具，中间为图像操作预览区，右侧为选项与参数控制区。

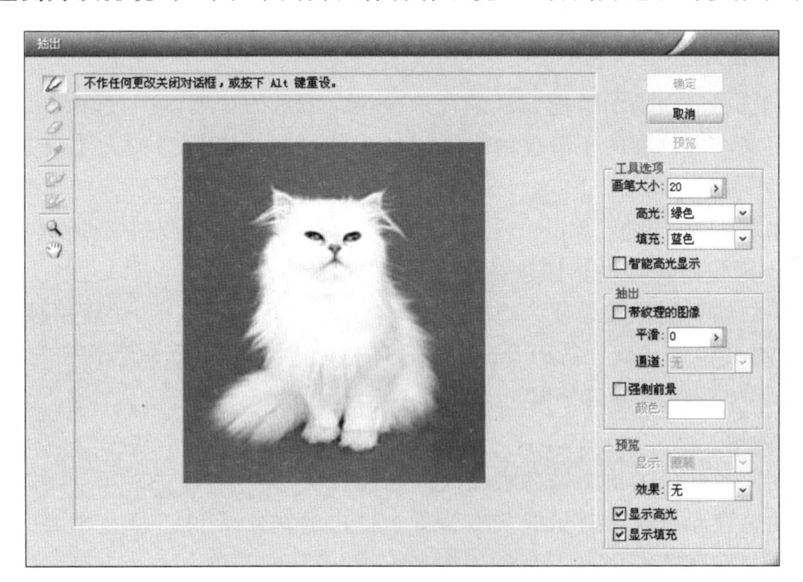

图 3-23 “抽出”滤镜对话框

1. 工具

边缘高光器：沿要抽出的对象边缘描绘一个封闭轮廓。根据图像边缘的清晰程度，可以使用不同大小的画笔。

填充工具：在描绘的轮廓内填充颜色，定义需要提取的区域。填充完成后，可单击“预览”按钮预览抽出效果。

橡皮擦工具：擦除描绘的边缘。

吸管工具：如果选择了“强制前景”选项，可在对象内部单击从前景色中取样；也可单击颜色块,在打开的"拾色器"中选择前景色。该技术最适合于包含单色调的对象。

消除工具：单击"预览"按钮后,使用该工具在图像上涂抹可以清除图像。如果在选择后,图像中包含多余的背景,可以使用该工具进行清除。按住 Alt 键拖动鼠标,可以将清除的图像复原。

边缘修饰工具：涂抹图像的边缘,可以使模糊的边缘变得清晰。在拖动的同时按住 Ctrl 键,可以移动边缘。

缩放工具：在对话框中的预览图像上单击可放大图像的显示比例,按住 Alt 键单击可缩小图像的显示比例。

抓手工具：放大图像的显示比例后,如果图像超出预览框,可使用该工具移动画面。

2. 工具选项

画笔大小：选择边缘高光器工具或其他工具后,可通过该选项设置工具的大小。

高光：用来设置边缘高光器工具描绘出的轮廓的颜色。

填充：用来设置填充工具在轮廓内填充的颜色。

智能高光显示：选择该项目后,无论当前画笔有多大,Photoshop 都会自动设置描绘的边缘的宽度,使其刚好覆盖住图像的边缘。如需要高光显示定义精确边缘,可选择该项。

3. 抽出选项

带纹理的图像：如果图像的前景或背景中包含大量的纹理,可勾选该项。

平滑：用来设置轮廓的平滑程度。如果抽出的结果中有明显的人工痕迹,可增加该值,从而平滑图像的边缘。

通道：如果图像中包含 Alpha 通道,可以从该选项的下拉列表中选择 Alpha 通道,以便基于 Alpha 通道中保存的选区进行高光处理。

强制前景：如要图像较为复杂或缺少清晰的内部,可勾选该项,然后用吸管工具在图像内部单击,对颜色进行取样。Photoshop 会自动分析高光区域,然后保留与鼠标单击相近的图像,进而将图像与背景分离。

4. 预览选项

显示：在原始和已抽出图像的视图之间切换。

效果：预览在彩色杂边背景或灰度背景上抽出的对象。

显示高光：在预览框中显示对象的高光。

显示填充：在预览框中显示对象的填充。

★**提示**：按住 Alt 键,"抽出"对话框中的"取消"按钮将变成"复位"按钮,单击它可将滤镜设置恢复到初始状态。

3.7 选区的运算

如果图像中包含选区,则使用选择工具创建新选区时,可以通过两个选区间的运算得到需要的选区。

新选区 ：按下该按钮后，可以在图像上创建一个新选区。如果图像上已有选区，则每新建一个选区都会替换上一个选区。

★**提示**：创建了选区后，如果新选区按钮为按下状态，则无论使用哪种选框工具，只要将工具移至选区内，拖动鼠标即可移动选区。按下键盘中的方向键可以轻微移动选区。

添加到选区 ：按下该按钮后，可在原有选区中加上当前创建的选区。

从选区减去 ：按下该按钮后，可在原有选区中减去当前创建的选区。

与选区交叉 ：按下该按钮后，新建选区只保留原有选区与当前创建的选区相交的部分。

□**技术看板：选区运算的快捷键**

如果当前图像中包含选区，使用选框工具继续创建选区时，按住 Shift 键可以在当前选区上添加选区；按住 Alt 键可以在当前选区中减去绘制的选区；按住 Shift+Alt 键可以得到与当前选区相交的选区。

3.8 选区的编辑

3.8.1 修改选区

创建了选区后，也可以对选区进行必要的编辑操作。“选择”→“修改”菜单中的命令可以对当前选区进行添加边界、平滑、扩展、收缩及羽化操作。

□**技术看板：羽化警告**

如果选区小而羽化半径设置得较大，Photoshop 会弹出警告对话框(见图 3-24)。如果确认当前设置的羽化值，则选区可能变得非常模糊，以至于在画面中看不到选区，但此时选区仍然存在。如果不想出现该警告，则应减少羽化半径或增大选区范围。

图 3-24 羽化警告对话框

3.8.2 调整边缘

“调整边缘”命令可以提高选区边缘的品质并允许对照不同的背景查看选区，以便轻松编辑选区。执行“选择”→“调整边缘”命令，可以打开相应对话框。拖动滑块可以扩展、收缩、平滑、羽化选区边缘。按下 F 键可循环预览模式，按下 X 键可临时查看图像。

3.8.3 扩大选取和选取相似

创建了选区后，执行“选择”→“扩大选取”命令和“选择”→“选取相似”命令时，

Photoshop 会查找并选择那些与当前选区中的像素颜色和色调相近的像素，从而扩大选择区域。选区的扩大范围以魔棒工具选项栏中的“容差”值为基准。“容差值”越高，选区扩大的范围就越大。多次执行，能按照一定的增量扩大选区，如图 3-25 所示。

图 3-25　扩大选取和选取相似的应用

3.8.4　变换选区

创建了选区后，执行“选择”→“变换选区”命令，可以单独对选区进行旋转、缩放等变换操作，选区内的图像不会受到影响。选区的变换操作与图像的变换操作方法相同。

3.8.5　存储选区

创建了选区后，可执行“选择”→“存储选区”命令；也可以在创建了选区之后，单击通道中的存储为选区按钮，如图 3-26 所示。

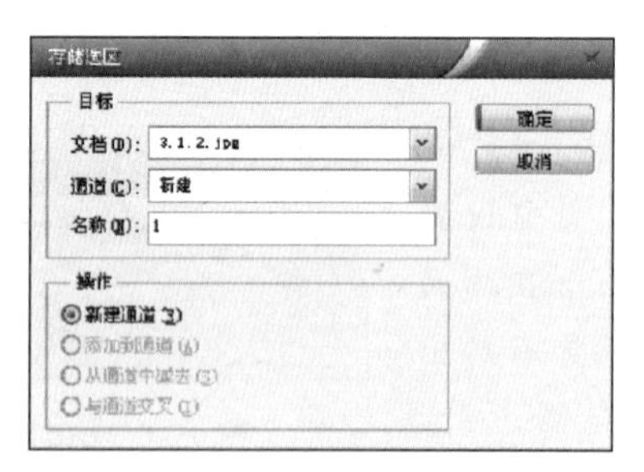

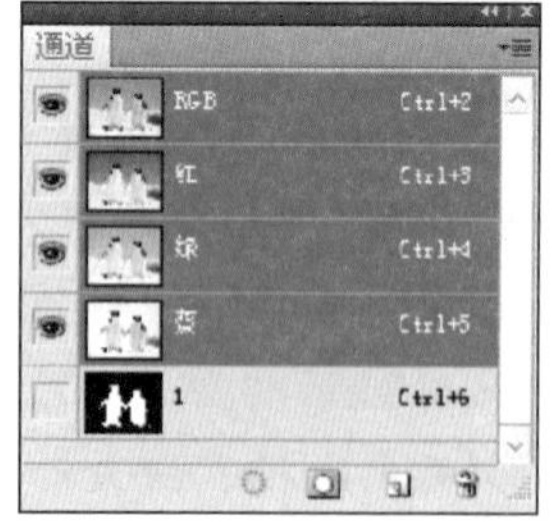

图 3-26　存储选区对话框和通道调板

名称：用来为保存选区的通道设置一个名称，如果不设置，Photoshop 会自动为其命名，例如：Alpha 1。

操作：该选项中提供了 4 种存储选区的方式，可以将当前存储的选区与通道内的选区进行运算。

★**提示**：将文件保存为 PSB(Photoshop 大型文档格式)、PSD、TIFF 和 PDF 格式，可以存储多个选区。

3.8.6 载入选区

执行“选择”→“载入选区”命令打开“载入选区”对话框，如图 3-27 所示。

文档：用来存储选区的目标文件，默认为当前的文件。如果其他文件中存储了选区或它的图层中包含透明区域，也可以选择这一文件，前提是该文件必须为打开状态，并且与当前操作文件的大小相同。

通道：用来选择存储了选区的目标通道。

反相：勾选该项，载入的选区将被反相处理。

图 3-27 “载入选区”对话框

操作：如果图像中包含选区，则在执行该命令时可以在“操作”选项中选择一种运算方式，从而得到更为复杂的选区。

在 Photoshop 中，通道、包含透明像素的图层、图层蒙版、矢量蒙版、路径都可以包含选区，因此，可以从这些载体中载入需要的选区。

- 载入通道中的选区：选择包含通道的选区，单击将通道作为选区载入按钮即可载入选区。载入选区后，单击复合通道，才能将图像切换回原来状态。也可以在没有选择通道的状态下，按 Ctrl 键单击目标通道缩略图，则可直接载入选区。
- 载入图层中的选区：按 Ctrl 键单击目标图层缩略图，则可将该图层的不透明区域载入选区。
- 载入图层蒙版中的选区：按 Ctrl 键单击图层蒙版缩略图可以载入蒙版中包含的选区。
- 载入矢量蒙版中的选区：按 Ctrl 键单击矢量蒙版缩略图可以载入蒙版中包含的选区。
- 载入路径中的选区：选择路径调板中的路径，单击“将路径作为选区载入”按钮，可以载入路径中包含的选区。

★**提示**：选区是保存到通道中的，因此，存储、载入选区的操作会涉及许多与通道相关的知识。

3.8.7 选区的显示与隐藏

创建了选区后，按 Ctrl＋H 键可以隐藏选区，标识选区的蚁形线消失。若选区比较复杂，需要仔细观察和处理选区边缘图像的效果，就可以隐藏选区再对图像进行处理。如果要将隐藏的选区显示出来，仍然是按 Ctrl＋H 键。

★**提示**：隐藏选区后，虽然看不到蚂形线，但操作的范围仍然被限定为选区内的图像。如果要对全部图像或选区外的图像进行操作，则要取消选择或对选区进行必要的修改。

3.8.8 移动选区

1. 在创建选区的过程中移动选区

使用矩形选框工具和椭圆选框工具创建选区时，按住空格键的同时拖动鼠标可以移动选区。将选区移动到新位置后，如果还需要继续调整选区的大小，可松开空格键，然后拖动鼠标进行调整（整个过程要一直按住鼠标键）。

2. 在创建选区后移动选区

如果当前选择的工具是任意选框工具、套索工具或魔棒工具，可将光标放在选区内，当鼠标形状变化时，单击并拖动鼠标即可移动选区。如果当前选择的是其他工具，则可执行“选择”→“变换选区”命令，当选区周围出现定界框时，将光标移动到选区内，单击并拖动鼠标即可移动选区。

3. 在不同图像间移动选区

如果打开了多个文件，将选区拖至某一图像中即可。如果源图像与目标图像的大小相同，在拖动选区后按 Shift 键，再放开 Shift 键和鼠标键，复制后的选区所在的位置将与源图像中的位置相同。如果两个图像的大小相同，采用按下 Shift 键复移动选区的方法所得到的选区将位于目标图像的中央。（分辨率不同的两个图像，移动的选区大小在视觉上会有变化。）

3.8.9 移动选区内的图像

采用“复制”、“合并复制”、“剪切”和“粘贴”等命令进行图像的复制与粘贴时，系统会将图像保存在剪贴板中，会占用一定的内存。如果是在不同的图像间复制图像，可以使用移动工具直接将图像拖至目标文件，用这种方法在文档间复制图像不会用到剪贴板，可以节省内存。

□技术看板：图像处理与内存之间的关系

在进行图像处理时，需要大量的内存用于保存中间数据。当保存在内存中的数据过多时，会导致计算机运行的速度变慢，甚至因内存不足而无法完成操作。可以通过执行“编辑”→“清理”命令释放内存，如图 3-28 所示。

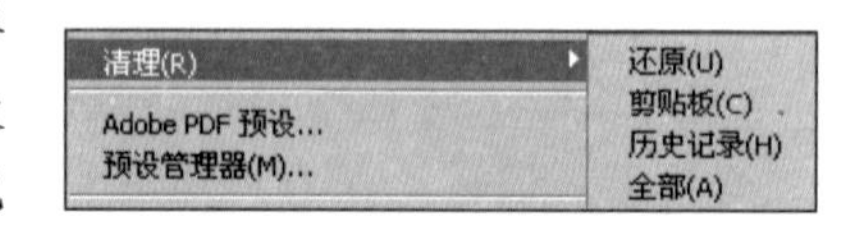

图 3-28　内存清理

3.9 本章基础实例

实例 1　磁性套索工具应用——书中风景

步骤 1：打开“书本”素材，用磁性套索选择，执行“选择”→“存储选区”命令存储该选区，如图 3-29 所示。

步骤 2：拖入风景素材图片，将图层不透明度调到 60%～65%之间(可以方便查看摆放位置)。用"编辑"→"自由变换"工具调整大小及位置，如图 3-30 所示。

图 3-29　存储选区

图 3-30　调整不透明度

步骤 3：执行"选择"→"载入选区"命令载入已存储的选区，如图 3-31 所示。执行"选择"→"反相"命令，按 Delete 键删除多余的部分。

步骤 4：设置风景图层叠加模式为"正片叠底"，不透明度为 100%，添加一些蝴蝶，完成制作，如图 3-32 所示。

图 3-31　载入选区

图 3-32　完成书中风景

实例 2　魔棒工具应用——替换雕塑背景

步骤 1：打开雕塑素材，可以看到背景比较简单。因此，只要选择背景，然后再反选即可选择雕塑。

步骤 2：选择魔棒工具。在工具选项栏中按下"添加到选区按钮"，勾选"连续"选项，如图 3-33 所示。设置"容差"为 5，在雕塑外侧背景的不同区域单击创建选区。

容差: 5　☑消除锯齿　☑连续

图 3-33　魔棒选项栏

步骤 3：设置"容差"为 10，在剩余区域单击，如图 3-34 和图 3-35 所示。

步骤 4：选区还不够准确，执行"选择"→"扩大选取"命令将选区扩大到雕塑的边缘，如图 3-36 所示。

图 3-34　选择天空

图 3-35　添加选择

步骤 5：执行“选择”→“反相”命令，执行“图层”→“通过拷贝的图层”命令将选区内的图像创建到一个单独的图层，生成图层 1，如图 3-37 所示。

图 3-36　扩大选取

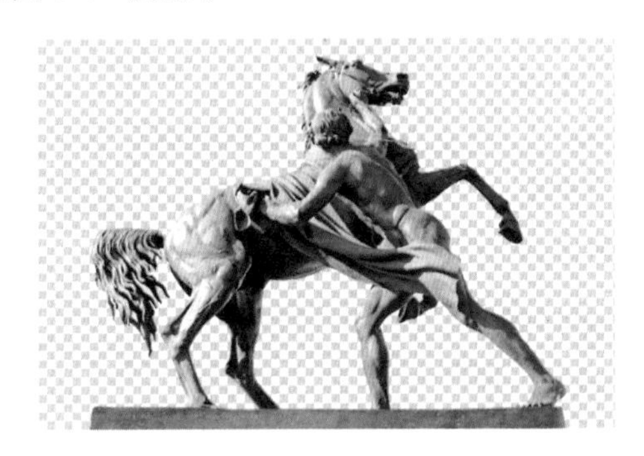

图 3-37　生成图层 1

步骤 6：打开背景素材，使用移动工具拖入画面，如图 3-38 所示。生成图层 2，置于图层 1 下方，如图 3-39 所示。

图 3-38　合成图像

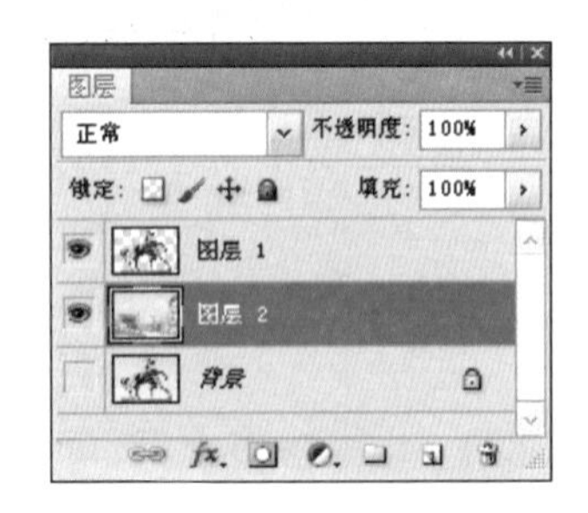

图 3-39　图层面板

实例 3　“抽出”滤镜应用——玻璃器皿选取

步骤 1：打开素材，复制背景层两次。

步骤 2：选择复制的一个图层，打开“抽出”滤镜对话框。设置“强制前景色”为白色，涂抹玻璃器皿(注意边缘尽量精确)，如图 3-40 所示。

图 3-40 涂出前景区域

步骤 3：同理，选择复制的另一个图层。打开“抽出”滤镜对话框，设置“强制前景色”为黑色，涂抹玻璃器皿。

步骤 4：加入一个背景素材，置于两个图层的下方，调整好玻璃杯高光和阴影的位置，完成操作，如图 3-41 和图 3-42 所示。

图 3-41 玻璃杯素材

图 3-42 换背景

3.10 本章综合实例

实例 1 公益海报——节约用水

步骤 1：打开素材 1、素材 2、素材 3，用椭圆选择工具选取素材 2 中的球体，复制到素材 1 中，形成图层 1；用磁力线选择工具选取素材 3 中的树叶，复制到素材 1 中，形成图层 2，如图 3-43 和图 3-44 所示。

图 3-43　素材整理

图 3-44　图层面板

步骤 2：调整球体的位置，应用“编辑”→“自由变换”调整树叶的大小与角度，并复制三个，然后合并图层，如图 3-45 所示。

步骤 3：按 Alt 键并用鼠标左键拖动方法复制树叶，调整好位置和大小，再一次合并树叶图层，如图 3-46 所示。

图 3-45　复制树叶(1)

图 3-46　复制树叶(2)

步骤 4：复制树叶图层，执行“编辑变换水平翻转”，调整好位置和大小，并拖动到球体图层下边，如图 3-47 所示。

步骤 5：对球体图层和树叶图层执行“图像”→“调整”→“反相”命令(Ctrl+R)，添加文字完成制作，如图 3-48 所示。

图 3-47　制作翅膀

图 3-48　公益海报完成

实例 2 照片合成——艺术写真

步骤 1：打开彩色羽毛素材，全选、剪切、粘贴生成图层 1。调整大小，执行"滤镜"→"模糊"→"高斯模糊"，模糊半径：43 像素，如图 3-49 所示。

★**提示**：对背景进行模糊的原则：一般是达到能识别原来的形状，但没有明显的边缘。

步骤 2：打开人物素材，拖动复制并调整好大小，用图层蒙版处理边缘效果，设置图层混合模式为柔光，如图 3-50 所示。

图 3-49 羽化背景

图 3-50 加入人物照片

步骤 3：再一次打开人物素材，设置椭圆选择工具的羽化值为 15。按 Shift 键＋鼠标左键绘制正圆选择人物头部区域，复制到相应位置并调整好大小，如图 3-51 所示。

步骤 4：设置椭圆选择工具的羽化值为 2，在下边绘制合适大小的正圆选区并填充为白色，如图 3-52 所示。

图 3-51 羽化选择

图 3-52 添加光圈

步骤 5：打开花束素材，设置套索选择工具的羽化值为 25，选择花束复制到合适位置，并调整大小，如图 3-53 所示。

步骤 6：添加文字，设置好字体、位置和大小，完成制作，如图 3-54 所示。

图 3-53　加入花束

图 3-54　照片合成效果

第 4 章　绘画与图像修饰

知识要点

- 掌握绘图工具和“画笔”调板的使用方法。
- 学习使用修复与润饰工具。
- 学习使用擦除工具。
- 学习使用内容识别比例命令。
- “消失点”滤镜的使用方法。
- “镜头校正”滤镜的使用方法。
- 掌握渐变的创建与编辑方法。
- 图案的创建与使用。

本章导读

除了图像纠错的功能以外，Photoshop 还提供了丰富且强大的图像修饰功能。本章的知识对于图像修饰，特别是处理数码照片时必不可少，例如仿制图章工具、污点修复画笔、内容识别比例、“消失点”滤镜的使用方法，应重点掌握。此外，还应该学会 Photoshop CS5 新增的“内容识别”、“操控变形”命令的使用。

4.1　前景色与背景色

工具箱中包含前景色与背景色的选项，它由设置前景色、背景色、切换前景色与背景色等部分组成。单击前景色或背景色颜色块，可以在打开的“拾色器”对话框中设置颜色，也可以在“颜色”调板和“色板”调板中设置它们的颜色，或者使用吸管工具拾取图像中的颜色作为前景色或背景色；单击切换图标或者按下 X 键，可以切换前景色与背景色；单击图标或者按下 D 键，可以将前景色和背景色恢复为默认状态。

在使用绘图工具或文字工具时，画面中呈现的颜色是前景色；清除背景时，被擦除的区域显示的是背景色。

4.2　画笔调板

“画笔”调板是非常重要的调板，可以设置各种绘画工具、图像修复工具、图像润饰工具和擦除工具的属性和描边效果。

执行“窗口”→“画笔”命令或单击工具选项栏中的切换画笔调板按钮，可以打开“画笔”调板，如图 4-1 所示。画笔预设如图 4-2 所示。

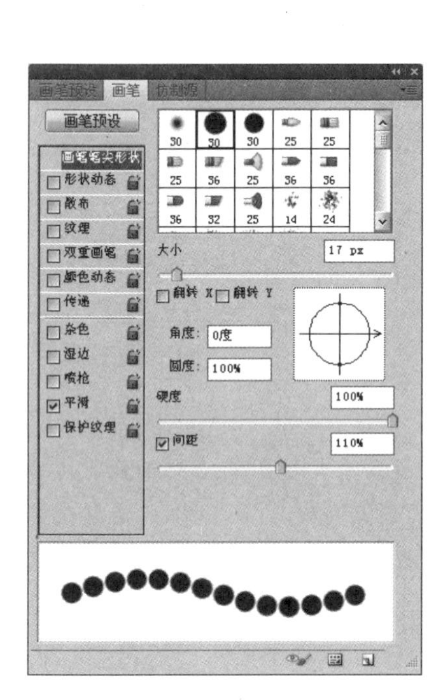

图 4-1　“画笔”调板

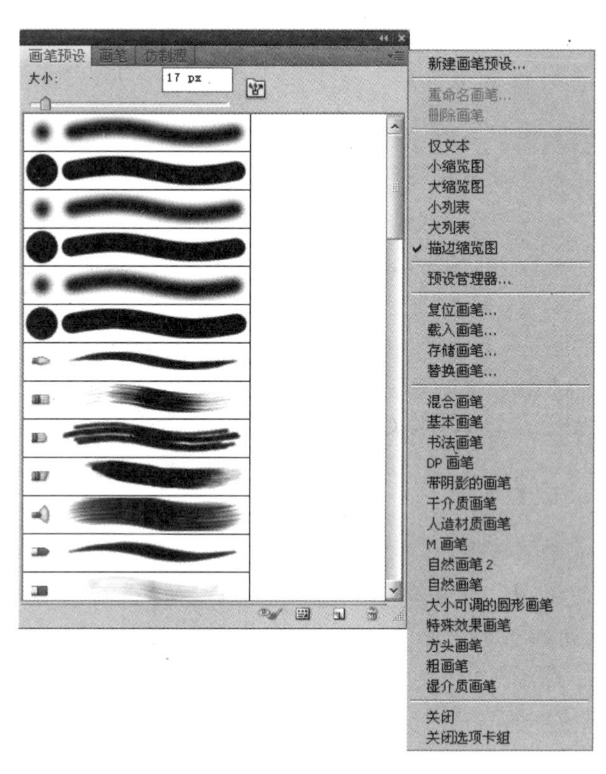

图 4-2　画笔预设

1. 画笔笔尖选项

画笔笔尖选项与选项栏中的设置一起控制应用颜色的方式。可以使用渐变方式、柔和边缘、较大画笔描边、各种动态画笔、不同的混合属性以及形状不同的画笔来应用颜色。可以使用画笔描边来应用纹理以模拟在画布或美术纸上进行绘画，也可以使用喷枪来模拟喷色绘画，还可使用“画笔” 面板设置画笔笔尖选项。

2. 画笔形状动态

形状动态决定了描边中画笔笔迹的变化。

(1) 大小抖动和控制　指定描边中画笔笔迹大小的改变方式。要指定抖动的最大百分比，可通过键入数字或使用滑块来输入值。要指定如何控制画笔笔迹的大小变化，可从“控制”弹出式菜单中选取一个选项。

- 关：指定不控制画笔笔迹的大小变化。

- 渐隐：按指定数量的步长在初始直径和最小直径之间渐隐画笔笔迹的大小。每个步长等于画笔笔尖的一个笔迹。值的范围为1～9999。例如，输入步长数10会产生10个增量的渐隐，如图4-3所示。

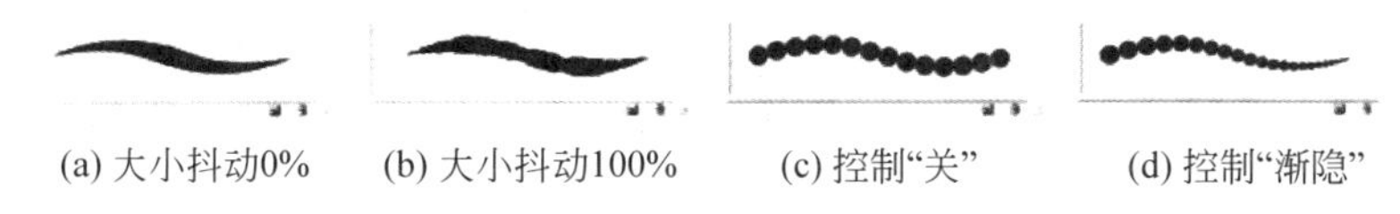

(a) 大小抖动0%　(b) 大小抖动100%　(c) 控制“关”　(d) 控制“渐隐”

图 4-3 渐隐值设置

- 钢笔压力、钢笔斜度或光笔轮：可依据钢笔压力、钢笔斜度或钢笔拇指轮位置，在初始直径和最小直径之间改变画笔笔迹的大小。
- 最小直径：指定当启用“大小抖动”或“大小控制”时画笔笔迹可以缩放的最小百分比。可通过键入数字或使用滑块来输入画笔笔尖直径的百分比值。
- 倾斜缩放比例：指定当“大小抖动”设置为“钢笔斜度”时，在旋转前应用于画笔高度的比例因子。键入数字，或者使用滑块输入画笔直径的百分比值。

(2) 角度抖动和控制　指定描边中画笔笔迹角度的改变方式。要指定抖动的最大百分比，可输入360度的百分比的值。要指定如何控制画笔笔迹的角度变化，可从“控制”弹出式菜单中选取一个选项，如图4-4所示。

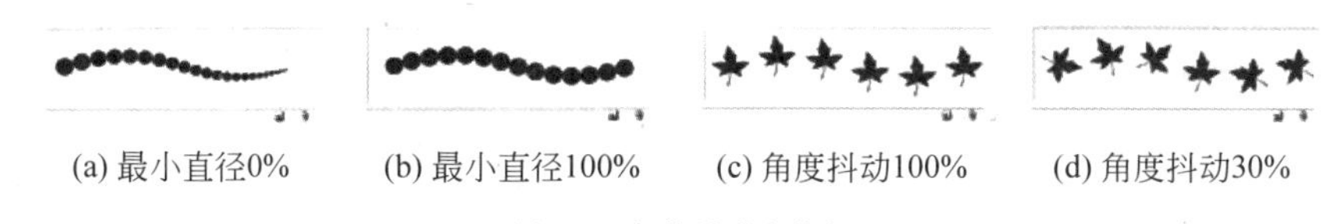

(a) 最小直径0%　(b) 最小直径100%　(c) 角度抖动100%　(d) 角度抖动30%

图 4-4 角度抖动和控制

- 关：指定不控制画笔笔迹的角度变化。
- 渐隐：按指定数量的步长在0°～360°之间渐隐画笔笔迹的角度。
- 钢笔压力、钢笔斜度、光笔轮、旋转：依据钢笔压力、钢笔斜度、钢笔拇指轮位置或钢笔的旋转在0°～360°之间改变画笔笔迹的角度。
- 初始方向：使画笔笔迹的角度基于画笔描边的初始方向。
- 方向：使画笔笔迹的角度基于画笔描边的方向。

(3) 圆度抖动和控制　指定画笔笔迹的圆度在描边中的改变方式。要指定抖动的最大百分比，请输入一个指明画笔长短轴之间的比率的百分比。要指定希望如何控制画笔笔迹的圆度，请从“控制”弹出式菜单中选取一个选项。

- 关：指定不控制画笔笔迹的圆度变化。
- 渐隐：按指定数量的步长在100%和“最小圆度”值之间渐隐画笔笔迹的圆度。
- 钢笔压力、钢笔斜度、光笔轮、旋转：依据钢笔压力、钢笔斜度、钢笔拇指轮位置或钢笔的旋转，在100%和“最小圆度”值之间改变画笔笔迹的圆度。
- 最小圆度：指定当“圆度抖动”或“圆度控制”启用时画笔笔迹的最小圆度。输入一个指明画笔长短轴之间的比率的百分比。
- 画笔散布：确定描边中笔迹的数目和位置。

(4) 散布和控制　指定画笔笔迹在描边中的分布方式。当选择“两轴”时，画笔笔迹按径向分布。当取消选择“两轴”时，画笔笔迹垂直于描边路径分布。要指定散布的最大百分比，请输入一个值。要指定希望如何控制画笔笔迹的散布变化，请从“控制”弹出式菜单中选取一个选项。

- 关：指定不控制画笔笔迹的散布变化。
- 渐隐：按指定数量的步长将画笔笔迹的散布从最大散布渐隐到无散布。
- 钢笔压力、钢笔斜度、光笔轮、旋转：依据钢笔压力、钢笔斜度、钢笔拇指轮位置或钢笔的旋转，来改变画笔笔迹的散布。
- 数量：指定在每个间距区间应用的画笔笔迹数量。

★**提示**：如果在不增大间距值或散布值的情况下增加数量，则绘画性能可能会降低。

(5) 数量抖动和控制　指定画笔笔迹的数量如何针对各种间距而变化。要指定在每个间距处涂抹的画笔笔迹的最大百分比，请输入一个值。要指定如何控制画笔笔迹的数量变化，请从“控制”弹出式菜单中选取一个选项。

- 关：指定不控制画笔笔迹的数量变化。
- 渐隐：按指定数量的步长将画笔笔迹数量从“数量”值渐隐到 1。
- 钢笔压力、钢笔斜度、光笔轮、旋转：依据钢笔压力、钢笔斜度、钢笔拇指轮位置或钢笔的旋转，来改变画笔笔迹的数量。

(6) 纹理画笔选项　纹理画笔利用图案使描边看起来像是在带纹理的画布上绘制的一样，如图 4-5 所示。

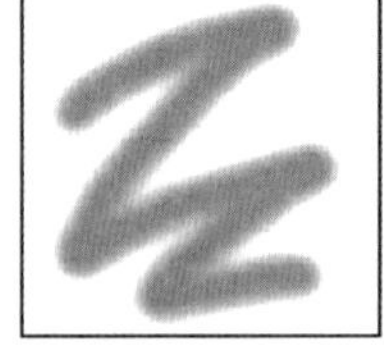

(a) 无纹理　(b) 有纹理

图 4-5　无纹理的画笔描边和有纹理的画笔描边

单击图案样本，然后从弹出式面板中选择图案。设置下面的一个或多个选项：

- 反相：基于图案中的色调反转纹理中的亮点和暗点。当选择“反相”时，图案中的最亮区域是纹理中的暗点，因此接收最少的油彩；图案中的最暗区域是纹理中的亮点，因此接收最多的油彩。当取消选择“反相”时，图案中的最亮区域接收最多的油彩图案中的最暗区域接收最少的油彩。
- 缩放：指定图案的缩放比例。键入数字，或者使用滑块来输入图案大小的百分比值。
- 为每个笔尖设置纹理：将选定的纹理单独应用于画笔描边中的每个画笔笔迹，而不是作为整体应用于画笔描边(画笔描边由拖动画笔时连续应用的许多画笔笔迹构成)。必须选择此选项，才能使用“深度”变化选项。
- 模式：指定用于组合画笔和图案的混合模式。
- 深度：指定油彩渗入纹理中的深度。键入数字，或者使用滑块来输入值。如果是 100%，则纹理中的暗点不接收任何油彩。如果是 0%，则纹理中的所有点都接收相同数量的油彩，从而隐藏图案。
- 最小深度：指定将“深度控制”设置为“渐隐”、“钢笔压力”、“钢笔斜度”或“光笔轮”并且选中“为每个笔尖设置纹理”时油彩可渗入的最小深度。

(7) 深度抖动和控制　指定当选中“为每个笔尖设置纹理”时深度的改变方式。要指定抖动的最大百分比，请输入一个值。要指定如何控制画笔笔迹的深度变化，请从“控

制”弹出式菜单中选取一个选项。

- 关：指定不控制画笔笔迹的深度变化。
- 渐隐：按指定数量的步长从“深度抖动”百分比渐隐到“最小深度”百分比。
- 钢笔压力、钢笔斜度、光笔轮、旋转：依据钢笔压力、钢笔斜度、钢笔拇指轮位置或钢笔旋转角度来改变深度。

(8) 双重画笔　组合两个笔尖来创建画笔笔迹。将在主画笔的画笔描边内应用第二个画笔纹理，仅绘制两个画笔描边的交叉区域。在“画笔”面板的“画笔笔尖形状”部分设置主要笔尖的选项，从“画笔”面板的“双重画笔”部分选择另一个画笔笔尖，然后设置以下任意选项，如图 4-6 所示。

(a) 主画笔笔尖描边(尖角55)

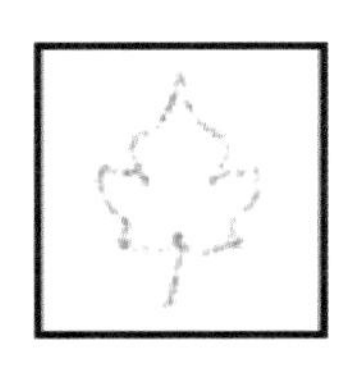
(b) 辅助画笔笔尖描边(草)

(c) 双重画笔描边(使用两者)

图 4-6　双重画笔

- 模式：选择从主要笔尖和双重笔尖组合画笔笔迹时要使用的混合模式。
- 直径：控制双笔尖的大小。以像素为单位输入值，或者单击“使用取样大小”来使用画笔笔尖的原始直径。(只有当画笔笔尖形状是通过采集图像中的像素样本创建的时候，“使用取样大小”选项才可用。)
- 间距：控制描边中双笔尖画笔笔迹之间的距离。要更改间距，请键入数字，或使用滑块输入笔尖直径的百分比。
- 散布：指定描边中双笔尖画笔笔迹的分布方式。当选中“两轴”时，双笔尖画笔笔迹按径向分布。当取消选择“两轴”时，双笔尖画笔笔迹垂直于描边路径分布。要指定散布的最大百分比，请键入数字或使用滑块来输入值。
- 数量：指定在每个间距区间应用的双笔尖画笔笔迹的数量。键入数字或者使用滑块来输入值。

(9) 颜色动态画笔选项　颜色动态决定描边路线中油彩颜色的变化方式，如图 4-7 所示。

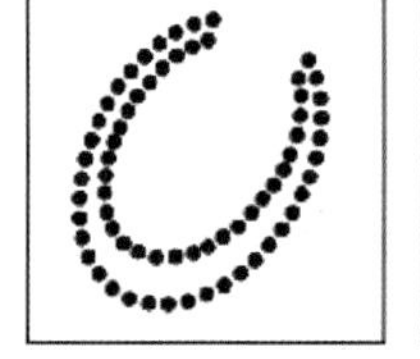
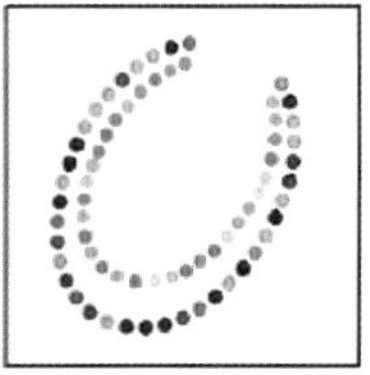
图 4-7　无颜色动态的画笔描边(左)和有颜色动态的画笔描边(右)

- 前景/背景抖动和控制：指定前景色和背景色之间的油彩变化方式。要指定油彩颜色可以改变的百分比，请键入数字或使用滑块来输入值。要指定如何控制画笔笔迹的颜色变化，请从“控制”弹出式菜单中选取一个选项。
- 关：指定不控制画笔笔迹的颜色变化。
- 渐隐：按指定数量的步长在前景色和背景色之间改变油彩颜色。
- 钢笔压力、钢笔斜度、光笔轮、旋转：依据钢笔压力、钢笔斜度、钢笔拇指轮位置或钢笔的旋转，来改变前景色和背景色之间的油彩颜色。

- 色相抖动：指定描边中油彩色相可以改变的百分比。键入数字或者使用滑块来输入值。较低的值在改变色相的同时保持接近前景色的色相，较高的值增大色相间的差异。
- 饱和度抖动：指定描边中油彩饱和度可以改变的百分比。键入数字或者使用滑块来输入值。较低的值在改变饱和度的同时保持接近前景色的饱和度，较高的值增大饱和度级别之间的差异。
- 亮度抖动：指定描边中油彩亮度可以改变的百分比。键入数字或者使用滑块来输入值。较低的值在改变亮度的同时保持接近前景色的亮度，较高的值增大亮度级别之间的差异。
- 纯度：增大或减小颜色的饱和度。键入一个数字，或者使用滑块输入一个－100～100之间的百分比。如果该值为－100，则颜色将完全去色；如果该值为100，则颜色将完全饱和。

(10) 传递动态画笔选项　其他动态选项确定油彩在描边路线中的改变方式，如图4-8所示。

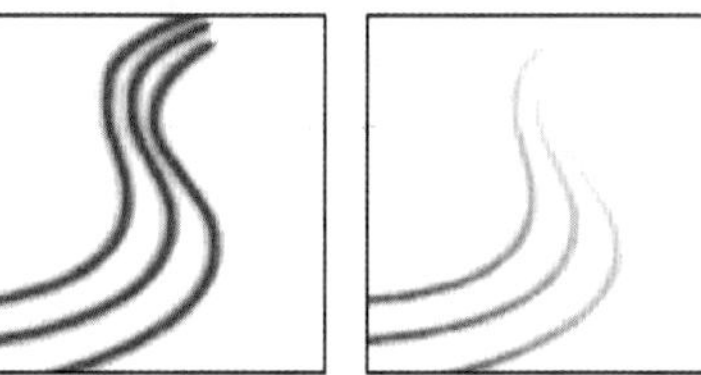

图4-8　无动态绘画的画笔描边(左)和有动态绘画的画笔描边(右)

- 不透明度抖动和控制　指定画笔描边中油彩不透明度如何变化，最高值(但不超过)是选项栏中指定的不透明度值。要指定油彩不透明度可以改变的百分比，请键入数字或使用滑块来输入值。要指定希望如何控制画笔笔迹的不透明度变化，请从“控制”弹出式菜单中选取一个选项。
- 关：指定不控制画笔笔迹的不透明度变化。
- 渐隐：按指定数量的步长将油彩不透明度从选项栏中的不透明度值渐隐到0。
- 钢笔压力、钢笔斜度或光笔轮：可依据钢笔压力、钢笔斜度或钢笔拇指轮的位置来改变颜料的不透明度。
- 流量抖动和控制：指定画笔描边中油彩流量如何变化，最高(但不超过)值是选项栏中指定的流量值。要指定油彩流量可以改变的百分比，请键入数字或使用滑块来输入值。要指定如何控制画笔笔迹的流量变化，请从“控制”弹出式菜单中选取一个选项。
- 关：指定不控制画笔笔迹的流量变化。
- 渐隐：按指定数量的步长将油彩流量从选项栏中的流量值渐隐到0。
- 钢笔压力、钢笔斜度或光笔轮：可依据钢笔压力、钢笔斜度或钢笔拇指轮的位置来改变油彩的流量。

(11) 其他选项　“画笔”调板中最下面的几个选项是“杂色”、“湿边”、“喷枪”和“保护纹理”，它们没有调整参数。如果要启用，将其勾选即可。

- 杂色：为个别画笔笔尖增加额外的随机性。当应用于柔画笔笔尖(包含灰度值的画笔笔尖)时，此选项最有效。
- 湿边：沿画笔描边的边缘增大油彩量，从而创建水彩效果。
- 喷枪：将渐变色调应用于图像，同时模拟传统的喷枪技术。“画笔”面板中的“喷

枪”选项与选项栏中的“喷枪”选项相对应。

- 平滑：在画笔描边中生成更平滑的曲线。当使用光笔进行快速绘画时，此选项最有效；但是它在描边渲染中可能会导致轻微的滞后。
- 保护纹理：将相同图案和缩放比例应用于具有纹理的所有画笔预设。选择此选项后，在使用多个纹理画笔笔尖绘画时，可以模拟出一致的画布纹理。
- 在工具之间拷贝纹理：为当前工具指定纹理时，可以将纹理的图案和缩放比例复制到支持纹理的所有工具。例如，可以将画笔工具的当前纹理图案和比例复制到铅笔、仿制图章、图案图章、历史记录画笔、历史记录艺术画笔、橡皮擦、减淡、加深和海绵工具。（从“画笔”面板菜单中选取“将纹理复制到其他工具”。）

4.3　预设管理器

预设管理器用来管理、存储和载入 Photoshop 资源，执行“编辑”→“预设管理器”命令，可以打开相应的对话框，如图 4-9 所示。Photoshop CS5 及以上的版本中，增加了艺术画笔类型，可为绘制有创意的平面作品提供帮助。

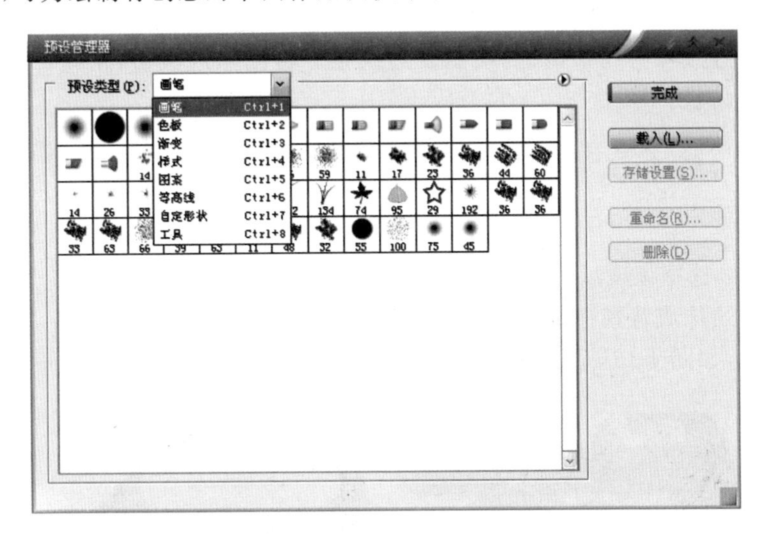

图 4-9　Photoshop 的预设管理器

★**提示**：每种类型的预设库都有自己的文件扩展名和默认文件夹。预设文件夹安装在计算机上 Photoshop 应用程序文件夹的 Presets（预置）文件夹内。

4.4　绘画工具

在 Photoshop 中，绘图与绘画是两个截然不同的概念。绘图是基于矢量功能创建的矢量图形，绘画是基于像素创建的位图图像。

4.4.1 画笔工具

单击“画笔”选项栏右侧的小三角按钮，可以打开画笔下拉调板，如图 4-10 所示。在调板中可以选择画笔样本，设置画笔的大小和硬度。选项栏中的“流量”选项可设置线条颜色的涂抹速度的效果；按下按钮可启用喷枪功能，Photoshop 可以根据鼠标按键的单击程度确定画笔线条的填充数量。启用后按住鼠标左键不放，可以持续填充。

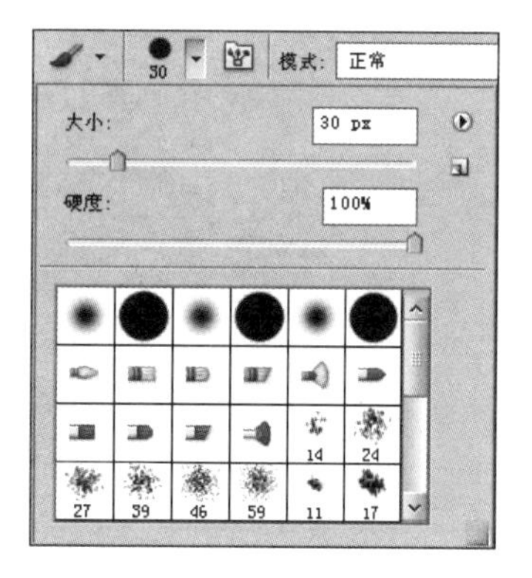

图 4-10 画笔下拉调板

★**提示**：使用画笔工具时，如果在确定起点后，按住 Shift 键单击画面中任意一点，则两点之间会以直线连接，还可以绘制水平、垂直或以 45°角为增量的直线。

4.4.2 铅笔工具

铅笔工具如图 4-11 所示，也是使用前景色来绘制线条的，但不能像画笔工具那样可以绘制带柔边效果的线条，只能绘制硬边线条。将图像放大后，铅笔工具绘制的线条边缘会呈现锯齿状。

图 4-11 铅笔工具选项栏

自动涂抹：选择该项后，开始拖动鼠标时，如果光标的中心在包含前景色的区域上，则该区域将被绘抹成背景色；如果光标的中心在不包含前景色的区域上，则该区域将被绘抹成前景色，如图 4-12 所示。

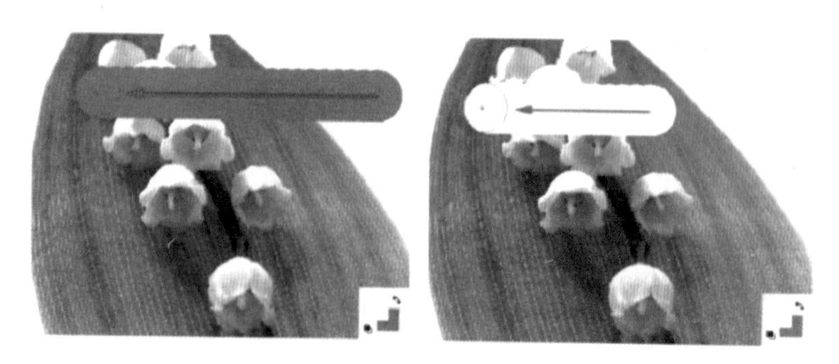
图 4-12 自动涂抹选项的应用

4.4.3 颜色替换工具

颜色替换工具使用前景色替换图像中的颜色。该工具不适用于位图、索引或多通

道颜色模式的图像。

颜色替换工具选项栏中包含性能的设置选项，如图 4-13 所示。

图 4-13 颜色替换工具选项栏

模式：设置颜色的混合模式。在进行颜色替换时，通常设置为“颜色”模式。

取样：按下连续按钮，拖动鼠标时可连续对颜色取样。按下一次按钮，只替换包含第一次单击的颜色区域中的目标颜色。按下背景色板按钮，只替换包含当前背景色的区域。

限制：选择“不连续”，可替换出现在光标下任何位置的样本颜色。选择“连续”，只替换与光标下的颜色邻近的颜色。选择“查找边缘”，可替换包含样本颜色的连接区域，同时可更好地保留形状边缘的锐化程度。

容差：只替换鼠标单击点颜色容差范围内的颜色。该值越高，包含的颜色范围越广。

消除锯齿：勾选该项，可为校正的区域定义平滑的边缘。

4.4.4 内容识别比例

该功能是从 Photoshop CS4 版本开始增加的，只要简单地拖动鼠标就可以完美实现无损剪裁。通常使用自由变换功能压缩和扩展图片时，其中的所有元素都随之缩放，因此会出现变形和扭曲。使用 Photoshop CS4 的内容识别比例(Content Aware Scale)命令时，当图像被调整为新的尺寸后，会智能地、按比例保留其中重要的区域，如图 4-14 所示。

图 4-14 内容识别比例应用

□技术看板：制作“保护罩”，锁定图像内容

在进行具体的“内容识别比例”变换之前，最好以手动方式对照片中一些不需要变形的内容进行“保护”，告诉 Photoshop 哪些地方是不需要“内容识别比例”变换的，如图 4-15 所示。

图 4-15 保护区选择

通过选区选出需要保护的内容。通常需要保护的内容是照片中的主体人物或物品。执行“选择”→“储存选区”命令，在弹出的“储存选区”对话框的名称项中输入被保护的事物名称，并单击“确定”完成对选区的储存；执行“编辑”→“内容识别比例”，调出“内容识别比例”工具，在菜单栏中的保护项中，选择之前存储的选区的名称，拖动鼠标缩放即可。

★**提示**：压缩图片时，内容识别比例工具会智能地压缩非重要的区域，而保留主体区域，从而使原来大量的、复杂的后期修补、润饰工作变得非常简单，只需要简单拖动一下鼠标即可。

4.4.5 混合画笔工具

Photoshop CS5 中新增加的混合器画笔工具在绘画时可以通过捻动笔杆改变各个方向涂抹时的笔触效果，如图 4-16 所示。

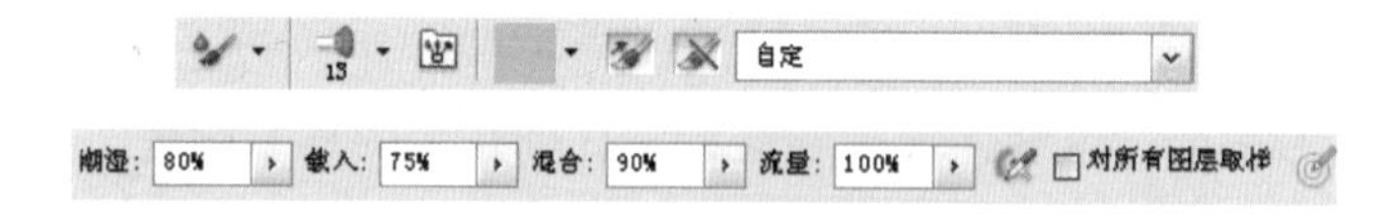

图 4-16 混合画笔工具选项栏

如果仅使用鼠标，单击拖移时，这个画笔会实时动作。如果使用专业的绘图板，Photoshop CS5 能自动感知画笔状态，包括倾斜角度、压力等，并在这个预览窗口中实时展现出来。使用画笔在画面的右下角进行涂抹，可以发现新版软件对绘图板的支持有了升级，可以用侧锋涂出大片模糊的颜色，也可以用笔尖画出清晰的笔触。

在属性栏上单击"画笔预设"按钮，打开画笔下拉列表，可以在这里找到自己需要的画笔。Photoshop CS5 准备了几款专用的描图画笔。利用这些画笔，可以很容易地描画出各种风格的效果。利用属性栏中的"切换画笔面板"按钮，可以打开画笔面板选择需要的画笔，如图 4-17 所示。

单击"当前画笔载入"按钮，可以重新载入或者清除画笔；也可以在这里设置一个颜色，让它和涂抹的颜色进行混合。具体的混合结果可以通过后面的数值进行调整。

"每次描边后载入画笔"和"每次描边后清理画笔"两个按钮，控制了每一笔涂抹结束后对画笔是否更新和清理，类似于画家在绘画时一笔过后是否将画笔在水中进行清洗。

在"有用的混合画笔组合"下拉列表中，有预先设置好的混合画笔。选择某一种混合画笔时，右边的四个选择数值会自动改变为预设值，如图 4-18 所示。

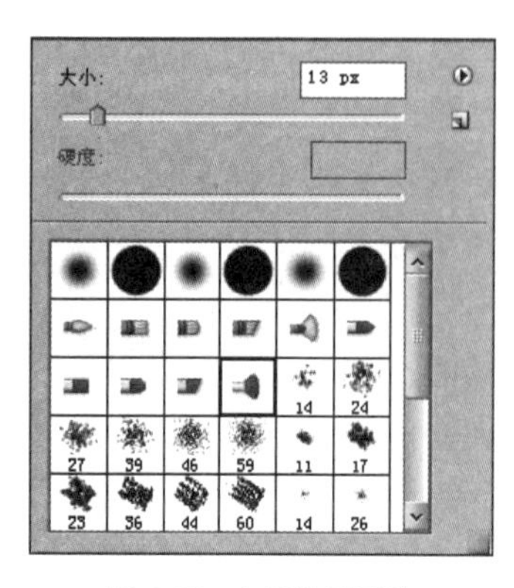

图 4-17 专用绘图画笔

图 4-18 混合画笔

属性栏上其余选项的作用如下。

潮湿：从画布拾取的油彩量。

载入：设置画笔上的油彩量。

混合：设置颜色混合的比例。

流量：这是以前版本中其他画笔常见的设置，可以设置描边的流动速率。

喷枪：当画笔在一个固定的位置一直描绘时，画笔会像喷枪那样一直喷出颜色。如果不启用这个模式，则画笔只描绘一下就停止流出颜色。

对所有图层取样：无论文件有多少图层，都将它们作为一个单独的合并的图层看待。

绘图板压力控制大小选项：当选择普通画笔时，它可以被选择。此时可以用绘图板来控制画笔的压力。

★**提示**：在 Photoshop CS5 中新增加了快速选择颜色的方案。按下 Ctrl＋Alt＋Shift 的同时，按下鼠标右键，可以发现出现了一个快捷拾色器。此时可以在这里选择自己需要的颜色，而不用再单击前景色到拾色器里选颜色。不仅用混合器画笔可以选择颜色，使用其他需要颜色的工具时，同样也可以用这个方法快速找到自己想要的颜色（注意：有时存在快捷键冲突的情况）。

□技术看板：背景与前景的混合

有一个非常实用而且简单易行的方法。在最上层添加一个透明的新图层，勾选“对所有图层取样”，显示出刚才复制的原始图像，然后在上面涂出细节来。完成之后将原图隐藏，就可以将细节与大背景完美地混合起来了，如图 4-19 所示。

图 4-19　背景与前景的混合

4.5　“操控变形”命令

Photoshop CS5 中新增加的“操控变形”命令，可以改变图像中对象的姿态。选择对象局部并复制到一个新的图层，执行“编辑”→“操控变形”命令，这个图层布满了三角形的面片。在对象上单击可以定义关节点，关节点用黑边黄圈表示。可以用鼠标移动关节点，图像也将随之进行变形，有一种操控木偶的感觉。虽然这个功能非常强大，但还没有达到天衣无缝的程度。比如它的变形有时还有些“软”。在实际应用中，它最适合用来改变人的动态，但是在改变之后必须对细节进行传统手段的修复。

执行“编辑”→“操控变形”命令。在选项栏中，设定“扩展”选项的设定值。当设定值变小时网格收缩，当设定值变大时网格扩展。在选项栏中，单击“浓度”右侧的三角按钮，在下拉列表中分别选取“较少点”与“较多点”。在其选项栏中单击“取消操控变形”按钮，取消应用操控变形。把鼠标移动到网格上，当鼠标变为时，单击鼠标便可加上图钉。移动加上的图钉，把图像整体拖动。按下键盘上的 Alt 键，把鼠标指针拖动到图钉上。当指针变为时，单击鼠标把图钉删除。在选项栏中单击“显示网格”复选项框，取消其选取状态，方便查看变形效果。按下键盘上的回车键（Enter），可应用操控变形命令。

4.6 图像修复工具

Photoshop 中提供了多个用于处理照片的修复工具，可以快速修复图像中的污点和瑕疵。

4.6.1 仿制图章工具

仿制图章工具选项栏中包含的选项除“对齐”和“样本”之外，其他选项与画笔工具的选项相同，如图 4-20 所示。

图 4-20 仿制图章工具选项栏

对齐：勾选该项，会对像素进行连续取样，而不会丢失当前的取样点，松开鼠标按键也是如此。如取消勾选，则会在每次停止并重新开始绘画时使用初始取样点中的样本像素，因此，每次单击都被认为是另一次复制。

样本：用来选择从指定的图层中进行数据取样。如果要从当前图层及其下方的可见图层中取样，应选择“当前和下方图层”；如果仅从当前操作图层中取样，应选择“当前图层”；如果要从所有可见图层中取样，应选择“所有图层”。要从调整图层以外的所有可见图层中取样，应选择“所有图层”，然后单击选项右侧的忽略调整图层图标。

按下 Alt 键并在图像上单击，仿制图章工具可以完成取样，然后将样本应用到其他图像或同一图像的其他部分，如图 4-21 所示。

4.6.2 图案图章工具

图案图章工具可以利用图案进行绘制，可以使用内部图案，也可以使用自定义图案。

图 4-21　仿制图章工具应用

4.6.3　修复画笔工具

修复画笔工具也可以去除图像中的污点、划痕和其他不理想的部分。与仿制工具一样，修复画笔工具也可以利用图像或图案中的样本来绘画。该工具可以从被修饰区域的周围取样，使用图像或图案中的样本像素进行绘画，并将样本的纹理、光照、透明度和阴影与所修复的像素匹配，如图 4-22 所示。

图 4-22　修复画笔工具选项栏

设置“修复画笔”工具选项栏，接着按下 Alt 键，在图像中单击定义取样点，并修复图像；如果选择“图案”选项，则根据图案样式修饰图像。

★注意：如果在两个文档间使用该工具，将一个文档作为取样源来修复另一个文档，那么这两幅图像的颜色模式必须相同。或者其中一幅图像处于灰度模式中。为了不让周围的颜色影响修补区域的颜色，可在修补区域的周围创建一个选区，选区的范围应该比要修复的区域略大，这样就可防止颜色从外部渗入到修补区域，如图 4-23 所示。

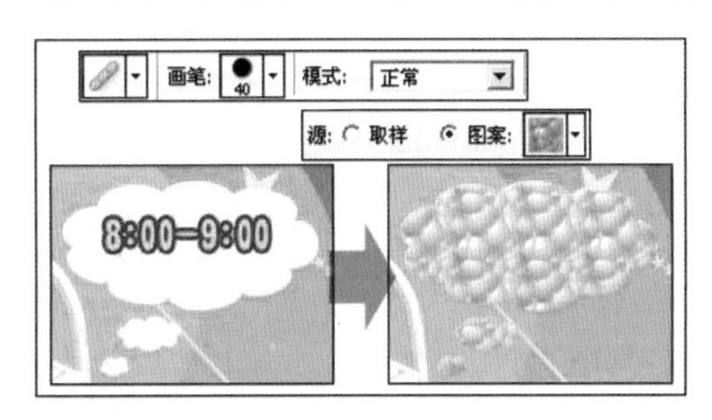

图 4-23　修复画笔-图案选项

选择“创建纹理”选项。然后在画面中拖动鼠标，将部分图像覆盖，这时该工具将自动使用覆盖区域中的所有像素创建一个用于修复该区域的纹理，如图 4-24 所示。

★提示：执行完此项操作后按下 Ctrl+Alt+Z 键，还原到图像的初始状态。

单击打开“模式”下拉列表，更改“模式”选项。接着使用“污点修复画笔”工具在视图中涂抹，以下是选择 8 种“模式”的修复效果，如图 4-25 所示。

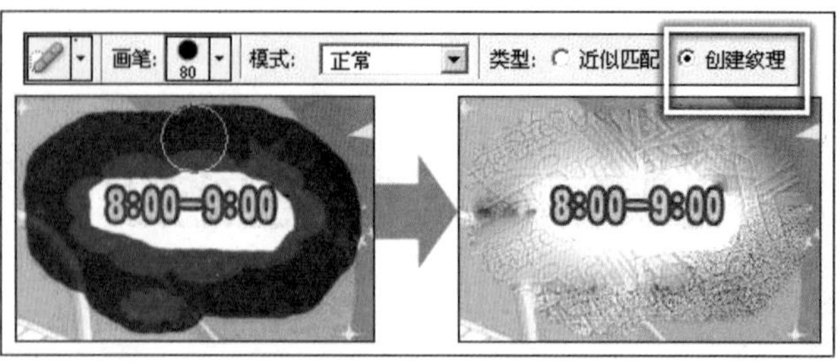

图 4-24 修复画笔-创建纹理选项

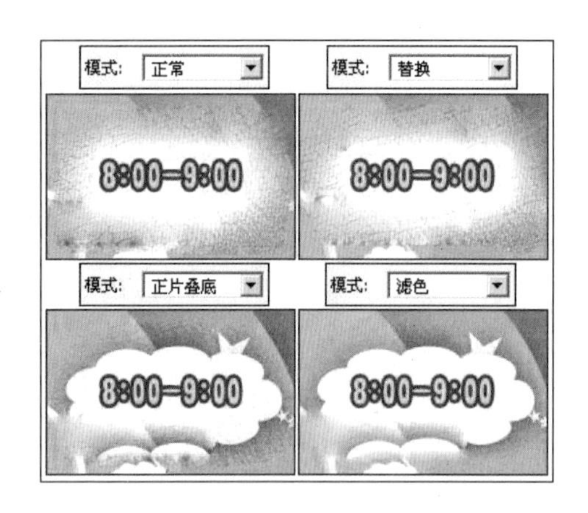

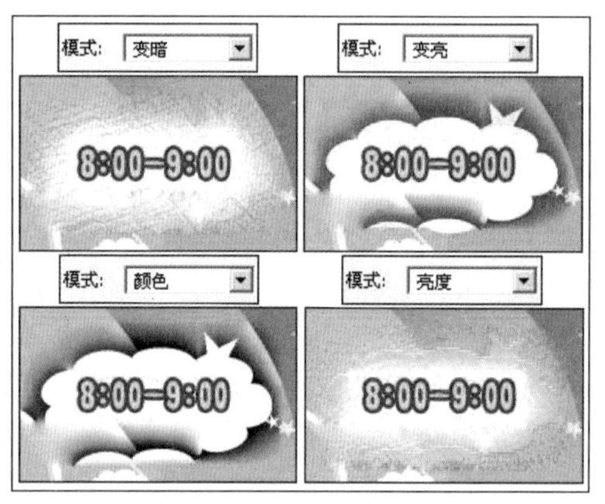

图 4-25 修复画笔-叠加模式

4.6.4 污点修复画笔

Photoshop CS5 中新增的污点修复画笔（如图 4-26 所示）能轻松去除图像上不想要的部分，其使用方式与修复画笔工具相似，但无需按下 Alt 键进行取点，相对之前的版本，这个功能越来越智能化了。

图 4-26 污点修复工具选项栏

保持选项栏为默认设置，使用"污点修复画笔"工具在图像上的污点处单击并涂抹，这时该工具将自动取样，结合周围像素的特点对修复区域的像素运行修改，如图 4-27 所示。

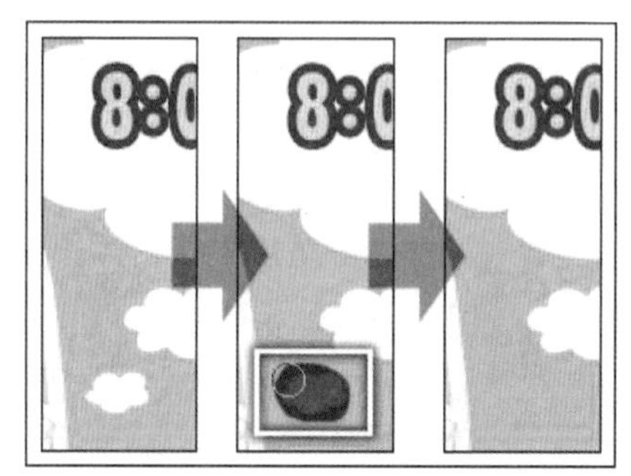

图 4-27 污点修复工具的应用

4.6.5 仿制源调板

在使用仿制图章或修复画笔工具时，使用"窗口"→"仿制源"调板可以设置五个不同的样本源，并且还可以显示样本源的叠加，帮助在特定位置仿制。也可以缩放或旋转样本源以按照特定大小和方向仿制，如图 4-28 所示。

图 4-28　仿制源调板的应用

帧位移/锁定帧：在“帧位移”中输入帧数，可以使用与初始取样的帧相关的特定帧进行绘制。输入正值时，要使用的帧在初始取样的帧之后；输入负值时，要使用的帧在初始取样的帧之前。如果选择“锁定帧”，则总是使用初始取样的相同帧进行绘制。

位移：输入 W(宽度)或 H(高度)的值，可缩放所仿制的源，默认情况“保持长宽比”按钮；指定 x 和 y 像素位移时，可在相对于取样点的精确位置进行绘制；输入旋转角度时，可旋转仿制的源。

复位变换：单击复位变换按钮，可将样本源复位到其初始大小和方向。

显示叠加：可以更好地查看叠加和下面的图像。

★**提示**：在 Photoshop CS4 Extended 版及以后的版本中，可以使用仿制图章和修复画笔工具来修饰或复制视频或动画一帧中的对象，使用仿制图章对一个帧(源)的一部分内容取样，并在相同帧或不同的帧(目标)的其他部分上进行绘制。要仿制视频帧或动画帧，应打开“动画”调板，选择时间轴动画选项，并将当前时间指示器移动到包含要取样的源的帧。

4.6.6　修补工具

修补工具可以对其他区域或图案中的像素进行快速修复，如图 4-29 所示。

图 4-29　修补工具选项栏

源/目标：选择“源”时，将选区拖至要修补的区域；放开鼠标后，将使用该区域的图像来修补原来的选区。如果选择“目标”，则拖动选区至其他区域时，可复制源区域内的图像至当前区域，如图 4-30 所示。

透明：可以使修补的图像与原图像产生透明的叠加效果。

使用图案：选择一个图案后，单击该按钮，可以使用图案修补选区内的图像。

图 4-30　修补工具的应用

4.6.7　红眼工具

红眼工具可移去用闪光灯拍摄的人物照片中的红眼，也可移去用闪光灯拍摄的动物照片中的白色或绿色反光，如图 4-31 所示。

瞳孔大小：用来设置瞳孔（眼睛暗色的中心）的大小。

图 4-31　红眼工具选项栏

变暗量：设置瞳孔的暗度。

选择红眼工具，单击照片中眼睛的红色区域即可将其校正，如图 4-32 所示。

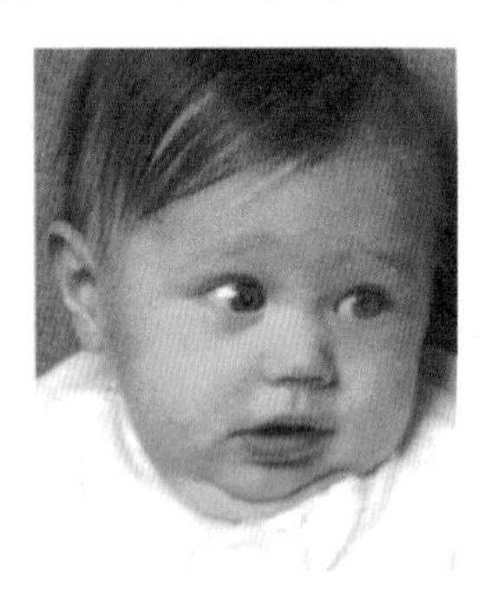

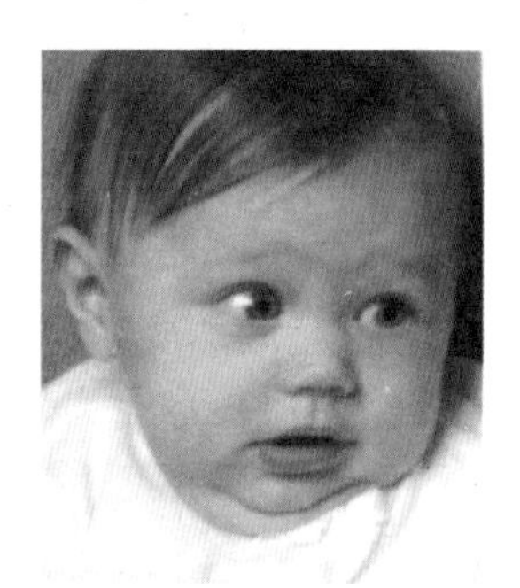

图 4-32　红眼工具的应用

4.6.8　历史记录画笔

历史记录画笔工具可以将图像恢复到编辑过程中的某一状态，或者将部分图像恢复为原样。该工具需要配合“历史记录”调板一起使用。

4.6.9　历史记录艺术画笔工具

历史记录艺术画笔工具使用指定历史记录状态或快照中的源数据，以风格化描边进行绘画。通过使用不同的绘画样式、大小和容差选项等参数，可以用不同的色彩和艺术风格模拟绘画的纹理。

与历史记录画笔工具一样，历史记录艺术画笔工具也将指定的历史记录状态或快照

用作源数据。历史记录画笔通过重新创建指定的源数据来绘画，而历史记录艺术画笔在使用这些数据时，不能应用不同的颜色和艺术风格。

4.6.10 智能填充

Photoshop CS5 中新增加的“智能填充”功能，是新加入的魔术师道具。在选择需要去除的部分后 Photoshop 会从选区周围找到相似的图像，将它们填充到内部并融合起来。

4.7 用“消失点”滤镜修复图像

“消失点”滤镜具有特殊的功能，使用它可以在包含透视的图像中指定透视平面，然后应用绘画、仿制、复制或粘贴以及变换等编辑制作，Photoshop 可以正确识别这些编辑操作的方向，并将其缩放到透视平面来处理。

执行“滤镜”→“消失点”命令，打开相应的对话框，包含用于定义透视平面的工具、编辑图像的工具和一个可预览图像的工作区域，如图 4-33 所示。

图 4-33 “消失点”对话框

编辑平面工具：用来选择、编辑、移动平面的节点以及调整频的大小。

创建平面工具：用来定义透视平面的四个角节点。创建后，可以移动、缩放平面或重新确定其形状。按住 Ctrl 键拖动平面的边节点可以拉出一个垂直平面。在定义透视平面的节点时，可按下 Back Space 键删除节点。

□**技术看板：有效平面与无效平面**

在定义透视平面时，定界框和网格会改变颜色。蓝色的定界框为有效平面，但有效平面并不能保证具有适当透视的结果，还应该确保定界框和网格与图像中的几何元素或平面区域精确对齐；红色的定界框架为无效平面，“消失点”无法计算平面的长宽比，因此，不能从红色的无效平面中拉出垂直平面。虽然可以在红色的无效平面中进行编辑，但无法正确对齐结果的方向。黄色的定界框同样为无效平面，无法解析平面的所有消失点。虽然可以在黄色的无效平面中拉出垂直平面或进行编辑，但无法正确对齐结果。

选框工具：在平面上单击并拖动鼠标可以选择平面上的图像。选择图像后，将光标移至选区内，按住 Alt 键拖动可以复制图像。按住 Ctrl 键拖动选区，可以用源图像填充该区域。

图章工具：按住 Alt 键在图像中单击可以为仿制设置取样点，在其他区域拖动鼠标可以复制图像。按住 Shift 键单击可以将描边扩展到上一次单击处。

★**提示**：选择图章工具后，可以在对话框顶部的选项中选择一种“修复”样式。如果要绘画而不与周围像素的颜色、光照和阴影混合，应选择“关”；如果要绘画并将描边与周围像素的光照混合，同时保留样本像素的颜色，应选择“亮度”；如果要绘画并保留样本图像的纹理，同时与周围像素的颜色、光照和阴影混合，应选择“开”。

画笔工具：在图像上绘制选定的颜色。

变换工具：通过移动定界框的控制点来缩放、旋转和移动浮动选区，类似于在矩形选区上使用“自由变换”命令。

吸管工具：拾取图像中的颜色作为画笔工具的绘画颜色。

测量工具：在平面中测量项目的距离和角度。

抓手工具：放在图像的显示比例后，使用该工具可以在窗口内移动图像。

缩放工具：在图像上单击，可以在预览窗口中放大图像的视图；按住 Alt 键单击，则缩小视图。

★**提示**：在使用“消失点”前创建一个选区，可以将结果限制在特定的区域内；如果在使用前创建一个图层，则修改结果会出现在该图层上，而不会破坏原图像。在操作过程中，如果出现失误，可按下 Ctrl+Z 快捷键还原一次操作；连续按下 Alt+Ctrl+Z 键可进行多次还原；按住 Alt 键，对话框中的“取消”按钮将变为“复位”按钮，单击可将对话框中的图像恢复为初始状态。

4.8 使用“镜头校正”滤镜

“镜头校正”滤镜是 Photoshop CS5 版本的新增功能，可修复常见的镜头缺陷，如桶形和枕形失真、色差以及晕影等；也可以用来旋转图像或修复由于相机垂直或水平倾斜而导致的图像透视现象。相对于“变换”命令，该滤镜的图像网格使这些调整可以更为轻松精确地进行。执行“滤镜”→“镜头校正”命令，可以打开相应的对话框。它主要分三个区域，左侧是该滤镜的工具，中间是预览和操作窗口，右侧是参数设置区域，如图 4-34 所示。

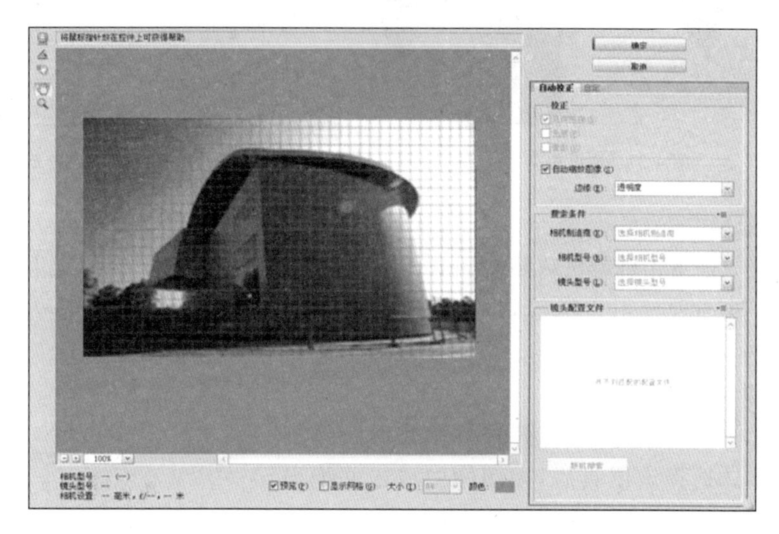

图 4-34 “镜头校正”滤镜对话框

1. 校正桶形和枕形失真

桶形失真是一种镜头缺陷，导致直线向外弯曲到图像的外缘；枕形失真的效果则与之相反，直线会向内弯曲。

用工具校正：选择移去扭曲工具，将光标移到画面中，单击并向画面边缘拖动鼠标可校正桶形失真；向画面的中心拖动鼠标可校正枕形失真，如图 4-35 所示。

通过选项校正：拖动“移动扭曲”滑块或在数据栏中输入数据，可校正镜头桶形或枕形失真。移动滑块可拉直从图像中心向外弯曲或向图像中心弯曲的水平和垂直线条，如图 4-36 所示。

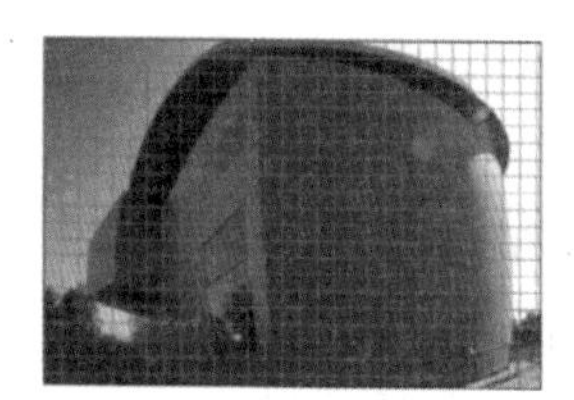

图 4-35 校正枕形失真

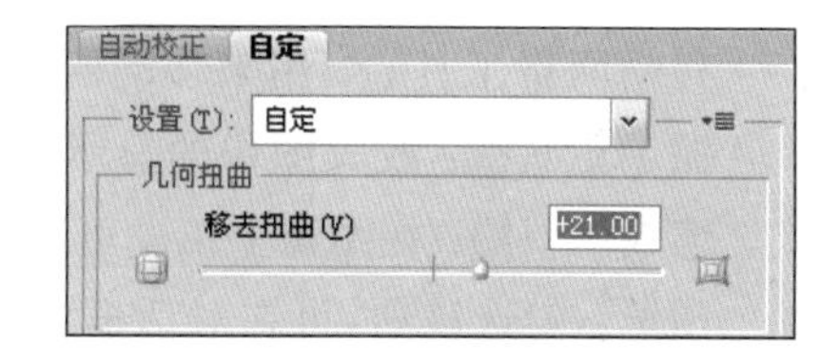

图 4-36 移动扭曲校正

2. 校正色差

色差显示为对象边缘包含一圈色边，这是由于镜头对不同平面中不同颜色的光进行对焦而产生的，通常出现在照片的逆光部分。当背景的亮度高于前景时，背景与前景相接的边缘有时会出现红、蓝和绿色的异常杂边，如图 4-37 所示。色差选项如图 4-38 所示。

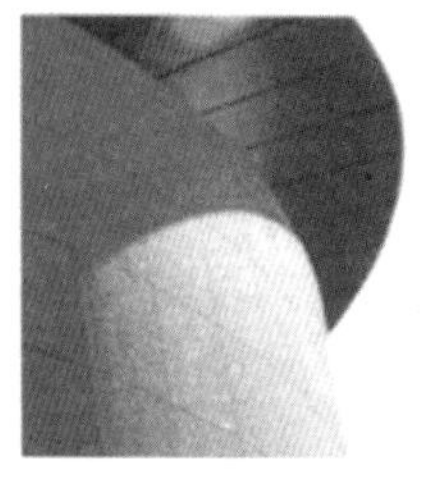

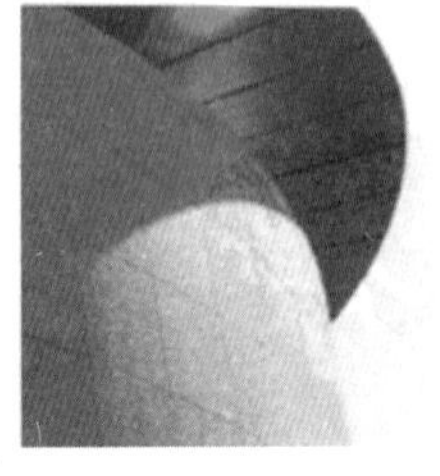

图 4-37　校正色差

图 4-38　色差选项

3. 校正晕影

晕影也是一种由相机镜头缺陷造成的现象，产生晕影的图像的边缘(尤其是角落)会比图像中心暗。该选项校正边缘较暗的图像，如图 4-39 所示。

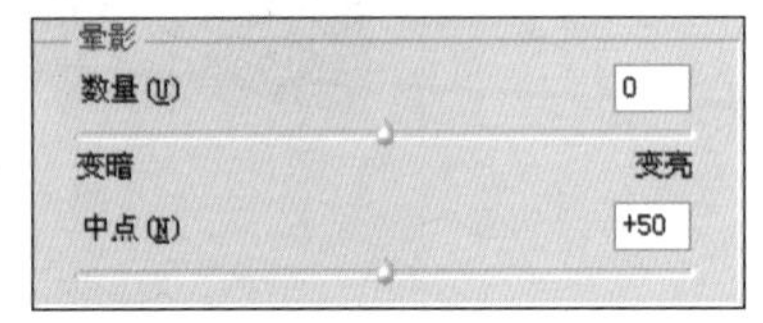

图 4-39　校正晕影

4. 应用变换

用拉直工具可以校正倾斜的图像或对图像的角度进行调整。选择该工具后，在图像中单击并拖出一条直线。放开鼠标后，图像将以该直线为基准进行角度的校正。“变换”选项中提供了用于校正透视和旋转角度的控制内容，如图 4-40 和图 4-41 所示。

图 4-40　镜头校正

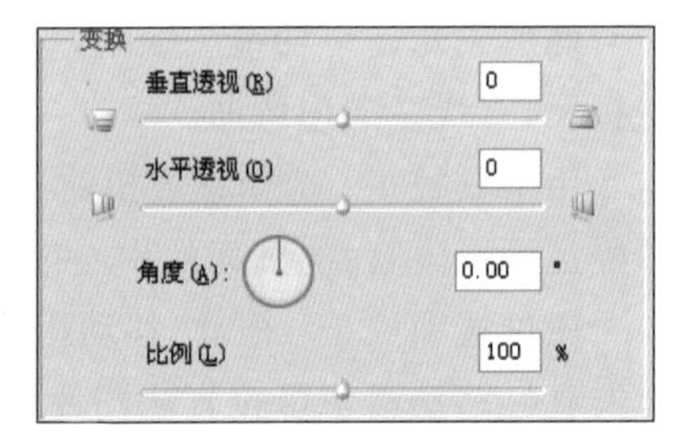

图 4-41　变换选项

“镜头校正”对话框中其他工具和选项的作用：

移动网格工具：用来移动网格，以便将其与图像对齐。

抓手工具：放大图像的显示比例后，移动图像以观察不同区域。

缩放工具：在图像上单击可放大视图的显示比例，按住 Alt 键单击可缩小显示比例。

预览：勾选该项，可在对话框中预览校正结果。

显示网格：勾选该项，可以在操作窗口显示网格，并可在“大小”选项中调整网格间距，或者在“颜色”选项中更改网格颜色。

4.9　图像的润饰工具

图像的润饰工具包括模糊、锐化、涂抹、减淡、加深和海绵工具，可以改善图像的细节、色调和色彩的饱和度。

1. 模糊工具和锐化工具

模糊工具可以柔化图像，减少图像中的细节；锐化工具工具可聚焦软边缘，增大像素之间的对比度，从而提高图像的清晰度或聚焦程度。在对图像进行锐化处理时，应尽量选择较小的画笔以及设置较低的压力百分比，过高的设置会导致图像出现类似划痕一样的色斑像素。模糊工具和锐化工具的选项栏是相同的，如图 4-42 所示。

图 4-42　模糊、锐化工具选项栏

画笔：选择一个画笔样本，模糊或锐化区域的大小取决于画笔的大小。

模式：用来选择色彩的混合方式，如图 4-43 所示。

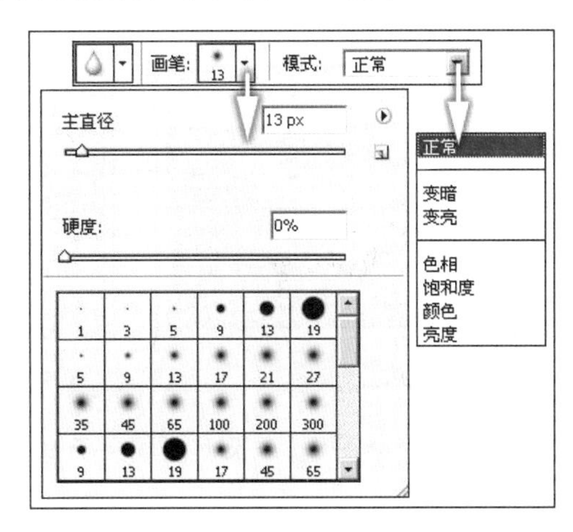

图 4-43　模糊工具画笔设置

硬度：可指定工具应用的描边强度。值越大，在视图中涂抹的效果越明显。

对所有图层取样：如果当前图像中包含多个图层，勾选该选项后，可使用所有可见图层中的数据进行处理，否则只使用当前图层中的数据，如图 4-44 所示。

图 4-44　模糊、锐化工具应用

★**提示**：模糊和锐化工具适合处理少部分区域。要对整幅图像进行处理，应使用“模糊”和“锐化”滤镜。

2. 涂抹工具

涂抹工具可以模拟在湿颜料中拖移手指的绘画效果，如图 4-45 所示。它可拾取描

边开始位置的颜色，并沿拖移的方向展开这种颜色。

图 4-45 涂抹工具选项栏

手指绘画：勾选该项，可使用每个起点处的前景色进行涂抹；取消勾选，则使用每个起点处光标所在位置的颜色进行涂抹。按下 Alt 键可对"手指绘画"选项的使用进行切换。

设置涂抹工具选项栏，然后使用该工具在图像中单击并拖移，取样颜色将沿鼠标拖移方向展开，效果如图 4-46 所示。

设置前景色为蓝色，接着在涂抹工具选项栏中选择"手指绘画"选项。使用"涂抹"工具在视图中单击并拖移鼠标，效果如图 4-47 所示。

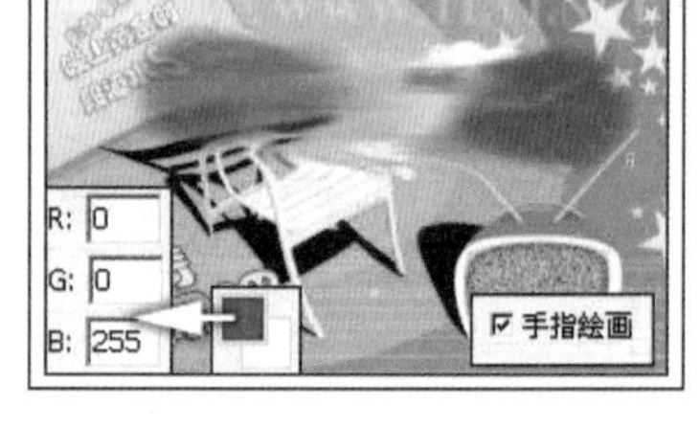

图 4-46 涂抹工具的应用　　图 4-47 选择"手指绘画"选项

★**提示**：涂抹工具适合处理小部分图像，如果要处理大面积的图像，可以使用"液化"滤镜。

3. 减淡工具和加深工具

减淡工具和加深工具可使图像区域变亮或变暗。选择这两个工具后，在画面单击并拖动鼠标涂抹，便可以处理图像的曝光度。两个工具的选项栏是相同的，如图 4-48 所示。

图 4-48 减淡、加深工具选项栏

范围：下拉式列表包括了 3 个选项，分别为"阴影"、"中间调"和"高光"。选择"中间调"后，在图像上单击并拖动鼠标，可减淡图像的中间调区域；若选择"阴影"选项，则只作用于图像的暗调区域；选择"高光"，只作用于图像的高光区域，如图 4-49 所示。

图 4-49 减淡、加深工具的应用

曝光度：不同的“曝光度”将产生不同的图像效果。值越大，效果越强烈。

喷枪：使画笔具有喷枪功能。

4. 海绵工具

海绵工具可以精确地修改色彩的饱和度。如果图像是灰度模式，该工具可通过使灰阶远离或靠近中间灰色来增加或降低对比度。

4.10　擦除工具

Photoshop 包含三种类型的擦除工具：橡皮擦工具、背景橡皮擦工具和魔术橡皮擦工具。

1. 橡皮擦工具

橡皮擦工具可以通过拖动鼠标来擦除图像中的指定区域。如果在“背景”图层或锁定了透明区域的图层中使用该工具，被擦除的部分将显示为背景色；在其他图层上使用该工具时，被擦除的区域变为透明区域。在进行擦除时，光标的十字线不能碰到需要保留的对象，否则也会将其擦除。

历史记录：与历史记录画笔工具的作用相同。

2. 背景橡皮擦工具

背景橡皮擦工具是一种智能工具，如图 4-50 所示。它具有自动识别对象边缘的功能，可采集画笔中心的色样，并删除在画笔内的任何位置出现的该颜色，使擦除区域成为透明区域。

图 4-50　背景橡皮擦工具选项栏

容差：作用与魔术棒工具的容差参数非常类似。

取样：按下“连续”按钮时，在擦除图像时将连续采集取样点；按下“一次”按钮时，将在图像中第一次单击处的颜色作为取样点；按下“背景色板”按钮时，将当前工具箱中的背景色作为取样色，只擦除与背景色相同的颜色。

限制：

- 不连续：将擦除鼠标拖动范围内所有与指定颜色相近的像素。
- 连续：将擦除鼠标拖动范围内所有与指定颜色相近且相连的像素。
- 查找边缘：将擦除鼠标拖动范围内所有与指定颜色相近且相连的像素，但在擦除过程中可保留较强的边缘效果。

保护前景色：勾选后，橡皮擦不擦除与当前前景色颜色相同的像素点。

完成对以上参数的设置后就可以在笔刷面板中选择大小合适的笔刷，然后在图像中拖动鼠标擦除背景。这时鼠标会变成一个带十字星的圆形图案，它的尺寸与选择的笔刷大小有关，如图 4-51 所示。

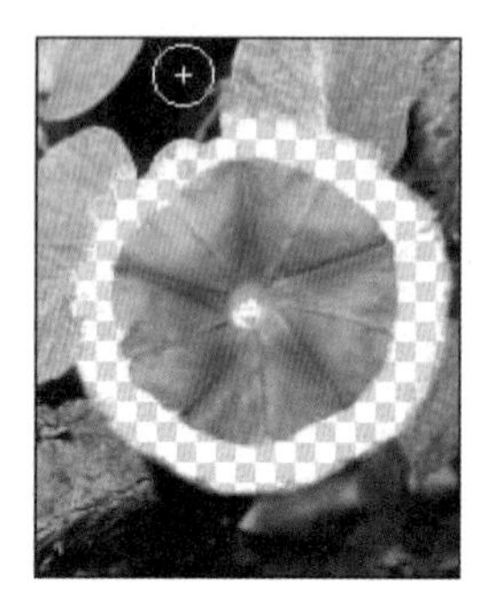
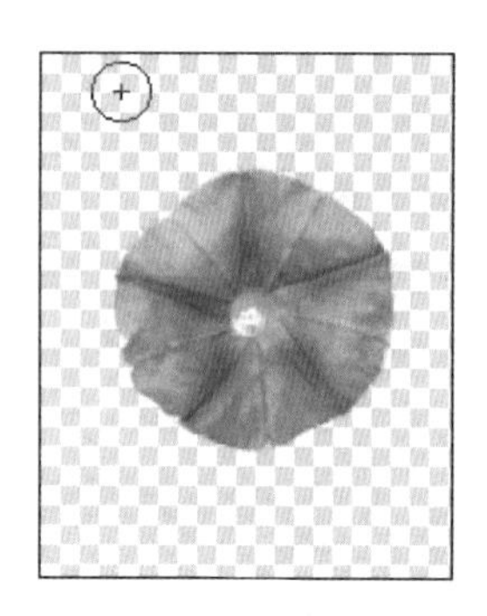

图 4-51　背景橡皮擦工具的应用

3. 魔术橡皮擦工具

魔术橡皮擦工具集中了橡皮擦和魔术棒工具的特点，具有自动分析图像边缘的功能。选中后在图像中单击鼠标，图像中与这一点颜色相近的区域会被擦去。如果在“背景”图层或锁定了透明区域的图层中使用该工具，被擦除的部分将显示为背景色；在其他图层上使用该工具时，被擦除的区域变为透明区域。魔术橡皮擦工具选项栏如图 4-52 所示。

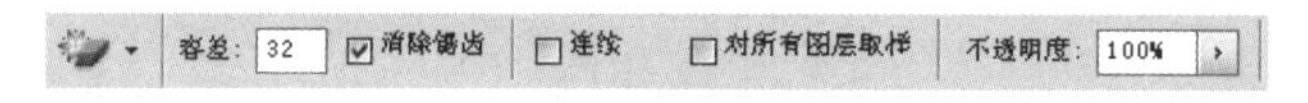

图 4-52　魔术橡皮擦工具选项栏

容差：与魔术棒工具的容差参数一样，用于控制色彩范围。值越大，擦除的颜色范围越宽，抠像的精度就越低；值越小，魔术橡皮对颜色相似程度的要求就越高，擦除的范围也就窄一些，抠像的精度当然就高一些，如图 4-53 所示。

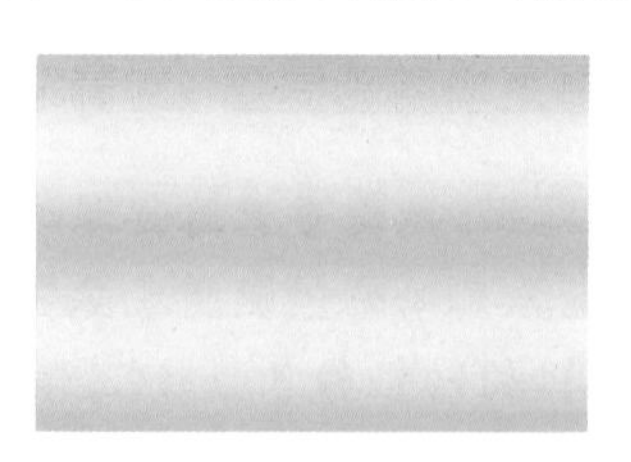

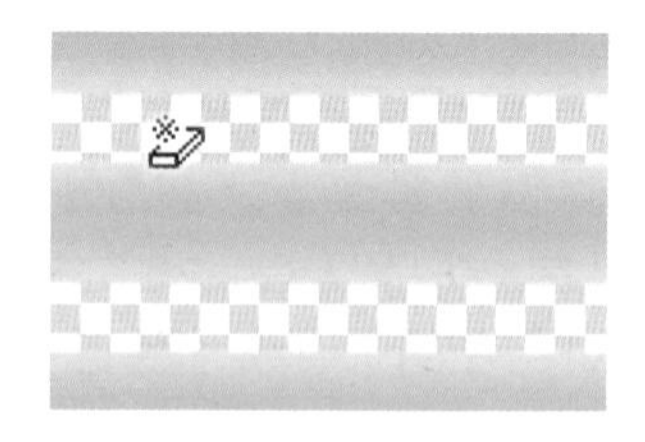

图 4-53　魔术橡皮擦工具的应用(原图、选中 Contiguous、不选 Contiguous)

消除锯齿：可以有效去除锯齿状边缘。

不透明度：决定魔术橡皮的力度。当这个参数值为 100%时，被擦去的部分变得完全透明；而小一点的参数值可以得到一个半透明的背景。

对所有图层取样：将作用于所有可见的图层，否则，仅当前活动图层中的某一部分被擦除。缺省状态下，这个参数没有被勾选。

连续：勾选后，仅仅擦去单击鼠标的位置相邻的区域；反之，图像中所有颜色范围内的区域都将被擦去。

★**提示**：按 Shift+E 键可以在橡皮擦、魔术橡皮、背景橡皮擦之间快速切换。

4.11　渐变工具

渐变工具用来在整个文档或选区内填充颜色，选项栏如图 4-54 所示。选择该工具，在图像中单击拖动一条直线，表示渐变的起点和终点，放开鼠标即可创建渐变。

图 4-54　渐变工具选项栏

渐变颜色条：显示了当前的渐变颜色。单击右侧的按钮，可以打开一个下拉调板，在调板中可以选择预设的渐变。直接单击渐变颜色条，可以打开“渐变编辑器”，修改或创建新的渐变。

渐变类型：Photoshop 中可以创建五种类型的渐变，分别是：线性渐变、径向渐变、角度渐变、对称渐变和菱形渐变，如图 4-55 所示。

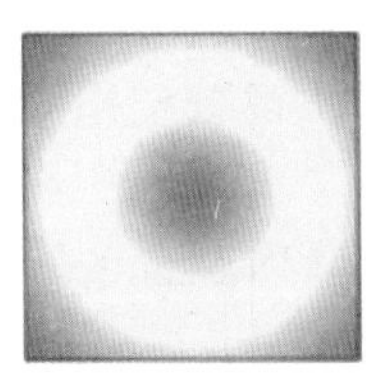
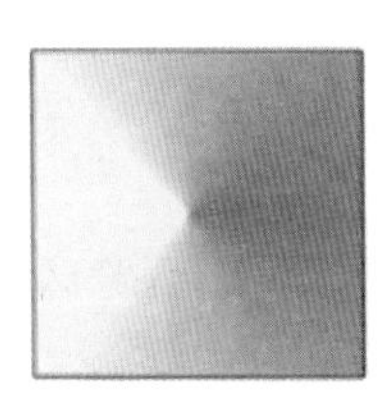
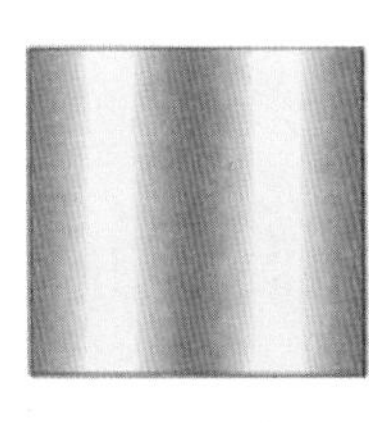

图 4-55　渐变类型(线性、径向、角度、对称、菱形)

仿色：勾选该项，可以用较小的带宽创建较平滑的混合。它可以防止打印时出现条带化现象，但在屏幕上并不能明显地体现出仿色的作用。

□技术看板：杂色渐变选项

在“渐变编辑器”的“渐变类型”下拉列表中选择“杂色”后，对话框中会显示杂色渐变的设置选项。按“随机化”按钮可以随机生成渐变块，如图 4-56 所示。

图 4-56　杂色选项-粗糙度示例

粗糙度：值越高，颜色的层次越丰富，但颜色的过度越粗糙。

颜色模型：在该选项的下拉列表中可以选择一种颜色模型来设置渐变，包括 RGB、HSB 和 LAB。每一种颜色模型都有对应的颜色滑块，拖动滑快可调整渐变颜色，如图 4-57 所示。

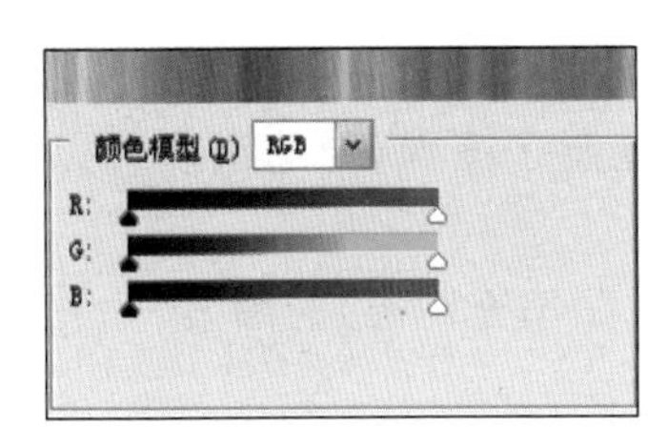

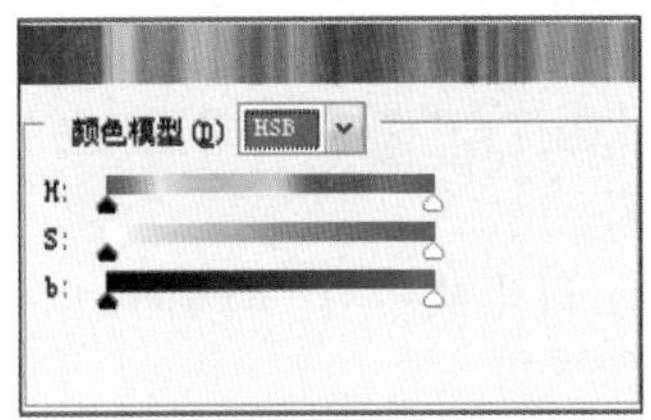

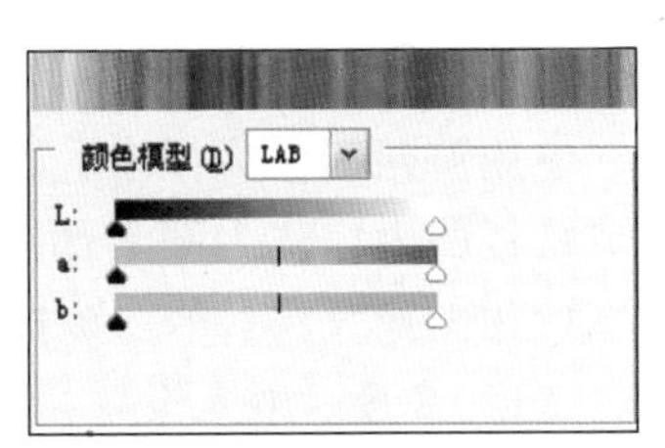

图 4-57　杂色选项-颜色模型

4.12 填充与描边

油漆桶工具可以在图像中填充前景色、背景色或图案等，也可以用“编辑”→“填充”命令实现。该工具不能用于位图模式的图像。

★**提示**：按下键盘中的 Alt+Delete 键可以快速填充前景色，按下 Ctrl+Delete 键可以快速填充背景色。

执行“编辑”→“描边”命令可以使用预设的颜色描绘选区的边界。描边的位置可设为“内部”、“居中”和“居外”。

4.13 创建图案

Photoshop 中可以使用“编辑”→“定义图案”命令或者使用“图案生成器”创建图案。“定义图案”命令是将矩形选区内的图像定义为图案；“滤镜”→“图案生成器”是在选择的图像的基础上变化出新的图案。

“图案生成器”对话框由工具、提示信息、预览区和选项设置区等部分组成，如图 4-58 所示。

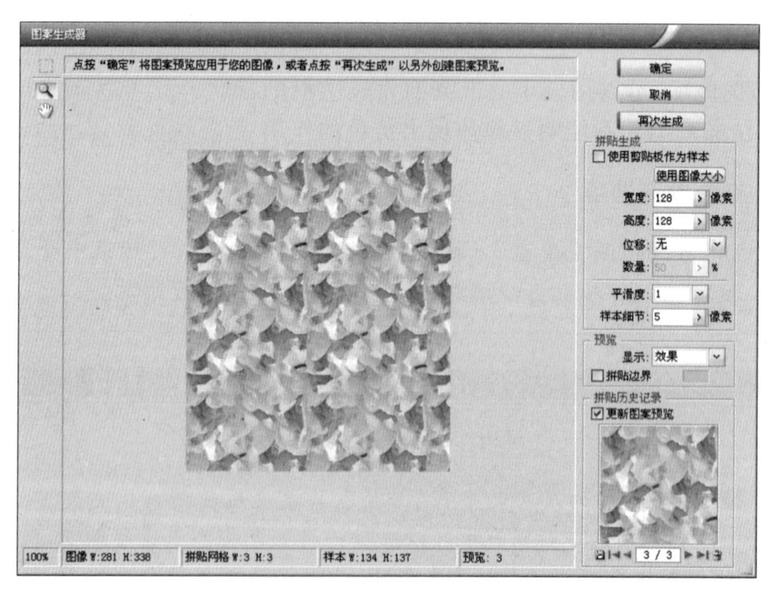

图 4-58 “图案生成器”对话框

使用剪贴板作为样本：如果在打开“图案生成器”之前复制了图像，勾选该项可以使用剪贴板的内容作为图案的来源。

使用图像大小：单击该按钮，可生成带有一个拼贴(该拼贴填充图层)的图案。

宽度、高度：用来设置拼贴的大小。

位移：如果要在生成的图案中位移拼贴，可以在“位移”下拉列表中选一个方向，然后

在“数量”中指定位移量。

平滑度：调整图案中的锐边，增大平滑度可以减少边缘锯齿。

样本细节：设置拼贴中图案切片的大小。较高的值可以在图案中保留更多的原始细节，但生成的拼贴所花费的时间较长。较低的值会在拼贴中使用较小的切片。

显示：用来设置在预览区显示的内容。

拼贴边界：勾选该项后，可以显示每一个拼贴的边界。单击选项右侧的颜色块，可以在打开的“拾色器”中设置边界的颜色。

更新图案预览：勾选该项，可以在预览区域中查看拼贴显示为重复图案的效果。如果拼贴的预览速度较慢，可取消选择该选项，找到所需的拼贴，然后再选该选项。

存储预设图案：在打开的对话框中将当前拼贴存储为预设图案。

切换图案：在生成图案时，每单击一次“再次生成”按钮都可以生成新的图案。当生成了多个图案后，单击按钮，可显示第一个拼贴；单击按钮显示上一个拼贴；单击按钮显示下一个拼贴；单击按钮显示最后一个拼贴。

从历史记录中删除拼贴：单击该按钮，可以删除当前生成的拼贴。

★提示： Photoshop 中可以保存最大的拼贴数目为 20 次。如果超过了这个数量限制，则新生成的拼贴将替换最早生成的拼贴。

4.14　用“液化”滤镜修饰图像

该滤镜是修饰图像和创建艺术效果的工具，能够非常灵活地创建推拉、扭曲、旋转、收缩等变形效果，可以用来修改图像的任意区域。执行“滤镜”→“液化”命令即可打开相应的对话框，对话框中包含了该滤镜的工具、参数控制选项和图像预览与操作窗口，如图 4-59 所示。

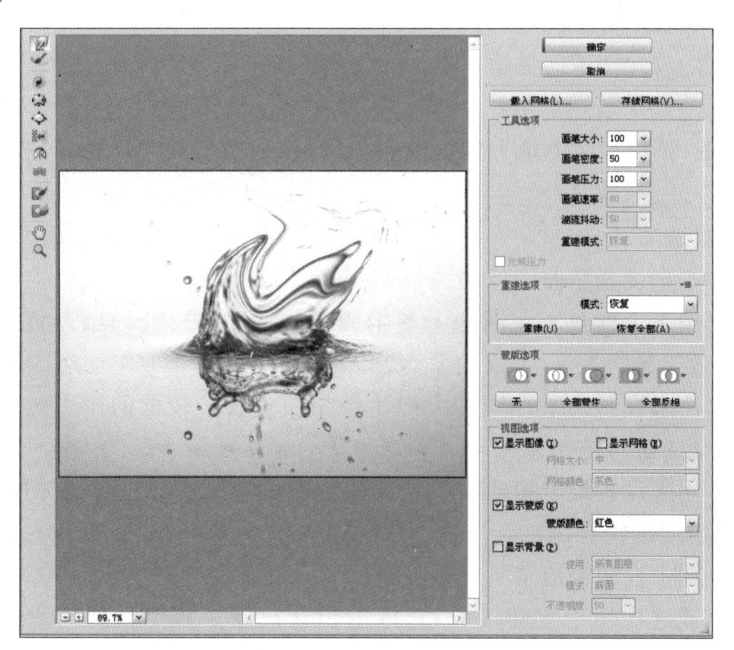

图 4-59　液化滤镜对话框

1. 使用变形工具

"液化"对话框中包含各种变形工具，选择这些工具后，在对话框的图像上单击并拖动鼠标即可进行变形操作。变形效果将集中在画笔区域的中心，并且会随着鼠标在某个区域中的重复拖动而到得增强。

向前变形工具：在拖动鼠标时可向前推动像素。

重建工具：用来恢复图像。在变形的区域单击鼠标或拖动鼠标进行涂抹，可以使变形区域的图像恢复为原来的效果。

顺时针旋转扭曲工具：在图像中单击鼠标或拖动鼠标时可顺时针旋转像素；按住Alt键单击并拖动鼠标则可以逆时针旋转扭曲像素。

褶皱工具：在图像中单击鼠标或拖动时可以使像素向画笔区域中心移动，使图像产生向内收缩的效果。

膨胀工具：在图像中单击鼠标或拖动时可以使像素向画笔区域中心以外的方向移动，使图像产生向外膨胀的效果。

左推工具：在图像上垂直向上拖动时，像素向左移动；向下拖动，则像素向右移动。按住Alt键在图像上垂直向上拖动时，像素向右移动；按住Alt键在图像上垂直向下拖动时，像素向左移动；如果围绕对象顺时针拖动，可增加其大小，逆时针拖移时则减小其大小。

镜像工具：在图像上拖动时可以将像素复制到画笔区域，创建镜像效果。

湍流工具：在图像上按住鼠标可以平滑地混杂像素，创建类似火焰、云彩、波浪的效果。

冻结蒙版工具：要对某一区域进行处理而又不希望影响其他区域时，可以使用该工具在图像上绘制出冻结区域(即要保护的区域)。

解冻蒙版工具：涂抹冻结区域可解除冻结。

抓手工具：放大图像的显示比例后，可使用该工具移动画面从而观察图像的不同区域。

缩放工具：在预览区中单击可放大图像的显示比例，按Alt键单击则缩小图像的显示比例。

2. 设置工具选项

画笔大小：用来设置扭曲图像的画笔宽度。

画笔密度：用来设置画笔在图像上产生的扭曲速度。较低的压力可以减慢更改速度，易于对变形效果进行控制。

画笔压力：用来设置画笔在图像上产生的扭曲速度。较低的压力可以减慢更改速度，易于对变形效果进行控制。

画笔速率：用来设置旋转扭曲等工具在预览图像中保持静止时扭曲所应用的速度。该值越高，扭曲速度越快。

湍流抖动：用来设置湍流工具混杂像素的紧密程度。

重建模式：该选项用于重建工具，选取的模式决定了该工具如何重建预览图像的区域。

光笔压力：当计算机配置数位板和压感笔时勾选该项。

3. 设置重建选项

刚性：在冻结区域和未冻结区域之间边缘处的像素网格中保持直角，并会在边缘处产生近似不连续的现象。该选项可恢复未冻结的区域，使之近似于它们的原始外观。

生硬：在冻结区域和未冻结区域之间的边缘处，未冻结区域将采用冻结区域内的扭曲，扭曲将随着与冻结区域距离的增加而逐渐减弱，其作用类似于弱磁场。

平滑：在冻结区域内和未冻结区域间创建平滑连续的扭曲。

松散：产生的效果类似于“平滑”，但冻结和未冻结区域的扭曲之间的连续性更大。

恢复：均匀地消除扭曲，不进行任何种类的平滑处理。

重建：单击该按钮可应用重建效果一次，连续单击可以多次应用重建效果。

恢复全部：单击该按钮可取消所有扭曲效果，即使当前图像中有被冻结的区域也不例外。

4. 设置蒙版选项

替换选区：显示原图像中的选区、蒙版或透明度。

添加到选区：显示原图像中的蒙版，此时可以使用冻结工具添加到选区。

从选区减去：从当前的冻结区域中减去通道中的像素。

与选区交叉：只使用当前处于冻结状态的选定像素。

反相选区：使当前的冻结区域反相。

无：单击该按钮可解冻所有冻结的区域。

全部蒙住：单击该按钮可使图像全部冻结。

全部反相：单击该按钮可使冻结和解冻区域反相。

5. 设置视图选项

显示图像：勾选该项可以在预览区中显示图像。

显示网格：勾选该项可在预览区中显示网格，通过网格便于查看和跟踪扭曲。此时“网格大小”和“网格颜色”选项为可选状态，并可通过对话框顶部的“存储网格”、“载入网格”按钮进行网格的保存与载入。

显示蒙版：勾选该项，可以使蒙版颜色覆盖冻结区域，在“蒙版颜色”选项中可以设置蒙版的颜色。

显示背景：如果当前图像中包含多个图层，可通过该项将其他图层显示为背景，以便更好地观察扭曲的图像与其他图层的合成效果。在“使用”选项下拉列表中可以选择作为背景的图层；在“模式”选项下拉列表中可以选择将背景放在当前图层的前面或后面，以便于跟踪对图像所做出的更改；“不透明度”选项用来设置背景图层的不透明度。

4.15　本章基础实例

实例1　海绵工具应用——雪白小狗

步骤1：选择海绵工具，设置属性栏(模式：为降低饱和度，流量：18%)。

步骤2：在素材小狗的嘴边进行涂抹修饰。在操作过程中适时改变画笔大小及流量值，如图 4-60 和图 4-61 所示。

图 4-60 小狗素材

图 4-61 处理后效果

实例 2 画笔应用 1——彩环背景

步骤 1：创建 104×104 透明文档（分辨率 96 像素/英寸）。

步骤 2：新建图层，选取适当大小的画笔工具，在画面中心点一下，设置图层不透明度为 40%。

步骤 3：获取圆形选区，新建图层，描边（2 像素，黑色，居外，不透明度 60%）。

步骤 4：执行“编辑”→“定义画笔预设”命令，把绘制的图像定义为画笔。

步骤 5：打开背景素材。确认“画笔”工具为选取状态，在“画笔面板”设定合适大小的画笔，间距 60，画笔的叠加模式设定为“色彩减淡”；设定相应的动态形状、散布和不透明度抖动。

步骤 6：新建图层，设置不同的画笔大小在视图中绘制。完成最终效果，如图 4-62 所示。

图 4-62 彩环完成效果

实例 3 画笔应用 2——棱形光线

步骤 1：新建空白文档（宽 2.16 厘米，高 2.5 厘米，分辨率 300 像素/英寸，背景为透明）。

步骤2：绘制棱形闭合路径。填充由黑到白的线性渐变，定义为画笔。

步骤3：取消选区，执行“编辑”→“定义画笔预设”命令，将做出的图像定义为画笔。

步骤4：用线性渐变填充背景。

步骤5：设置画笔形状动态（大小抖动0控制：渐隐15，角度抖动60%控制：渐隐10）；散布56%（控制：关，数量4，数量抖动98%）；传递（不透明度抖动50%，控制：渐隐10，最小100%），其效果如图4-63所示。

图4-63 画笔绘制的应用效果

步骤6：设置不同的前景色和画笔大小并在图像中涂抹（分别画在不同的图层）。

步骤7：合并图层，执行“图像”→“调整”→“色阶”命令，调整图像色阶。

步骤8：执行“滤镜”→“锐化”→“USM锐化”命令，设置其锐化参数，如图4-64所示。

步骤9：将图层复制2份，调整其大小、角度、位置和图层混合模式（变亮），完成效果如图4-65所示（也可以在视图中添加人物装饰图像）。

图4-64 设置锐化

图4-65 光线完成效果

实例4 操控变形应用——街舞海报

步骤1：打开素材，选择人物并复制多个新图层。

步骤2：执行“编辑”→“操控变形”命令，在图像上出现网格。

步骤3：在人身体的各个部分加上图钉，移动图钉变形动作。

步骤4：在“图层”调板中设定各“人物”图层的不透明度。

步骤5：加入文字，完成效果如图4-66所示。

图4-66 街舞海报完成效果

实例 5　背景橡皮擦工具应用——换天空

步骤 1：打开素材图片，复制背景层，生成背景副本。隐藏背景层。

步骤 2：选择背景橡皮擦工具。在工具选项栏中按下“一次取样”按钮，将“限制”设置为“不连续”，设置“容差”为 20%，如图 4-67 所示。

图 4-67　背景橡皮擦工具栏

步骤 3：在天空上单击进行取样，按住鼠标在天空范围内拖动，实行擦除，如图 4-68 所示。

步骤 4：将光标移动到未被擦除的区域重复取样，进一步擦除，如图 4-69 所示。

步骤 5：打开并拖入天空素材图片，置于背景副本图层的下一层，如图 4-70 所示。

图 4-68　擦除背景(1)

图 4-69　擦除背景(2)

图 4-70　换天空完成

实例 6　智能填充——修改图像

步骤 1：选择画面中需要去除的部分。

步骤 2：执行“编辑”→“填充”命令，在弹出的“填充”对话框中选择“内容识别”选项，如图 4-71 和图 4-72 所示。

步骤 3：运用其他修复工具加以完善，如图 4-73 所示。

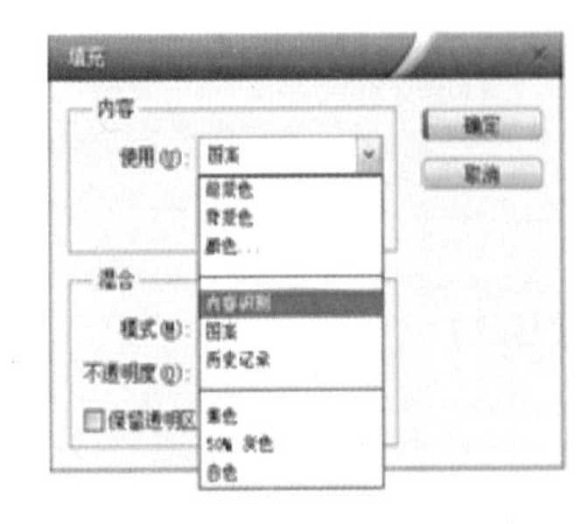

图 4-71　“填充”对话框

图 4-72　选择区域

图 4-73　内容识别填充

实例 7　变形机器人

步骤 1：如图 4-74 所示，选择机器人的腿（或手臂）复制为新图层。

步骤 2：使用修复工具去除原图层的相同部分。

步骤 3：执行“编辑”→“操控变形”命令，定义操控节点，如图 4-75 所示。

步骤 4：移动操控节点改变机器人的动作，如图 4-76 所示。

图 4-74　机器人素材

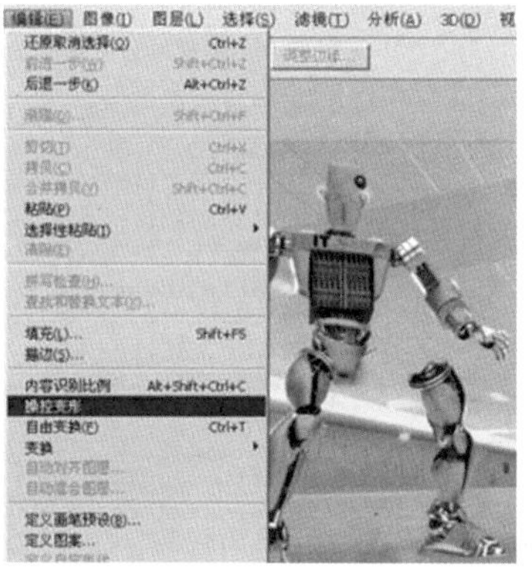

图 4-75　操控变形

图 4-76　改变动作

4.16　本章综合实例

实例 1　插画壁纸

步骤 1：新建文档（宽：1024 像素，高：768 像素），背景填充色彩：＃FBFBBE。

步骤 2：新建图层，选取矩形选项框工具，拖出选区，用线性渐变工具填充（＃c0E582、＃9DD95F）。

步骤 3：选取矩形选框工具，在同一图层拖出选区，填充色彩：＃8BD24D；再拖一选区填充色彩：＃FEF247。变换角度（45 度）与位置，如图 4-77 所示。

图 4-77　渐变填色

步骤 4：在背景图层上方创建一图层，同样的方法制作一组矩形色块（从上至下：＃CEEB91、＃3FB700、＃FF4E00、＃FFA001、＃FF4E00、＃FFFC01、＃3FB700、＃45B008）。变换角度与位置，如图 4-78 所示。

步骤 5：在图层最上方创建一个图层，制作条纹。再变换角度，并复制一层，如图 4-79 所示。

步骤 6：创建一个图层，添加黑色飞机图案。将飞机图层复制一层，移到另一条直线的顶端。

步骤 7：同样方法制作其他图案，完成效果如图 4-80 所示。

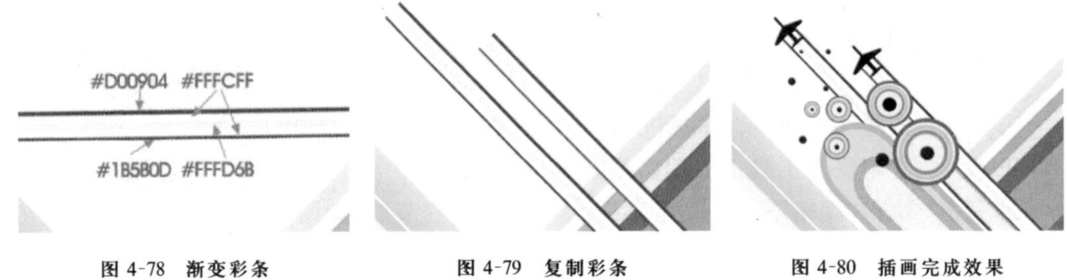

图 4-78 渐变彩条　　图 4-79 复制彩条　　图 4-80 插画完成效果

实例 2 化妆品广告

步骤 1：打开背景图片，拖入"人物"和"海鱼"素材图片，分别添加图层蒙版处理结合边缘。设置图层混合模式为"叠加"，调整适合的图层不透明度，如图 4-81 和图 4-82 所示。

图 4-81 图层面板

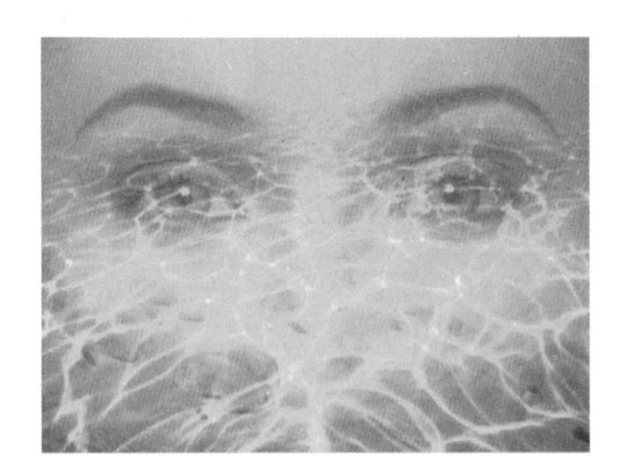

图 4-82 混合图层

步骤 2：拖入产品素材图片，调整位置和大小，添加"外发光"图层样式，如图 4-83 所示。

步骤 3：拖入水波素材图片，设置图层混合模式为"滤色"，如图 4-84 所示。

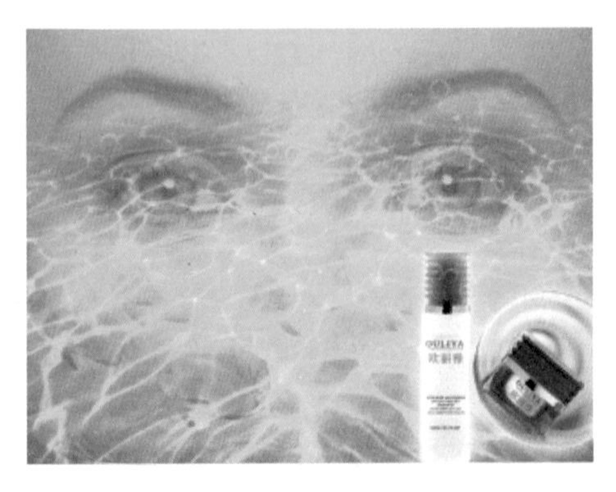

图 4-83 加入化妆品素材

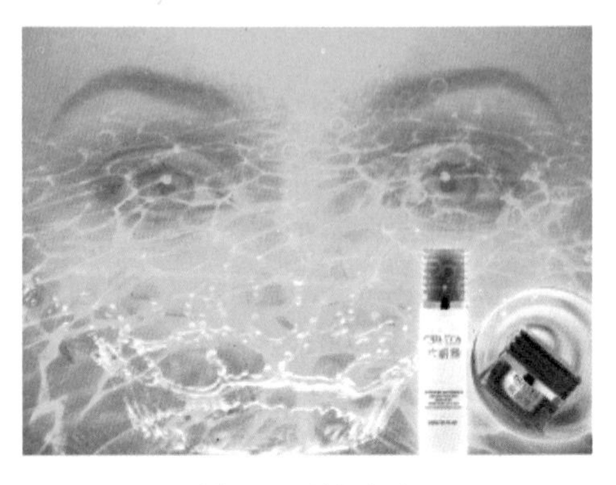

图 4-84 添加水波

步骤 4：添加文字素材，通过复制、水平翻转、添加蒙版、设置图层不透明度的固定方法添加文字在水中的倒影，如图 4-85 所示。

步骤 5：新过图层，置于顶部，载入“水泡”画笔，设置画笔间距、动态和散布参数。在画面中随机绘制，完成效果如图 4-86 所示。

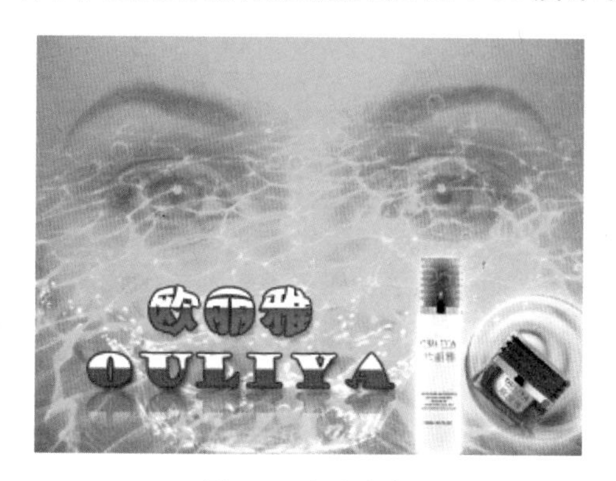

图 4-85 加入文字

图 4-86 加入气泡的完成效果

第 5 章　图层

知识要点

◆ 图层的原理与图层的类型。
◆ 图层的创建方法。
◆ 图层的基本操作方法。
◆ 图层组管理图的用途。
◆ 图层复合的用途。
◆ 各种图层样式的特征。
◆ 图层样式的创建与编辑方法。
◆“样式”调板的用途。
◆ 图层混合模式的特点。
◆ 填充图层方法。
◆ 调整图层的创建和编辑方法。
◆ 智能对象的优势。
◆ 智能对象的创建和编辑方法。
◆ 中性色图层的优势。

本章导读

图层是 Photoshop 最为核心的功能之一。它就好像一张透明的纸，将图像分割为不同的层面。利用图层，可以很方便地对位于不同图层上的对象进行独立修改，而修改本图层的对象不会影响其他图层中的对象。没有图层就没有 Photoshop 今天在图形图像处理领域中的位置，也不可能制作出各种优秀的作品。本章的内容全部需要掌握，要重点体会图层蒙版、图层样式及图层混合模式的应用技巧。

5.1　什么是图层

图层是 Photoshop 最为核心的功能之一，利用图层的特性可以把多张图像进行有效的混接组合。

5.1.1 图层的原理

通俗地说，可以将图层理解为一张张透明的画或者胶片，它承载了几乎所有的编辑操作。图层的原理如图 5-1 所示。

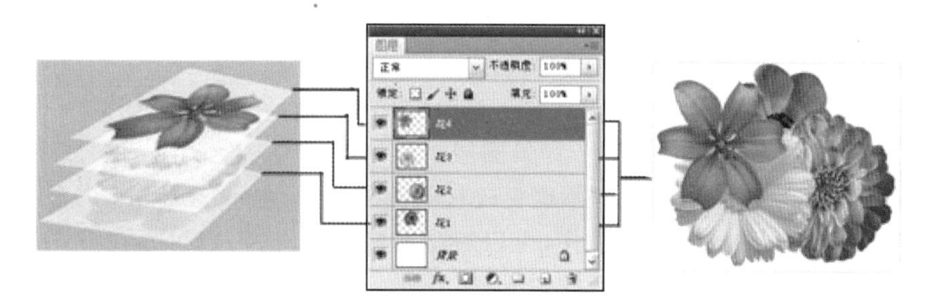

图 5-1 图层的原理

5.1.2 图层的类型

在 Photoshop 中可以创建多种类型的图层，每种类型的图层都有不同的功能和用途，在“图层”调板中的显示状态也各不相同，如图 5-2 所示。

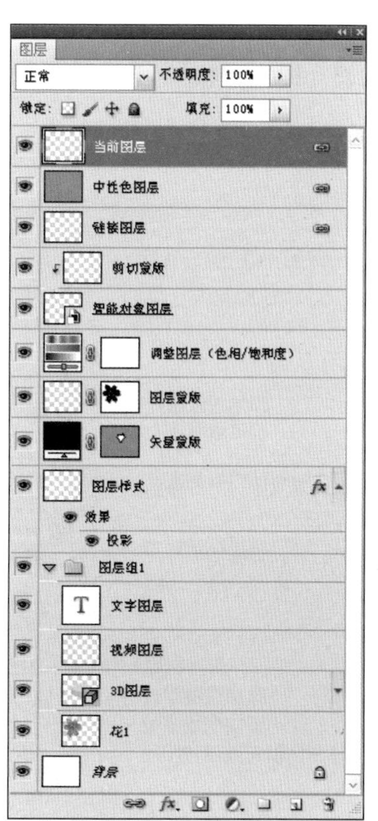

图 5-2 图层类型示例调板

当前图层：当前选择的图层。对图像进行处理时，编辑操作将在当前图层中进行。

中性色图层：填充了黑色、白色、灰色的特殊图层，结合特定图层混合模式可用于承载滤镜或在上面绘画。

链接图层：保持链接状态的图层。

剪贴蒙版：蒙版的一种，下面图层中的图像可以控制上面图层的显示范围。

智能对象图层：包含有嵌入的智能对象的图层。

调整图层：可以调整图像的色彩，但不会更改像素值，便于修改。

填充图层：通过填充“纯色”、“渐变”或“图案”而创建的特殊效果的图层。

图层蒙版图层：添加了图层蒙版的图层，通过对图层蒙版的编辑可以控制图层中图像的显示范围和显示方式。

矢量蒙版图层：带有矢量形状的蒙版图层。

图层样式：添加了图层样式的图层，通过图层样式可以快速创建特效。

图层组：用来组织和管理图层，以便于查找和编辑图层。

变形文字图层：进行了变形处理的文字图层。与普通的文字图层不同，变形文字图层的缩略图上有一个弧线型的标志。

文字图层：使用文字工具输入文字时所创建的图层，标有T形标记。

3D图层：包含置入的3D文件的图层。3D文件可以是由Adobe acrobat 3D version8、3D Studio Max、Alias、Maya和Google Earth等程序创建的文件。

视频图层：包含视频文件帧的图层。

背景图层：图层调板中最下面的图层，显示标有为“背景”的斜体名称。一个图像可以没有背景图层，最多也只能有一个背景图层。背景图层与其他类型的图层不同，可以在上面进行绘画、或者使用滤镜，但不能更改它的图层顺序，也不能调整它的混合模式和不透明度和填充。如果要在上面操作，可以通过剪贴操作进行；也可以在此图层上双击转换为普通图层。“新建图层”对话框如图5-3所示。

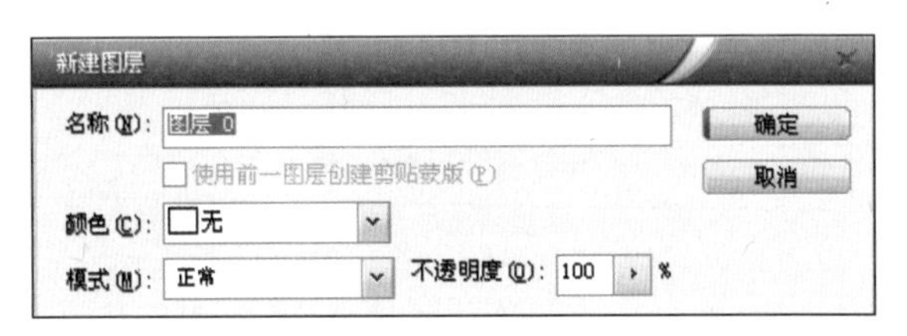

图5-3 “新建图层”对话框

5.1.3 图层调板

图层调板用来创建、编辑和管理图层，如图5-4和图5-5所示。

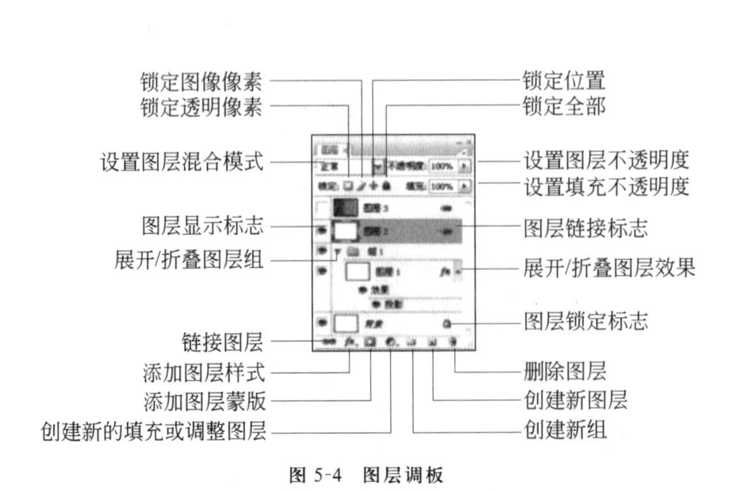

图5-4 图层调板

新建图层... Shift+Ctrl+N
复制图层(D)...
删除图层
删除隐藏图层
新建组(G)...
从图层新建组(A)...
锁定组内的所有图层(L)...
转换为智能对象(M)
编辑内容
图层属性(P)...
混合选项...
编辑调整...
创建剪贴蒙版(C) Alt+Ctrl+G
链接图层(K)
选择链接图层(S)
向下合并(E) Ctrl+E
合并可见图层(V) Shift+Ctrl+E
拼合图像(F)
动画选项
面板选项...
关闭
关闭选项卡组

图5-5 图层调板下拉菜单

锁定透明像素：用来锁定当前图层的透明区域，以防止被误修改。

锁定图像像素：用来锁定当前图层中的图像，以防止被误修改。

锁定位置：用来锁定当前图层中图像的位置，以防止图像被移动。

锁定全部：单击该按钮，可以锁定以上全部选项，使图层处于完全锁定状态。

设置图层混合模式：用来设置当前图层中的图像与下面图层的混合模式。

设置图层不透明度：用来设置当前图层的透明度值。

设置填充不透明度：用来设置当前图层的填充百分比。

图层显示标志：设置当前图层的显示与隐藏。

图层链接标志：显示该标志的图层为链接图层，链接在一起的图层可以一同移动或进行变换操作。

添加图层样式：在打开的下拉列表中可以为当前图层添加图层样式。也可以执行"图层"→"图层样式"命令打开图层样式设置对话框。

添加图层蒙版：为当前图层添加图层蒙版。

创建新的填充或调整图层：在打开的下拉列表中可以选择创建新的填充图层或调整图层。

创建新组：新建一个图层组。

创建新图层：新建一个图层。

删除图层：删除当前选择的图层或图层组。

5.2 创建、复制与删除图层

在编辑图像的过程中，可以通过图层调板中的创建新图层图标、执行"图层"→"新建"菜单项中的命令或者从其他图像中复制后粘贴图像时自动生成图层等方法创建新图层。执行"图层"→"新建"→"背景图层"可以创建背景层，执行"图层"→"新建"→"通过拷贝的图层"可以将当前图层或选区内的图像复制出一个新图层（快捷键为 Ctrl+J），执行"图层"→"新建"→"通过剪切的图层" 可以将当前图层或选区内的图像剪切到一个新图层（快捷键为 Shift+Ctrl+J）。

★**提示**：在图像间复制图层时，如果两个文件的打印尺寸和图像分辨率不同，则图像在两个文件间的视觉大小不会发生变化。

可以采用以下方法复制图层。

- 通过按钮操作：将需要复制的图层拖到图层调板下的"创建新图层"按钮上即可。
- 通过粘贴复制：执行"编辑"→"复制"与"编辑"→"粘贴"命令，可以将选择的图像粘贴到当前文档或指定的目标文档中，Photoshop 会自动创建一个图层来承载粘贴后的图像。
- 在同一个图像内移动复制：使用移动工具按住 Alt 键可以复制图像，会自动创建一个图层；如果创建了选区则复制选区内的图像，但不会创建新的图层。也可

以执行“图层”→“复制图层”命令。

- 在图像间复制：使用移动工具在不同的文档间拖动图层，可将图层复制到目标文档，采用这种方法时不通过剪贴板，可以节省内存。

删除图层：

要删除图层，只需将要删除的图层拖到图层调板的“删除图层”按钮上即可；按住Alt键单击“删除图层”按钮也可以删除当前图层。如果要删除所有隐藏图层，可以执行“图层”→“删除”→“隐藏图层”命令；如果要删除所有链接图层，可以执行“图层”→“选择链接图层”命令将其全部选择，然后再删除。

5.3 编辑图层

执行“图层”→“排列”下拉菜单中的命令，可以调整图层的排列顺序。也可以使用图层排列选项栏中的图标，如图5-6所示。

图5-6　图层排列选项栏

选择了一个图层后，按下Alt+]（右中括号键）可将当前图层切换为与之相邻的上一个图层；按下Alt+[（左中括号键）可将当前图层切换为与之相邻的下一个图层。

如果要修改一个图层的名称，可以在图层调板中双击该图层的名称，然后在显示的文本框中输入新名称。执行“图层”→“图层属性”命令，打开“图层属性”对话框，可以设置当前图层的颜色。

□技术看板：图层栅格化及修边命令

如果要在文字图层、形状图层、矢量积蒙版或智能对象中包含矢量数据的图层，或在填充图层上使用绘画工具或滤镜，应先执行“图层”→“栅格化”命令转换将当前图层转为光栅图像，然后才能进行编辑。

当移动或粘贴选区时，选区边框周围的一些像素也会包含在选区内，因此，粘贴选区的边缘周围会产生边缘或晕圈。执行“图层”→“修边”下拉菜单中的命令可以去除这些多余的像素。

5.4 合并与盖印图层

在Photoshop中，过多图层会占用较多的计算机内存和存储空间，同时也不便于操作，合并图层可以有效地减小文件的大小。在合并图层之前，应确保被合并的图层中没有需要单独保存的重要信息。

如果要拼合所有的图层，可以执行“图层”→“拼合图像”命令，将当前文件的所有图层拼合到“背景”图层中。图层中的透明区域将以白色填充。

盖印图层是一种特殊的合并图层的方法，它可以将多个图层的内容合并为一个目标图层，同时使其他图层保持完好。要得到某些图层的合并效果，而又要保持原图层完整时，盖印图层是最佳的解决方法。

按下 Ctrl+Alt+E 键，可将当前图层中的图像盖印至下面图层中，当前图层保持不变。如果当前选择了多个图层，则按下 Ctrl+Alt+E 键后，会创建一个包含合并内容的新图层，而原图层的内容保持不变；按下 Shift+Ctrl+Alt+E 键后，所有可见图层将被盖印至一个新建的图层中，原图层内容保持不变。

5.5 图层复合

图层复合是图层调板状态的快照、记录了当前文件中图层的可视性、位置和外观（例如图层的不透明、混合模式以及图层样式等）。通过图层复合可以快速地在文档中切换不同版面的显示状态，通过“图层复合”调板便可以在单个文件中显示版面的多个版本，如图 5-7 所示。

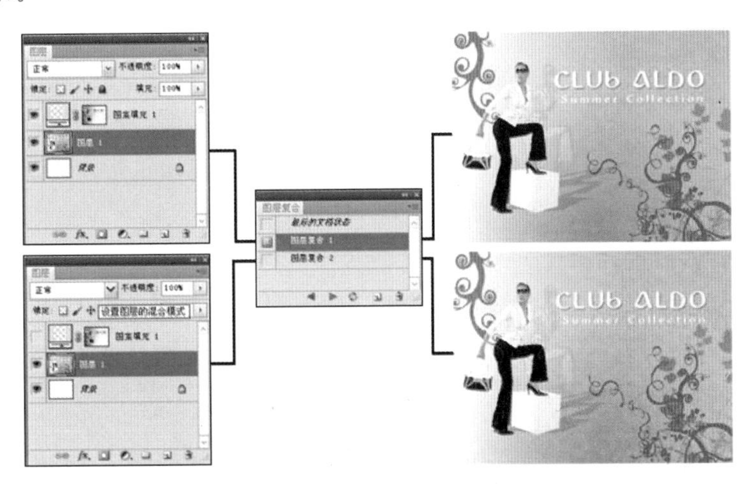

图 5-7 图层复合的应用

5.5.1 图层复合调板

图层复合调板用来创建、编辑、显示和删除图层复合，如图 5-8 所示。

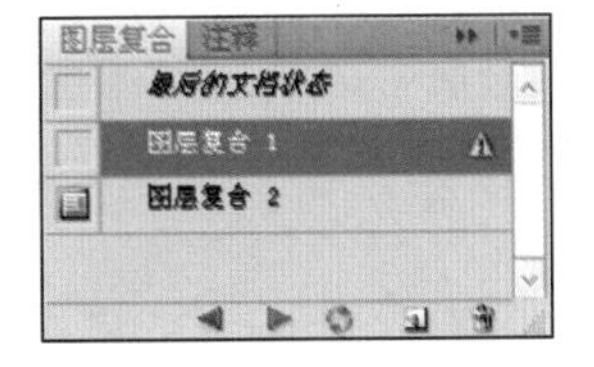

图 5-8 图层复合调板

应用图层复合标志：显示该标志的图层复合为当前使用的图层复合。

无法完全恢复图层复合标志：如果执行了删除图层或合并图层等操作，则会显示出该标志，它表示操作可能会影响到其他图层复合所涉及的图层。

应用选中的上一图层复合：切换到上一个图层复合。

应用选中的下一图层复合：切换到下一个图层复合。

更新图层复合：如果更改了图层复合的配置，单击该按钮可进行更新。

创建新的图层复合：新建一个图层复合。

删除图层复合：删除当前创建的图层复合。

□**技术看板："新建图层复合"对话框中各选项的作用**

名称：设置图层复合的名称。

可视性：记录图层是显示还是隐藏。

位置：记录图层在文档中的位置。

外观：记录是否将图层样式应用于图层和图层的混合模式。

5.5.2 更新图层复合

创建了图层复合后，如果在图层调板中执行删除、合并图层，将图层转换为背景，转换颜色模式等操作，则可能会影响到其他图层复合所涉及的图层，甚至不能完全恢复图层复合。在这种情况下，图层复合名称右侧会出现警告标志⚠。

忽略警告：可能会导致丢失一个或多个图层，而其他已存储的参数可能会保留下来。

更新复合：单击更新图层复合按钮，对图层复合进行更新，这可能导致以前记录的参数丢失，但可以使复合保持最新状态。

单击警告标志：显示提示信息。该信息说明图层复合无法正常恢复。单击"清除"可清除警告，并使其余的图层保持不变。

右键单击警告标志：显示下拉菜单，在菜单中可以选择是清除当前图层复合的警告，还是清除所有图层复合的警告。

5.5.3 删除图层复合

单击将要删除的图层复合拖至调板中的删除图层复合按钮上，可将其删除。

5.6 图层样式

图层样式也叫图层效果，这是创建图像特效的重要手段，也是 Photoshop 最具吸引力的功能之一。使用阴影、外发光、浮雕、光泽等样式，可以创建具有真实质感的水晶、玻璃、金属等效果。对图层样式可以随时修改、隐藏或删除，也可以方便地使用系统预设的样式或者载入的外部样式，具有非常强的灵活性和实用性。图层样式示例如图 5-9 所示。

图 5-9 图层样式示例

★**提示**：“背景”图层不能添加样式。

执行“图层”→“图层样式”命令可以打开“图层样式”对话框。通过“图层样式”调板用来保存样式，还可以存储样式和载入外部的样式。

在图层样式对话框中，包含了三类共10个图层样式，在结构上分为三个区域。

图层样式列表区：列出了各种各样的图层样式，例如投影、外发光、内发光等。

参数控制区：对应的参数设置。

预览区：在该区域中可以预览当前所有图层叠加在一起时的效果。

1. 混合选项

“混合选项”是指图层与图层之间的混合方式的设置，其功能如图5-10所示。

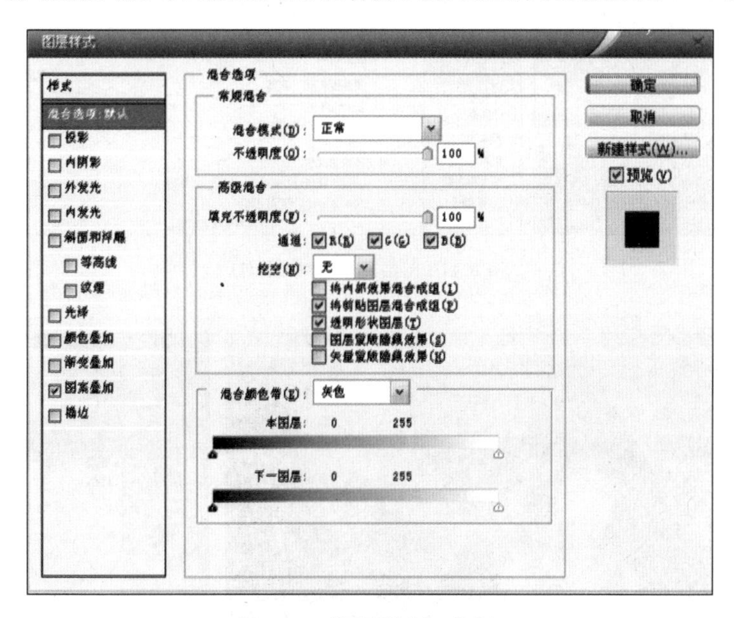

图5-10 “图层样式”对话框

(1) 限制混合通道

在默认情况下，混合图层或图层组时包括所有通道，例如RGB三个颜色通道全部打开。但根据需要可以在混合图层或图层组时，将混合效果限制在指定的通道内。例如把其中某一个颜色通道关闭掉，产生另一种效果。

(2) 挖空

利用挖空下拉列表的选项，可以在相应图层中的图像中创建不同程度的挖空效果。把挖空改成“浅”，就对下面图层产生影响了(填充值改为0)，如图5-11所示。

其含义是：

浅：选择该选项后，挖空图层会自动向下寻找一个底层来显示其中的图像。

深：选择该选项后，无论该挖空图层在图层组还是剪贴蒙板中，都会直接挖空到“背景”图层。如没有背景图层，则挖空到透明像素，如图5-12所示。

(3) 分组混合

在挖空选项的下面，有五个混合选项。

将内部效果混合成组：选择该选项可以将图层的混合模式应用于修改不透明像素的

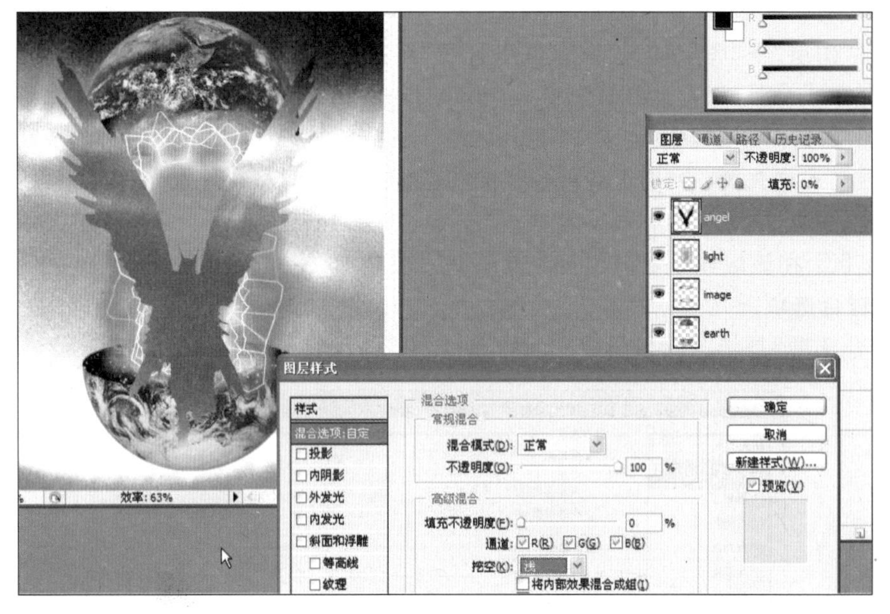

图 5-11　图层类型示例调板(1)

图 5-12　图层类型示例调板(2)

图层效果，如内发光、光泽、颜色叠加和渐变叠加等。

选择该选项可以让目标图层中的图层样式与该图层有相同的混合模式。例如，在为目标图层添加了“颜色叠加”图层样式后，如果在混合选项对话框中选择了“将内部效果混合成组”选项，则可以使“颜色叠加”图层样式也具有该图层的混合模式，从而参与图层的混合效果，并随着图层混合模式的改变，“颜色叠加”图层样式与图像的混合效果也发生改变。

将剪贴图层混合成组：默认情况下，剪贴蒙板中基层的混合模式就代表了整个剪贴

蒙板。如果只想改变基层的混合模式,而不是剪贴蒙板,那么可以去掉这个勾。

透明形状图层:默认是选上的。选上后可以将图层效果和挖空限制在图层的不透明区域,即是圆是方有个形状。如果取消勾选,则整个图层全部是图层样式效果。

图层蒙版隐藏效果:默认是不选的。先进行图层蒙版,把图像显示出来,最后加上图层样式,整个图层样式是完整的。如果勾选了这一项,那么图层样式是不完整的。先实现图层样式,最后由图层蒙版把图层样式切去了。

矢量蒙版隐藏效果:与上一项基本相似。

(4) 指定混合范围

通过指定图像的混合范围可以深入到图像的像素级别对图像进行混合,最终取得非常细腻、逼真、自然的混合效果。

混合颜色带:在此下拉列表中可以选择需要控制混合效果的通道。如果选择"灰色",则按全色阶及通道混合整幅图像。

本图层:此渐变条用于控制当前图层从最暗的色调的像素至最亮的色调的像素的显示情况。向右侧拖动黑色滑块可以隐藏暗调像素,向左侧拖动白色滑块可以隐藏亮调像素。例如,如果将白色滑块拖到 235,则亮度值大于 235 的像素不混合,并且排除在最终图像之外,如图 5-13 所示。

图 5-13　图层类型示例调板(3)

下一图层:此渐变条用于控制下方图层的像素显示情况。与"本图层"渐变条不同,向右侧拖动黑色滑块可以显示该图层的暗调像素,而向左侧拖动白色滑块可以显示该图层的亮调像素。例如,如果将黑色滑块拖移到 19,则亮度值低于 19 的像素不混合,并将透过最终图像的现用图层显示出来。拖动"下一图层"中的白色滑块,让下层的白云飘出来,如图 5-14 所示。

要取得过渡柔和的效果,可按住 ALT 单击白色滑块,从而将滑块折分为两个。移动折分后的滑块,可以控制图像混合时的柔和程度,如图 5-15 所示。

此方法特别适合于混合具有柔和的、不规则边缘的云、雾或烟、火等图像。

2. 修改图像的透明像素的图层样式

在所有的图层样式中,有一些图层样式只修改图像的透明像素,即添加这种图层样

图 5-14　图层类型示例调板(4)

图 5-15　图层类型示例调板(5)

式不会对原图像像素进行任何修改。

(1) 投影图层样式

投影可以为图像添加阴影效果，如图 5-16 所示。

投影图层样式对话框中各参数含义如下。

混合模式：在此下拉列表中，可以为阴影选择不同的“混合模式”，从而得到不同的效果。一般常用的方法是：较深的颜色，就用“正片叠底”；较淡的颜色，就用“滤色”。单击其左侧颜色块在弹出的拾色器对话框中选择颜色，可以将此颜色制定为投影颜色。

不透明度：在此可以输入数值定义投射阴影的不透明度，数值越大则阴影效果越浓，反之越淡。

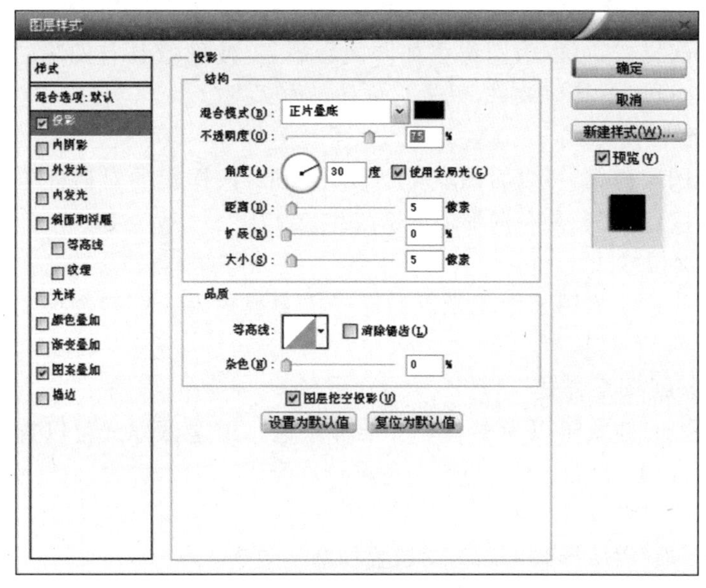

图 5-16　投影图层样式

角度：在此拨动角度轮盘的指针或输入数值，可以定义阴影的投射方向。

使用全局光：选中该选项的情况下，如果改变任意一种图层样式的“角度”数值，将会同时改变所有图层样式的角度。如果需要为不同的图层样式设置不同的角度数值，应该取消此选项（这是为了全图统一光线方向而特别设置的）。

距离：拨动滑块条上的滑块或输入数值，可以定义“投影”的投射距离。数值越大则“投影”在视觉上距投射阴影的对象越远，其三维的效果越好；反之则“投影”越贴近投射阴影的对象。

扩展：拨动滑块条上的滑块或输入数值，可以增加“投影”的投射强度。数值越大则“投影”的强度越大，颜色的淤积感觉越强烈。

大小：此参数控制“投影”的柔化程度。数值越大则“投影”的柔化效果越明显，反之则越清晰。

等高线：使用等高线可以定义图层样式效果的外观。单击此下拉列表按钮，将弹出“等高线”列表，可在该列表中选择等高线的类型。

消除锯齿：选择此选项，可以使应用等高线后的“投影”更细腻。

杂色：选择此选项，可以为“投影”增加杂色。

（2）外发光图层样式

使用外发光图层样式，可为图层增加发光效果。通过设置可以得到两种不同的发光方式：纯色光和渐变光。值得一提的是，虽然该图层样式的名称为“外发光”，但并不代表它只能向外发出白色或亮色的光。在适当的参数设置下，利用该图层样式一样可以使图像发出黑色的光。外发光没有角度，是全体均匀发光的，与内发光正好相对。

3. 仅修改图像像素的图层样式

与上面所讲的修改透明像素的图层样式相反，下面讲解的图层样式仅对图像像素区域发生作用。

（1）“内阴影”图层样式

使用阴影图层样式，可以为图像添加内阴影效果，使图像具有凹陷的效果。内阴影也不一定是阴影，可以是其他效果，只是它总是在内部发生。

（2）“内发光”图层样式

使用内发光图层样式，可以为图层增加发光效果，该样式的对话框与“外发光”样式相同。也没有角度，并且总是在图形的内部发生。

（3）“光泽”图层样式

“光泽”图层样式通常用于创建光滑的磨光或金属效果。这种效果主要是通过等高线的设置来实现的。

（4）“颜色叠加”图层样式

选择“颜色叠加”样式可以为图层叠加某种颜色。用这种样式可以直接改变原图像的颜色，当然也可以通过混合模式与原颜色进行混合。

（5）“渐变叠加”图层样式

使用“渐变叠加”图层样式可以为图层叠加渐变效果。

样式：此下拉列表中包括“线性”、“径向”、“角度”等5种渐变类型。

与图层对齐：在此选项被选中的情况下，如果从下到上绘制渐变，由图层中最上面的像素应用至最下面的像素。

（6）“图案叠加”图层样式

使用“图案叠加”图层样式可以在图层上叠加图案，其对话框及操作方法与“颜色叠加”样式相似。

4. 修改透明像素和图像像素的图层样式

（1）斜面和浮雕图层样式

使用斜面和浮雕图层样式，可以将各种高光和暗调添加至图层中，从而创建具有立体感的图像，在实际工作中此样式使用非常频繁。

样式：选择“样式”中各选项，可以设置效果的样式。在此分别可以选择“外斜面”（仅修改透明像素）、“内斜面”（仅修改图像像素）、“浮雕效果”、“枕状浮雕”（这两种会同时修改透明和图像像素）、“描边浮雕”（会因参数不同而有不同的影响）5个选项。

★**提示**：*在选择“描边浮雕”选项时，必须选中“描边”图层样式才可以产生效果。*

方法：在此下拉列表中可以选择“平滑”、“雕刻清晰”、“雕刻柔和”3种创建斜面和浮雕效果的方法。

方向：在此可以选择斜面和浮雕效果的视觉方向。选择“上”选项，在视觉上“斜面和浮雕”效果呈现凸起效果。选择“下”选项，在视觉上“斜面和浮雕”效果呈现凹陷效果。

- 外斜面：只改变图像外部。
- 内斜面：只改变图像内部。
- 浮雕效果：内部外部同时改变。
- 枕状浮雕：内部外部同时改变，图像像是镶嵌在上面一样。
- 描边浮雕：通过对高光与暗调的设置，产生镶金边的效果。

还可以通过对等高线以及阴影角度与高度的设置改变效果。

（2）描边图层样式

通过“描边”图层样式可以用颜色、渐变或图案3种方式为当前图层中的不透明像素描画轮廓。

大小：此参数用于控制“描边”的宽度，数值越大则生成的描边宽度越大。

位置：在此下拉列表中，可以选择“外部”、“内部”、“居中”3种位置。

填充类型：包括“颜色”、“渐变”和“图案”3个选项。

5.7 图层的混合模式

混合模式是Photoshop中非常重要的功能，它决定了像素的混合方式。使用混合模式可以创建各种特殊效果，但不会对图像造成任何破坏。在抠选图像时，混合模式也发挥着重要作用。在Photoshop中，除了“背景”图层外，其他图层都支持混合模式。

5.7.1 什么是混合模式

混合模式选项位于“图层”调板的顶端。Photoshop CS5提供了27种不同的混合模式，分为6组。每一组中的混合模式彼此间都有着相似的效果或者相近的用途。

除了可以在“图层”调板中设置混合模式外，工具选项栏、“图层样式”对话框、“填充”和“描边”命令对话框、“应用图像”命令和“计算”命令对话框都包含混合模式设置选项。

5.7.2 常用混合模式

1. 组合模式

（1）正常（Normal）

这是图层混合模式的默认方式，较为常用，不和其他图层发生任何混合。使用时用当前图层像素的颜色覆盖下层颜色。因为在Photoshop中颜色是当作光线处理的（而不是物理颜料），在Normal模式下形成的合成或着色作品中不会用到颜色的相减属性。例如，在Normal模式下，在100%不透明红色上面加一层50%不透明的蓝色产生一种淡紫色，而不是混合物理颜料时所期望得到的深紫色。当增大蓝色选择的不透明度时，结果颜色变得更蓝而不太红，直到100%不透明度时蓝色变成了组合颜色的颜色。用笔刷工具以50%的不透明度把蓝色涂在红色区域上结果相同；在红色区域上描画得越多，就有更多的蓝色前景色变成区域内最终的颜色。于是，在Normal模式下，永远也不可能得到一种比混合的两种颜色成分中最暗的那个更暗的混合色了。

（2）溶解（Dissolve）

溶解模式产生的像素颜色来源于上下混合颜色的一个随机置换值，与像素的不透明度有关。将目标层图像以散乱的点状形式叠加到底层图像上时，对图像的色彩不产生任何影响。通过调节不透明度，可增加或减少目标层散点的密度，其结果通常是画面呈现颗粒状或线条边缘粗糙化。

溶解模式被定义为层的混合模式时，将产生不可预知的结果。因此，这个模式最好是同 Photoshop 中的着色应用程序工具一同使用。溶解模式采用 100%不透明的前景色，同底层的原始颜色交替以创建一种类似扩散抖动的效果。在溶解模式中通常采用的颜色或图像样本的不透明度越低，颜色或样本同原始图像像素散布的频率就越低。如果以小于或等于 50%的不透明度描画一条路径，那么溶解模式可在图像周围创建一个条纹。这种效果模拟破损纸的边缘或原图的"泼溅"类型是很重要的。

2. 加深模式

(1) 变暗(Darken)

该模式在混合两图层像素的颜色时，取二者的 RGB 值(即 RGB 通道中的颜色亮度值)中较低的值组合成为混合后的颜色，所以总的颜色灰度级降低了，从而可产生变暗的效果。显然，用白色去合成图像时毫无效果。考察每一个通道的颜色信息以及相混合的像素颜色，选择较暗的作为混合的结果。颜色较亮的像素会被颜色较暗的像素替换，而较暗的像素不会发生变化。

在此模式下，仅采用了其层上颜色(或 Darken 模式中应用的着色)比背景颜色更暗的这些层上的色调。这种模式将会使比背景颜色更淡的颜色从合成图像中去掉。

(2) 正片叠底(Multiply)

正片叠底模式考察每个通道里的颜色信息，并对底层颜色进行正片叠加处理。其原理和色彩模式中的"减色原理"是一样的。这样混合产生的颜色总是比原来的要暗。如果和黑色发生正片叠底，产生的就只有黑色；而与白色混合就不会对原来的颜色产生任何影响。将上下两层图层像素颜色的灰度级进行乘法计算，获得灰度级更低的颜色而成为合成后的颜色。图层合成后的效果简单地说是低灰阶的像素显现而高灰阶不显现(即深色出现，浅色不出现)，产生类似正片叠加的效果。(说明：黑色灰度级为 0，白色灰度级为 255。)

这种模式可用来着色并作为一个图像层的模式。正片叠底模式从背景图像中减去源材料(不论是在层上着色还是放在层上)的亮度值，得到最终的合成像素颜色。在正片叠底模式中应用较淡的颜色对图像的最终像素颜色没有影响。用正片叠底模式模拟阴影效果很好。现实中的阴影从来也不会描绘出比源材料(阴影)或背景(获得阴影的区域)更淡的颜色或色调的特征。

(3) 颜色加深(Color Burn)

使用这种模式时，会加暗图层的颜色值，加上的颜色越亮，效果越细腻。让底层的颜色变暗，有点类似于正片叠底，但不同的是，它会根据叠加的像素颜色相应增加底层的对比度。和白色混合没有效果。

除了背景上的较淡区域消失，且图像区域呈现尖锐的边缘特性之外，这种模式创建的效果类似于由正片叠底模式创建的效果。

(4) 线性颜色加深(Linear Burn)

这种模式同样类似于正片叠底，通过降低亮度，让底色变暗以反映混合色彩。和白色混合没有效果。

(5) 深色(Deep Color)

选择此模式，可以依据图像的饱和度，用当前图层中的颜色直接覆盖下方图层中的

暗调区域颜色。

3. 减淡模式

(1) 变亮(Lighten)

与变暗模式相反,变亮模式是将两像素的 RGB 值进行比较后,取高值成为混合后的颜色,因而总的颜色灰度级升高,造成变亮的效果。用黑色合成图像时无作用,用白色时则仍为白色。变亮模式和变暗模式相反,比较相互混合的像素亮度,选择混合颜色中较亮的像素保留起来,而其他较暗的像素则被替代。

在这种模式下,较淡的颜色区域在合成图像中占主要地位。在层上的较暗区域,或在该模式中采用的着色,不出现在合成图像中。

(2) 屏幕(也叫滤色,Screen)

它与正片叠底模式相反,合成图层的效果是显现两图层中较高的灰阶,而较低的灰阶则不显现(即浅色出现,深色不出现),产生一幅更加明亮的图像。按照色彩混合原理中的"增色模式"混合。也就是说,对于屏幕模式,颜色具有相加效应。比如,当红色、绿色与蓝色都是最大值 255 的时候,以该模式混合就会得到 RGB 值为(255,255,255)的白色。相反,黑色意味着为 0。所以,与黑色以该种模式混合没有任何效果,而与白色混合则可得到 RGB 颜色的最大值白色(RGB 值为 255,255,255)。

Screen 模式是正片叠底的反模式。无论在 Screen 模式下用着色工具采用一种颜色,还是对 Screen 模式指定一个层,源图像同背景合并的结果始终是相同的合成颜色或一种更淡的颜色。此屏幕模式对于在图像中创建霓虹辉光效果是有用的。如果在层上围绕背景对象的边缘涂了白色(或任何淡颜色),然后指定层 Screen 模式,通过调节层的 opacity 设置就能获得饱满或稀薄的辉光效果。

(3) 颜色减淡(Color Dodge)

使用这种模式时,会加亮图层的颜色值,加上的颜色越暗,效果越细腻。与 Color Burn 刚好相反,通过降低对比度,加亮底层颜色来反映混合色彩。与黑色混合没有任何效果。

除了指定在这个模式的层上边缘区域更尖锐,以及在这个模式下着色的笔画之外,Color Dodge 模式类似于 Screen 模式创建的效果。另外,不管何时定义 Color Dodge 模式混合前景与背景像素,背景图像上的暗区域都将会消失。

(4) 线性减淡(Linear Dodge)

线性颜色减淡模式类似于颜色减淡模式。它通过增加亮度来使得底层颜色变亮,以此获得混合色彩。它与黑色混合没有任何效果。

(5) 浅色(Off Color)

与"深色"模式正好相反,选择此模式,可以依据图像饱和度,用当前图层中的颜色直接覆盖下方图层中的高光区域颜色。

4. 对比模式

(1) 叠加(Overlay)

采用此模式合并图像时,综合了相乘和屏幕模式两种模式的方法。即根据底层的色彩决定将目标层的哪些像素以相乘模式合成,哪些像素以屏幕模式合成。合成后有些区域变暗而有些区域变亮。一般来说,发生变化的都是中间色调,高色和暗色区域基本保持不变。像素是进行 Multiply(正片叠底)混合还是 Screen(屏幕)混合,取决于底层颜色。颜色会被混合,但底层颜色的高光与阴影部分的亮度细节会被保留。

这种模式以一种非艺术逻辑的方式把放置或应用到一个层上的颜色同背景色进行混合,能得到有趣的效果。背景图像中的纯黑色或纯白色区域无法在Overlay模式下显示层上的Overlay着色或图像区域。背景区域上落在黑色和白色之间的亮度值同Overlay材料的颜色混合在一起,产生最终的合成颜色。为了使背景图像看上去好像是同设计或文本一起拍摄的,Overlay可用来在背景图像上模拟设计或文本。

(2) 柔光(Soft Light)

此模式的效果如同打上了一层色调柔和的光,因而被称之为柔光。其作用是将上层图像以柔光的方式施加到下层。当底层图层的灰阶发生变化时,会调整图层合成结果的阶调趋于中间的灰阶调,而获得色彩较为柔和的合成效果。形成的结果是:图像的中亮色调区域变得更亮,暗色区域变得更暗,图像反差增大类似于柔光灯照射图像的效果。变暗还是提亮画面颜色,取决于上层颜色信息。产生的效果类似于为图像打上一盏散射的聚光灯。如果上层颜色(光源)亮度高于50%灰,则底层会被照亮(变淡)。如果上层颜色(光源)亮度低于50%灰,则底层会变暗,就好像被烧焦了似的。如果直接使用黑色或白色去进行混合,就能产生明显的变暗或者提亮的效应,但是不会让覆盖区域产生纯黑或者纯白。

Soft Light模式根据背景中的颜色色调,把颜色用于变暗或加亮背景图像。例如,如果在背景图像上涂了50%黑色,这是一个从黑色到白色的梯度,着色时梯度的较暗区域就会变得更暗,而较亮区域则呈现出更亮的色调。

(3) 强光(Hard Light)

强光的效果如同打上了一层色调强烈的光。如果两层中颜色的灰阶是偏向低灰阶,则作用与正片叠底模式类似;当偏向高灰阶时,则与屏幕模式类似。中间阶调作用不明显。正片叠底或者是屏幕混合底层颜色,取决于上层颜色。产生的效果就好像为图像应用强烈的聚光灯一样。如果上层颜色(光源)亮度高于50%灰,图像就会被照亮,这时混合方式类似于Screen(屏幕模式)。反之,如果亮度低于50%灰,图像就会变暗,这时混合方式就类似于Multiply(正片叠底模式)。该模式能为图像添加阴影。如果用纯黑或者纯白来进行混合,得到的也将是纯黑或者纯白。

除了根据背景中的颜色而使背景色是多重的或屏蔽的之外,这种模式实质上同Soft Light模式是一样的。它的效果要比Soft Light模式更强烈一些。同Overlay一样,这种模式也可以在背景对象的表面模拟图案或文本。

(4) 亮光(艳光,Vivid Light)

调整对比度以加深或减淡颜色,取决于上层图像的颜色分布。如果上层颜色(光源)亮度高于50%灰,图像将被降低对比度并且变亮;如果上层颜色(光源)亮度低于50%灰,图像会被提高对比度并且变暗。

(5) 线性光(Linear Light)

如果上层颜色(光源)亮度高于中性灰(50%灰),则用增加亮度的方法使画面变亮,反之用降低亮度的方法来使画面变暗。

(6) 固定光(点光,Pin Light)

按照上层颜色分布信息来替换颜色。如果上层颜色(光源)亮度高于50%灰,比上层

颜色暗的像素将会被取代，而较之亮的像素则不发生变化。如果上层颜色(光源)亮度低于50%灰，比上层颜色亮的像素会被取代，而较之暗的像素则不发生变化。

(7) 实色混合(强混合，Hard Mix)(Photoshop CS版本新增)

选择此模式后，该图层图像的颜色会和下一层图层图像中的颜色进行混合。通常情况下，混合两个图层的结果是：亮色更亮，暗色更暗。降低填充不透明度建立多色调分色或者阈值，降低填充不透明度能使混合结果变得柔和。实色混合模式对于一个图像本身是具有不确定性的。例如，锐化图像时填充不透明度将控制锐化强度的大小。

新的"实色"混合模式可产生招贴画式的混合效果。制作一个多色调分色的图片，混合结果由红、绿、蓝、青、品红(洋红)、黄、黑和白8种颜色组成。混合的颜色由底层颜色与混合图层亮度决定(混合色是基色和混合色亮度的乘积)。

- 通过调整图层来决定具体色调。
- 通过对灰度的调整或编辑来决定大致的阈值轮廓。
- 通过对原图的色彩调整来决定不同色调的分布(推荐用曲线调整不同的通道)。

5. 比较模式

(1) 差值(差异，Difference)

将要混合图层双方的RGB值中的每个值分别进行比较，用高值减去低值作为合成后的颜色。通常用白色图层合成图像时，可以得到负片效果的反相图像。根据上下两边颜色的亮度分布，对上下像素的颜色值进行相减处理。比如，用最大值白色来进行Difference运算，会得到反相效果(下层颜色被减去，得到补值)；而用黑色就不发生任何变化(黑色亮度最低，下层颜色减去最小颜色值0，结果和原来一样)。

差值模式使用层上的中间色调或中间色调的着色是最好的。这种模式创建背景颜色的相反色彩。例如，在差值模式下，把蓝色应用到绿色背景中时将产生一种青绿组合色。此模式适用于模拟原始设计的底片，而且尤其可用来在其背景颜色从一个区域到另一区域发生变化的图像中生成突出效果。

(2) 排除(Exclusion)

排除与差值作用类似，用较高阶或较低阶颜色去合成图像时与差值毫无分别。使用趋近中间阶调颜色则效果有区别，总的来说效果比差值要柔和。这种模式产生一种比差值模式更柔和、更明亮的效果。无论是差值还是排除模式都能使人物或自然景色图像产生更真实或更吸引人的图像合成。

(3) 减去(Subtract)

减去与排除模式类似，但是产生的对比度会更高，暗的区域更暗。

(4) 划分(Demarcate)

划分与减去模式相反，但是产生的对比度会更高，亮的区域更亮。

6. 色彩模式

(1) 色相(色调，Hue)

合成时，用当前图层的色相值去替换下层图像的色相值，而饱和度与亮度不变。决定生成颜色的参数包括：底层颜色的明度与饱和度、上层颜色的色调。在这种模式下，层的色值或着色的颜色将代替底层背景图像的色彩。在使用此模式时想到HSB(Hue, Saturation, Brightness)颜色模式是有帮助的。Hue模式代替基本的颜色成分不影响背景图像的饱和度或亮度。

(2) 饱和度(Saturation)

合成时,用当前图层的饱和度去替换下层图像的饱和度,而色相值与亮度不变。饱和度模式决定生成颜色的参数包括:底层颜色的明度与色调上层颜色的饱和度。按这种模式与饱和度为0的颜色混合(灰色)不产生任何变化。

此模式使用层上颜色(或用着色工具使用的颜色)的强度(颜色纯度),且根据颜色强度强调背景图像上的颜色。例如,在把纯蓝色应用到一个灰暗的背景图像中时,显出了背景中的原始纯色,但蓝色并未加入到合成图像中。如果选择一种中性颜色(一种并不显示主流色度的颜色),对背景图像不发生任何变化。Saturation模式可用来显出图像中颜色强度由于岁月变得灰暗的底层颜色。

(3) 颜色(着色,Color)

该模式兼有以上两种模式的特点,用当前图层的色相值与饱和度替换下层图像的色相值和饱和度,而亮度保持不变。决定生成颜色的参数包括:底层颜色的明度、上层颜色的色调与饱和度。这种模式能保留原有图像的灰度细节,能用来对黑白或者是不饱和的图像上色。

(4) 亮度(明度,Luminosity)

该模式合成两图层时,用当前图层的亮度值去替换下层图像的亮度值,而色相值与饱和度不变。决定生成颜色的参数包括:底层颜色的色调与饱和度、上层颜色的明度。该模式产生的效果与Color模式刚好相反,它根据上层颜色的明度分布来与下层颜色混合。

□技术看板:图层组的混合模式

创建图层组以后,图层组便被赋予了一种特殊的混合模式,即“穿透”模式,表示图层组没有自己的混合属性。为图层组设置其他的混合模式后,Photoshop就会将图层组视为一幅单独的图像,并利用所选混合模式与下面的图像混合。

5.8 填充图层

填充图层是向图层中填充纯色、渐变和图案创建的特殊图层,在Photoshop中可以创建三种类型的填充图层;纯色填充图层、渐变填充图层和图案填充图层。

(1) 执行“图层”→“新建填充图层”→“纯色”命令打开新建图层对话框,可以设定颜色、图层混合模式及不透明度选项,如图5-17所示。

按“确定”后,打开拾色器,可以重新选择颜色。完成后,自动生成一个带图层蒙版的新图层,可以随时修改相关参数,如图5-18所示。

创建了填充图层后,可以通过设置混合模式或调整图层的不透明度来创建特殊的图像效果。填充图层可以随时修改或者删除,不同类型的填充图层之间还可以互相转换,执行“图层”→“更改图层内容”命令也可以将填充图层转换为调整图层。

(2) 执行“图层”→“新建填充图层”→“渐变”命令可以打开新建图层对话框,可以设

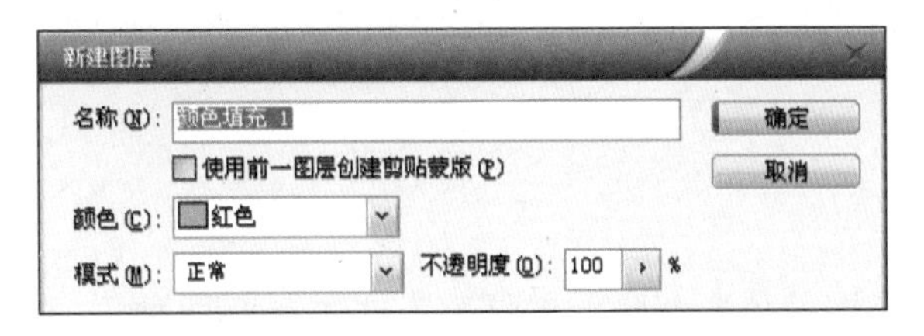

图 5-17 “新建图层”对话框

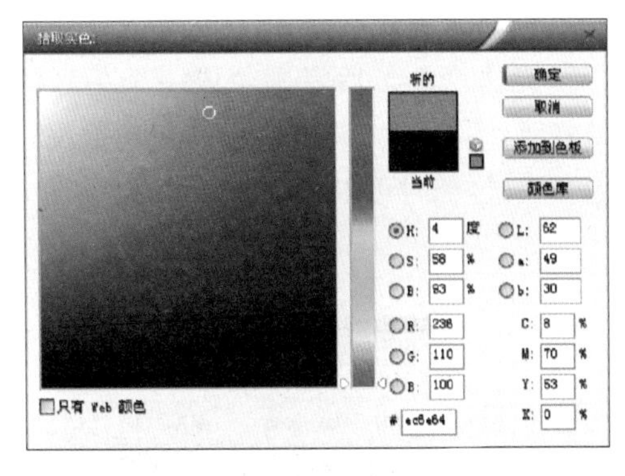

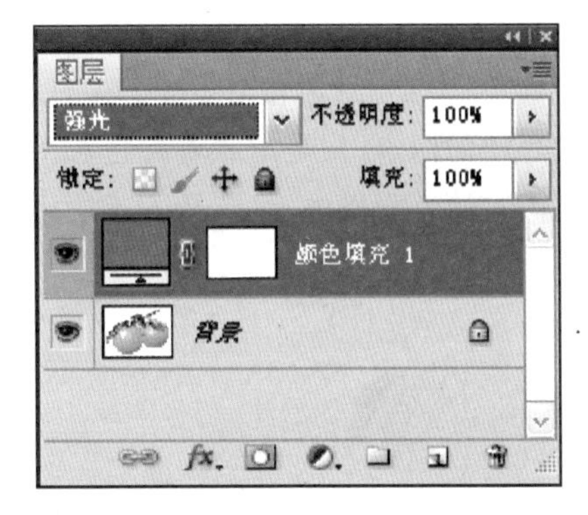

图 5-18 颜色填充图层应用

定颜色、图层混合模式及不透明度选项。按“确定”后，则打开渐变编辑器，可以重新设置颜色。完成后，自动生成一个带图层蒙版的新图层，可以随时修改相关参数，如图 5-19 和图 5-20 所示。

图 5-19 渐变填充图层应用

图 5-20 渐变填充图层效果

(3) 执行“图层”→“新建填充图层”→“图案”命令可以打开图案填充对话框，设置后单击“确定”自动生成一个带图层蒙版的新图层，可以随时修改相关参数，如图 5-21 和图 5-22 所示。

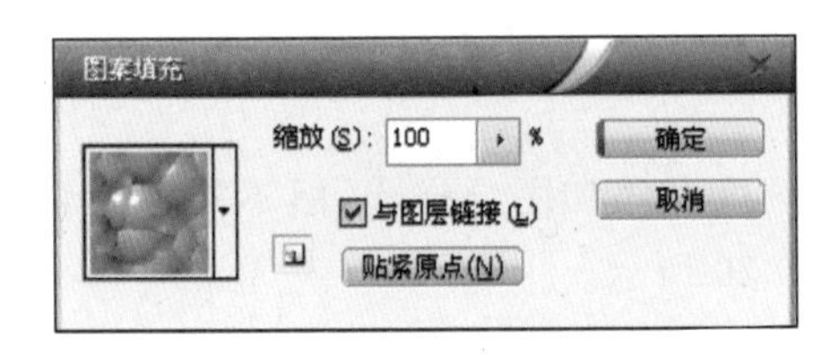

图 5-21 图案填充图层应用

图 5-22 图案填充图层面板

5.9 调整图层

在 Photoshop 中，图像色彩与色调的调整方式主要有两种，一种是执行“图像”→“调整”下拉菜单中的命令，另外一种是使用“图层”→“新建调整图层”下的命令（也可以使用图层调板的“创建新的填充或调整图层”按钮）。前者直接作用于当前选择的图层，调整后会修改图层中像素的数据，保存且关闭后，无法恢复。后者则生成一个单独的图层，本身没有任何像素，只是承载着颜色和色调的修改，不会破坏调整对象的任何数据，可减少调整图像时的色彩损失；且支持不透明度和混合模式，随时可以修改调整参数，如图 5-23 和图 5-24 所示。

图 5-23 调整图层应用

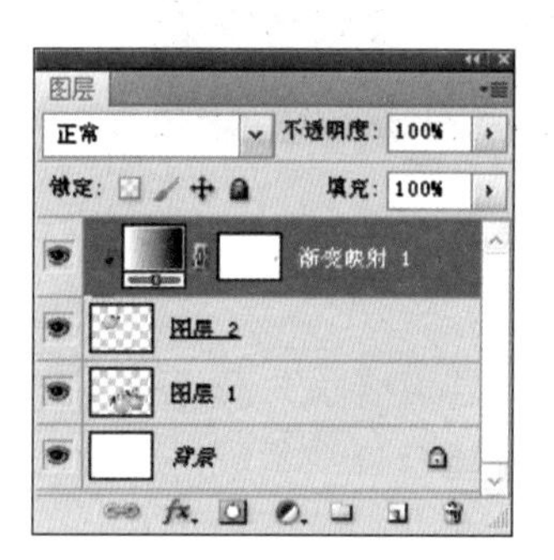

图 5-24 调整图层

★**提示**：调整图层对位于其下方的所有图层起到调整效果。如果只想作用于下方的一个图层，可用“图层剪切编组”(Ctrl+Alt+G)功能。

§ **相关链接**：创建调整图层后，Photoshop 会自动为其添加一个图层蒙版。对图层蒙版进行修改也可以控制调整图层的强度。

5.10 中性色图层的功能

中性色图层可用于创建灯光、执行锐化及胶片颗粒效果。创建中性色图层时，Photoshop 会首选使用预设的中性色来填充图层，然后依据图层的混合模式来分配这种不可见的中性色。如果不应用效果，中性色图层不会对其他图层产生任何影响。

5.10.1 用中性色图层承载滤镜

透明的图层上可以绘画、填充颜色、填充渐变和添加图层样式，但不能应用滤镜。中性色图层可以解决这个问题，如图 5-25 和图 5-26 所示。

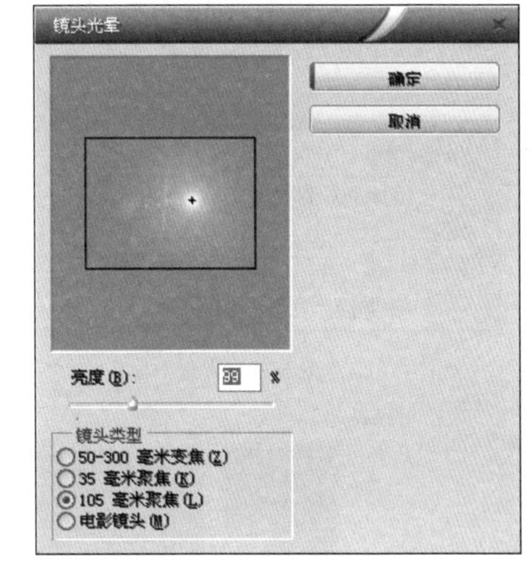

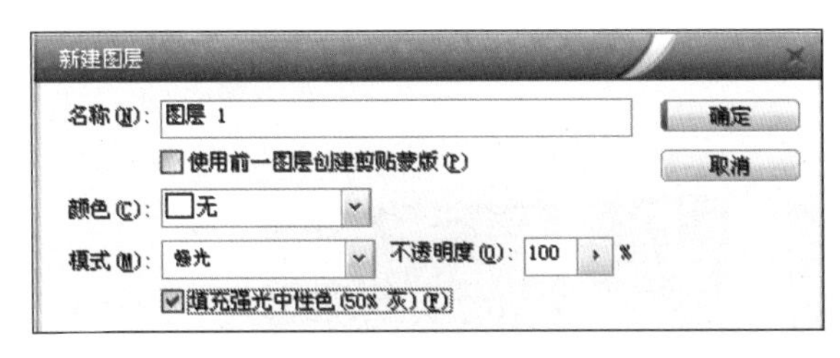

图 5-25 新建中性色图层

图 5-26 中性色图层应用(1)

□技术看板：信息调板选项及镜头光晕滤镜定位

打开信息调板，单击右侧的按钮，打开下拉菜单。选择“信息面板选项”，如图 5-27 所示。设置鼠标坐标的标尺单位设置为“像素”，这样可以精确获取光标位置。在“滤镜”→“渲染”→“镜头光晕”对话框中，按 Alt 键单击预览区，可以打开“精确光晕中心”对话框，如图 5-28 所示。

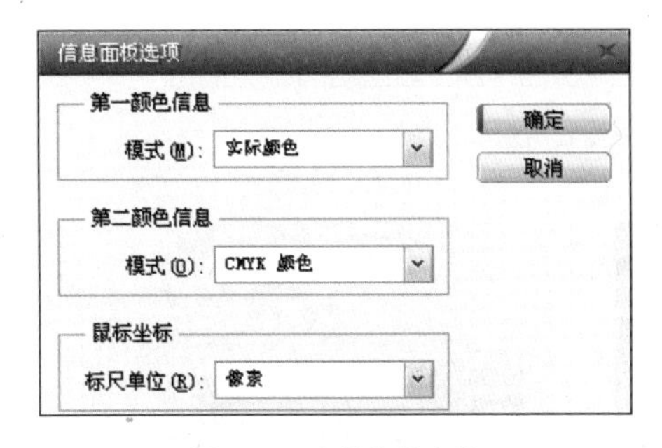

图 5-27 光晕滤镜定位

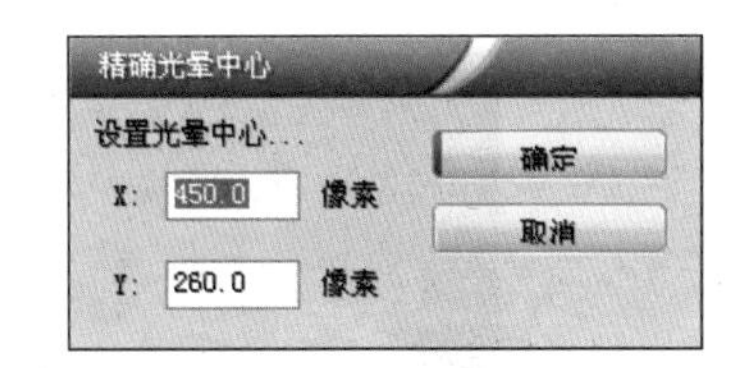

图 5-28 “精确光晕中心”对话框

5.10.2 设置中性色图层的有效范围

对中性色图层的编辑不仅局限于使用滤镜，用画笔还可以对其效果进行修改，如

图 5-29、图 5-30 和图 5-31 所示。

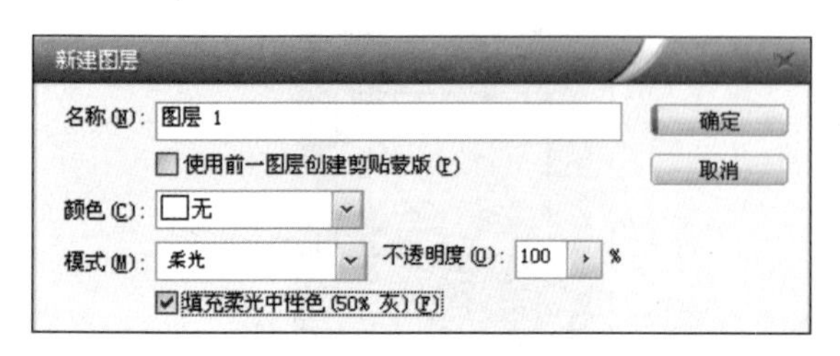

图 5-29　新建中性色图层

图 5-30　中性色图层

图 5-31　中性色图层应用(2)

5.10.3　为中性色图层添加蒙版

为中性色图层添加蒙版，可以更有效地控制中性色图层的作用范围，并且不会对中性色图层上的效果产生破坏，如图 5-32 和图 5-33 所示。

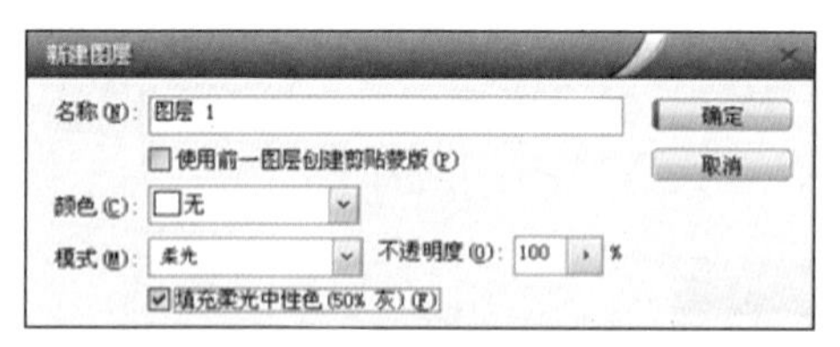

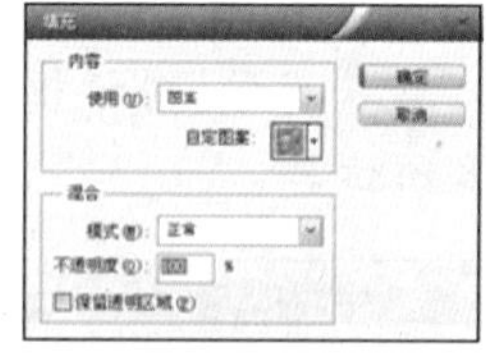

图 5-32　新建中性色图层

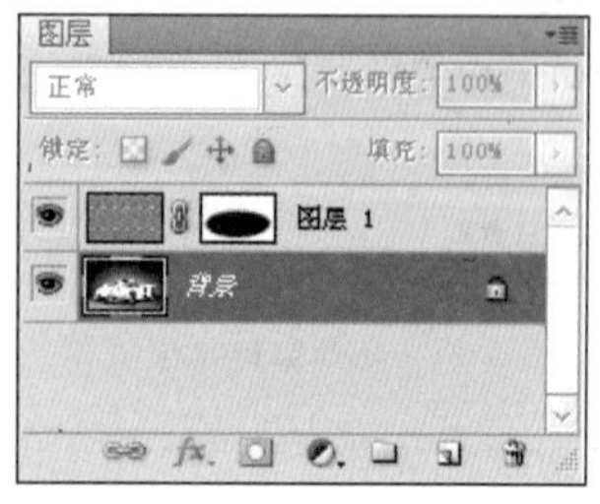

图 5-33　中性色图层应用(3)

5.10.4 为中性色图层添加图层样式

为中性色图层添加图层样式可以创建图像特效。它的优势在于，可以通过对中性色图层进行编辑来修改样式在图像上的作用效果。

5.11 智能对象

智能对象是 Photoshop 提供的一项较先进的功能。下面从几个方面来讲解有关智能对象的理论知识与操作技能。

5.11.1 什么是智能对象

在 Photoshop 中智能对象表现为一个图层，类似于文字图层、调整图层或填充图层，如图 5-34 所示，在图层缩览图的右下方有明显的标志。

图 5-34 智能图层调板

双击“图层 6”的缩览图，在 Photoshop 将打开一个新文件。此文件就是嵌入到智能对象“图层 6”中的子文件，如图 5-35 所示。

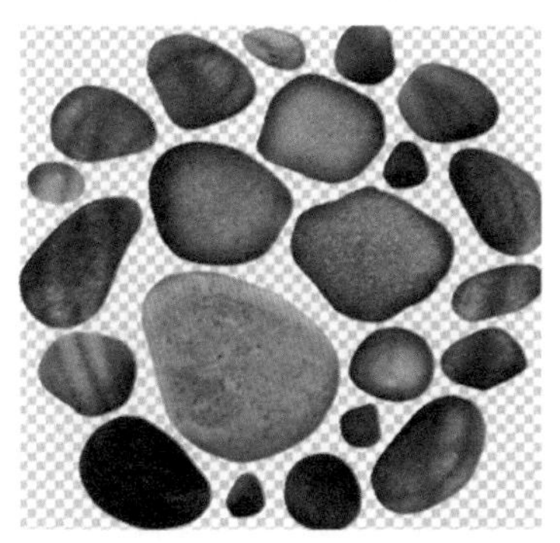

图 5-35 智能对象图像及调板

可以看出，在 Photoshop 中，智能对象是被嵌入到当前操作的文件中的。修改当前工作的 Photoshop 文件或对智能对象执行缩放、旋转和变形等操作时，不会影响到嵌入的位图或矢量文件。也就是说，在改变智能对象时，只是在改变嵌入的位图或矢量文件的合成图像，并没有真正改变嵌入的位图或矢量文件。

5.11.2 智能对象的优点

使用智能对象的优点是显而易见的：

- 对一个复杂的 Photoshop 文件，可以将若干个图层保存为智能对象，从而降低 Photoshop 文件中图层的负责程度，更便于管理和操作。
- 如果在 Photoshop 中对图像进行频繁的缩放，会引起图像信息的损失，最终导致图像变得越来越模糊。如果对一个智能对象进行频繁缩放，则不会使图像变得模糊。因为没有改变外部的子文件的图像信息，所以可以将那些可能要进行频繁缩放操作的图层转换成为智能对象图层，以避免缩放后导致图像质量的损失。
- 由于 Photoshop 不能够处理矢量文件，因此所有置入到 Photoshop 中的矢量文件会被位图化。避免这个问题的方法就是以智能对象的形式置入矢量文件，从而既能在 Photoshop 文件中使用矢量文件的效果，又保持了外部的矢量文件在发生改变时，Photoshop 的效果能够发生相应的变化。
- Photoshop CS3 及以上的版本中，可以对智能对象图层中的图像使用滤镜；而且应用滤镜后，还会像图层样式一样，在图层的下方生成所应用的滤镜的列表。双击这些列表中的任意一个滤镜，都可以重新设置其参数，直至达到满意的效果。

为智能对象中的某一个图层更改图层样式后，保存并关闭此智能对象文件后，原图像将进行相应的改变。

★提示：由于以智能对象形式置入到 Photoshop 中的子文件并不是以链接形式置入的，因此当删除该子文件后，不会影响到 Photoshop 文件中的智能对象；而且修改外部的子文件时，不会影响到置入的智能对象。

5.11.3 创建智能对象

可以通过以下方法在 Photoshop 中创建智能对象：

- 使用“置入”命令为当前工作的 Photoshop 文件置入一个矢量文件或位图文件，甚至是有多个图层的 Photoshop 文件。
- 选择一个或多个图层后，在选中的任意一个图层上单击鼠标右键。在弹出的快捷菜单中选中“转换为智能对象”命令，或选择“图层”→“智能对象”→“转换为智能对象”命令。
- 在 AI 软件中对矢量图执行“复制”操作，到 Photoshop 中执行“粘贴”操作，并在弹出的提示框中选择“智能对象”选项。
- 使用“文件”→“打开智能对象”命令将符合要求的文件直接打开成为智能对象。

5.11.4 智能对象不支持的操作

作为一个比较新的图层类型,智能对象图层拥有和其他图层一样的共性设置,例如设置混合模式、不透明度、添加图层样式等。它还没有达到完美无缺的地步,所以某些操作会受到限制。常见的受限操作列举如下。

滤镜功能:不支持全部的特殊滤镜,例如"液化"、"抽出"和"消失点"滤镜。

调整功能:不支持除"阴影/高光"、HDR 色调和"变化"以外的其他颜色调整命令,但可以通过为其添加一个专用的调整图层来解决问题。

变换功能:不支持"内容识别比例"操作。

5.11.5 编辑智能对象的源文件

要编辑智能对象的源文件可以按以下步骤操作。

(1) 在"图层"调板中选择智能对象图层。

(2) 直接双击智能对象图层的缩览图,或选择"图层"→"智能对象"→"编辑内容"命令,也可以直接在"图层"调板弹出菜单中选择"编辑内容"命令。

(3) 默认情况下,无论使用上面哪一种方法,都会弹出如图 5-36 所示的对话框,以提示操作者。

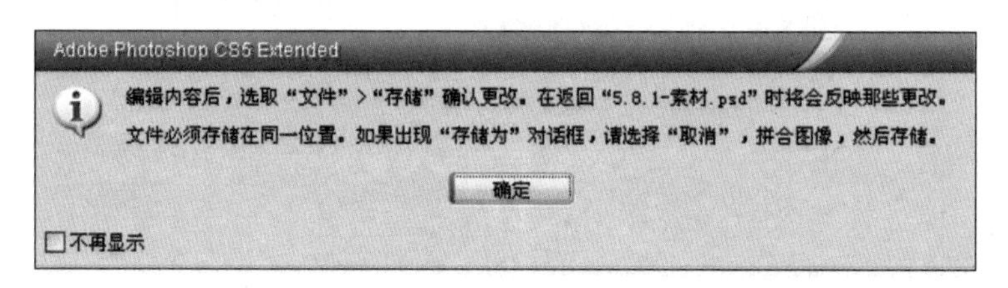

图 5-36 提示对话框

(4) 直接单击"确定"按钮,即可进入智能对象的源文件中。

(5) 在源文件中进行修改操作,然后选择"文件"→"存储"命令,并关闭此文件。

(6) 执行上面的操作后,源文件的变化会反映在智能对象中。

如果希望取消对智能对象的修改,可以按 Ctrl+Z 键。此操作不仅能够取消在当前 Photoshop 文件中智能对象的修改效果,而且还能够使被修改的源文件退回至未修改的状态。

5.11.6 栅格化智能对象

由于智能对象具有许多编辑限制,因此如果希望对智能对象进一步进行操作,例如使用滤镜命令对其操作,就必须要将其栅格化,即转换成为普通的图层。

选择智能对象图层后,选择"图层"→"智能对象"→"栅格化"命令即可将智能对象转换成为图层。另外,也可以直接在智能对象图层的名称上单击鼠标右键,在弹出的快捷菜

单中选择“栅格化图层”命令。

5.12 Photoshop 与三维

从 Photoshop CS3 版本开始新增了 3D 图层功能，设计师能够使用三维软件进行建模，而后再将三维立体模型引入到当前操作的 Photoshop 图像中，从而在平面作品中增加三维元素，使三维模型的外观更加丰富精致。

5.12.1 导入模型文件

Photoshop 提供以下两种方法将三维模型文件导入至当前操作的 Photoshop 图像中。

1. 直接打开模型文件

选择“文件”→“打开”命令，在“打开”对话框中选择素材文件“盒子.3DS”。此时“图层”调板如图 5-37 所示，可以看到此时图像只有一个 3D 图层，生成的图层按 Photoshop 默认的“图层 X”的形式进行命名。

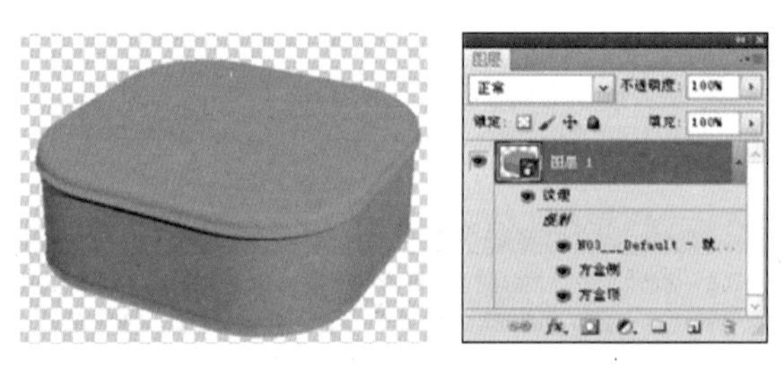

图 5-37 三维模型及图层调板

2. 以导入的形式打开模型文件

如果希望在一个已经打开的文件中加入三维模型，可以采取第 2 种方法以导入的形式打开模型文件。选择“图层”→“3D 图层”→“从 3D 文件新建图层”命令，使用此命令可以直接打开三维模型文件，打开后的三维模型成为当前操作的 Photoshop 文件的一个图层。

5.12.2 调整三维模型

在 Photoshop 中不能像在三维软件中一样对三维模型的本身形态进行修改，但可以对模型进行旋转、缩放、改变光照效果等调整。3D 图层的工具是隐藏的，只有当文件中存在 3D 图层，并在“图层”调板中双击 3D 图层的缩览图，才可进入三维模型编辑状态，此时选项栏如图 5-38 所示。

图 5-38 三维模型选项栏

三维模型选项中主要参数的解释如下。

“返回到初始对象位置”按钮：对于编辑过的对象，想返回到初始状态，单击此按钮。

旋转3D对象工具：选择此工具拖动可以将模型进行旋转。

滚动3D对象工具：以模型中心点为参考点进行旋转。

拖动3D对象工具：使用此工具可将模型向上或向下拖动，从而可以放大或缩小模型。

滑动3D对象工具：使用此工具可将模型向上或向下拖动，从而可以放大或缩小模型。

“缩放3D对象”按钮：单击此按钮可以弹出对话框，可以通过精确的参数来控制对象的属性。

视图：单击右侧的下三角按钮可以弹出视图选项，通过不同的选项快捷地选择观看效果。

“删除”按钮：删除当前的视图选项，系统提供的视图不能被删除。

“存储当前视图”按钮：存储当前视图以方便后面使用，此按钮针对3D相机设置。

网格：设置网格。

材质：设计材质。

光源滤镜：设置对象的光照及外观效果。

横截面设置：设置对象的横截面，如图5-39所示。

图5-39 3D控制调板

5.12.3 调整三维视角

单击工具箱上的“摄像机旋转工具”按钮，可以调整模型的视角。此工具选项栏中的各个按钮除了每个按钮右上方多了一个小摄像机外，其他与调整三维模型时基本相同，而实际上，其功能在视觉效果上也基本一样。

从操作原理上说，直接调整模型的属性与调整视角，其结果是基本相同的，只不过在实现的方法上有些区别。前者是改变物体(3D模型)本身的属性，使其发生变化；而后者则是改变眼睛的位置(3D相机)，但都能够达到同样的变化效果。

5.12.4 修改模型贴图

将3D模型导入到Photoshop中，能够对单位模型的贴图进行调整或者更换。

导入到Photoshop中的三维模型必须带有贴图，才能够在Photoshop中进行编辑修改。如果所打开的模型有贴图，则三维模型文件应该与其贴图处于同一文件夹中，否则Photoshop无法显示该模型所使用的贴图。

★**提示**：操作过程中可以对PSB文档进行裁剪操作，以适合模型形状。

5.12.5 栅格化三维模型

3D图层是一类特殊的图层，在此类图层中无法进行绘画等编辑操作，因此如果要进行操作，必须将此类图层栅格化。

选择"图层"→"栅格化"命令，或"3D"→"栅格化"命令，或直接在此类图层的名称上单击鼠标右键，在弹出的快捷菜单中选择"栅格化3D"命令，即可将此类图层栅格化。

5.13 图层组

在Photoshop中，一个复杂的图像可能会包含很多图层，使用图层组管理图层会使"图层"调板中的图层结构更加清晰合理，有助于提高工作效率。

5.13.1 图层组操作

1. 创建图层组

单击"图层"调板中的创建新组按钮即可新建一个图层组。选择多个图层后，执行"图层"调板菜单中的"从图层新建组"(Ctrl+G)可以将选择的图层创建在同一个图层组内。

2. 删除图层组

拖动图层组至删除按钮上即可删除图层组。如果要保留图层，仅是删除图层组，可在选择图层组后，单击删除图层按钮，在打开的对话框中单击"仅组"按钮即可。

3. 嵌套图层组

在Photoshop中，可以将当前图层组嵌套在其他图层组内。这种嵌套结构最多可以为5级，如图5-40所示。

图5-40 图层调板

4. 变换图层组

在图层组调板选择图层组后，对图层组的移动、缩放、旋转等变换操作将作用于该组中所有图层。

5. 展开/折叠图层组

按住 Alt 键单击图层组前的▶状图标，可以展开图层组以及该组中所有图层及样式列表；图层组展开后，按下 Alt 键单击▼图标可关闭图层组及所有内容。

5.13.2 蒙版对图层组的影响

为图层组添加蒙版可以控制该组中所有图层显示或隐藏的区域，如图 5-41 所示。

图 5-41 图层蒙版应用

执行“图层”→“矢量蒙版”→“显示全部”命令，为图层组添加矢量蒙版，添加路径形状，如图 5-42 和图 5-43 所示。

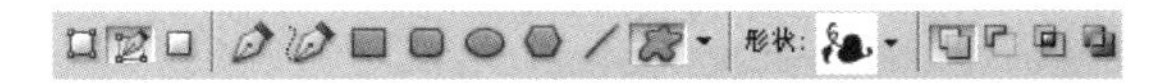

图 5-42 路径选项栏

图 5-43 矢量蒙版应用

5.13.3 不透明度对图层组的影响

选择图层组后，在图层调板中可以设置不透明度属性，它影响该组中的所有图层，如图 5-44 所示。调整了图层组的不透明度后，仍然可以单独调整某一图层的不透明度，但只影响该图层。

5.13.4 混合模式对图层组的影响

为某些图层设置混合模式后，可以使用图层组保持这个混合结果不发生改变，也可以为图层组设置混合模式来让当前的混合结果与其他图层再次混合，从而得到新的混合结果。

图 5-44　图层、图层组不透明度应用对比

1. 用图层自身的混合模式

创建图层组后，默认的混合模式为“穿透”。这表示图层组没有自己的混合属性，图层组的所有图层按照各自的混合模式与下面的图层产生混合，如图 5-45 所示。

图 5-45　图层混合模式应用

2. 用图层组的混合模式

为图层组设置混合模式后，所有的图层都以图层组的混合模式与下面的图像产生混合，但每个图层仍然会保留原有的混合模式，如图 5-46 所示。

图 5-46　图层组混合模式应用

5.14 本章基础实例

实例 1 图层样式应用 1——水珠

步骤 1：打开素材，在叶子上绘制合适大小的椭圆选区。

步骤 2：执行“选择”→“变换选区”命令，对选区进行变形操作。

步骤 3：执行“图层”→“新建”→“通过拷贝的图层”命令，复制到新层。

步骤 4：添加“斜面和浮雕”图层样式(样式：内斜面；方法：平滑；大小：409%；大小：54 像素；软化：2 像素；角度：97 度；高度：66 度；光泽等高线：凹形；高光模式为滤色，不透明度 100%；阴影模式为正片叠底，不透明度 0%)；等高线(范围：90%)，如图 5-47 所示。

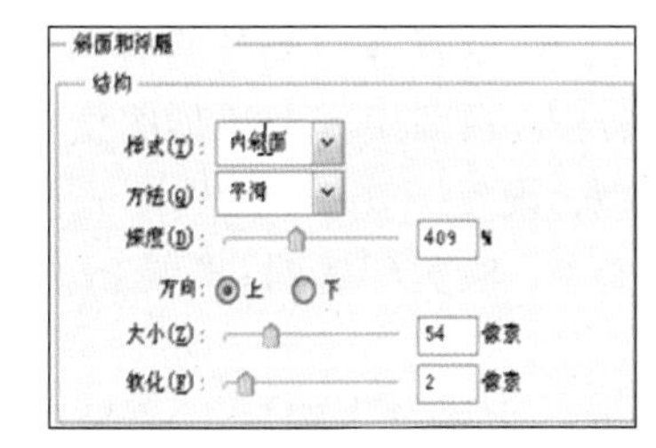

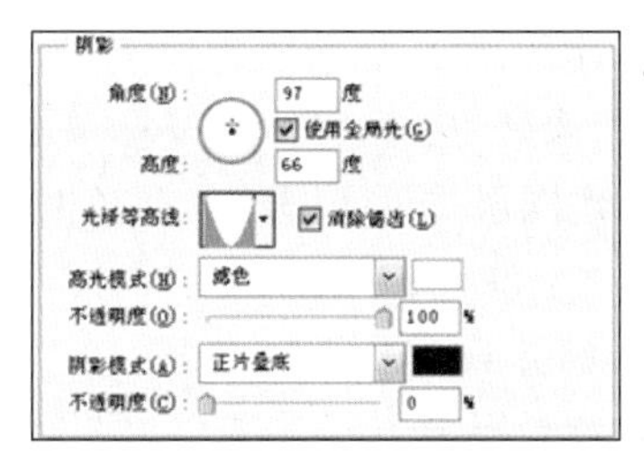

图 5-47 “斜面和浮雕”样式参数

步骤 5：添加“内阴影”图层样式(混合模式：正片叠底 ，颜色：#a0e072；不透明度：64%；角度：97 度；距离：9 像素；阻塞：0%；大小：2 像素)，如图 5-48 所示。

步骤 6：添加“投影”图层样式(混合模式：正片叠底，颜色：#489e1f；不透明度：75%；角度：97 度；距离：3 像素；阻塞：0%；大小：13 像素)，如图 5-48 所示。

步骤 7：修改图层“填充”为 0%，即可移动水珠到任何位置，如图 5-49 所示。

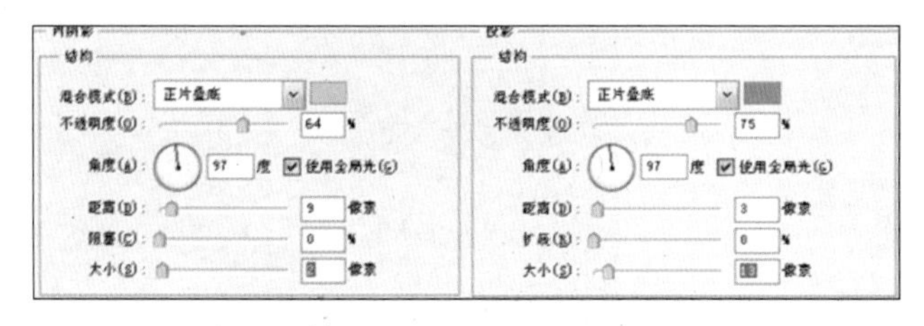

图 5-48 “内阴影”和“投影”样式参数

图 5-49 水珠完成效果

实例 2 图层样式应用 2——报纸上的玻璃球

步骤 1：新建图层，绘制正圆选区，填充颜色：#d6d3c0，添加内阴影图层样式，参数(混合模式：线性减淡(白色)；不透明度：42%；角度：－54；距离：16；阻塞：0；大小 29)，如图 5-50 所示。

步骤 2：新建图层，选择渐变工具(#a5a6a7；#e3e4e6)，拖出渐变，CTRL＋ALT＋G 创建剪贴图层蒙版；添加图层蒙版，前景色为黑色，径向渐变填充，如图 5-51 所示。

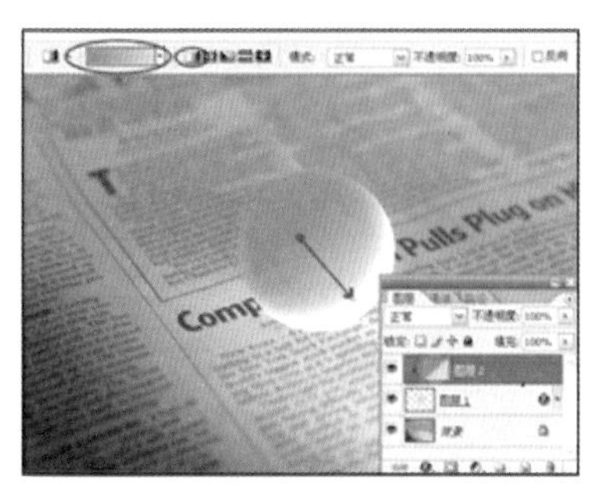

图 5-50 添加“内阴影”样式

图 5-51 添加“渐变填充”样式

步骤 3：复制图层 1 放至最顶层，填充为 0%，重设阴影样式（混合模式：叠加（黑色）；不透明度：100%；角度：105；使用全局光：否；距离：10；大小：51）；添加内发光样式（混合模式：正常；不透明度：13%；渐变条：黑色到透明；阻塞：25；大小：5）。

步骤 4：新建图层 3，前景色为白色，选择画笔，设置合适画笔直径，硬度 0，在图层 3 单击。高斯模糊像素，按住 CTRL 鼠标单击图层 1，在图层 3 上添加图层蒙版。

步骤 5：新建图层 4，使用画笔（直径 13 像素，硬度 100%），点出高光白点。添加外发光样式（混合模式：滤色；不透明度：75%；渐变条：淡黄到透明；扩展 0；大小：9）。

步骤 6：将图层 1 填充设为 25%。

步骤 7：在背景层上方新建图层，按住 CTRL，鼠标单击图层 1，前景色设为黑色。使用径向渐变（黑色至透明样式），拖出阴影。将阴影拖出向右倾斜变形处理，不要取消，执行“滤镜”→“扭曲”→“球面化”，降低此图层不透明度 70%。使用变形命令继续调整，如图 5-52 所示。

步骤 8：回到背景层，按住 CTRL 键，单击图层 1，执行“滤镜”→“扭曲”→“球面化”（数量：45）。根据要求可再调节一下色调，完成效果如图 5-53 所示。

图 5-52 变形玻璃球

图 5-53 调节色调完成效果

实例 3 图层混合模式应用——换衣服布料

步骤 1：打开人物素材并复制一层，如图 5-54 所示。

步骤 2：抠取图中人物，可以应用各种抠图方法。（如不加背景，可省略）。

步骤 3：打开并拖入花布素材，调整到适当花纹位置。

步骤 4：选取人物的白衣服选区，（注意项链和头发的细节处）羽化选区（1 像素），反选并删除花纹图层(任意改变花布的大小)。

步骤 5：花布图层混合模式改为“颜色加深”，不透明度为 87%。执行“滤镜”→“其他”→“最小值”(半径 4 像素)，效果如图 5-55 所示。

步骤 6：色相/饱和度(色相 0；饱和度 0；明度 15)调整，完成效果如图 5-56 所示。(也可以尝试其他效果。如：将混合模式设置为“差值”，不透明度为 78%；执行“滤镜”→“其他”→“最小值”，半径为 2 像素。)

图 5-54　人物素材

图 5-55　换布效果(1)

图 5-56　换布效果(2)

实例 4　三维功能应用 1——模型贴图

步骤 1：打开已经赋予了材质的三维模型“盒子.3DS”素材，如图 5-57 所示。在“图层”调板中可以看到 3D 图层的下方显示有纹理通道，如图 5-58 所示。

步骤 2：双击“图层”调板的通道贴图名称，弹出格式为 PSB 的空白文档，通过对此图像文件进行编辑即可使三维模型上的纹理发生变化。

步骤 3：使用移动工具将新贴图拖入上一步 PSB 空白文件中。

步骤 4：按 Ctrl+T 键调出自由变换盒子以缩小图像(与 PSB 文件大小吻合)，按 Enter 键确认操作，如图 5-59 所示。

图 5-57　盒子模型

图 5-58　3D 图层面板

图 5-59　添加盒子材质

5.15 本章综合实例

实例 1 科技宣传广告——粒子屏幕

步骤 1：打开笔记本电脑素材，用多边形索套工具把电脑屏幕选中。按 Ctrl+J 键复制出来，获得图层二。进行变形操作，如图 5-60 所示。

图 5-60 绘制屏幕

步骤 2：用直线工具 给屏幕四个角拖出四条折射辅助线，如图 5-61 所示。

步骤 3：把图层二拷贝出四个副本，把图层顺序调转一下，将最大的屏幕图层放在最上层。再分别对其他几个副本缩放大小，依次为 90%、80%、70%、60%，以此类推，依辅助线摆好角度，如图 5-62 所示。

图 5-61 添加辅助线

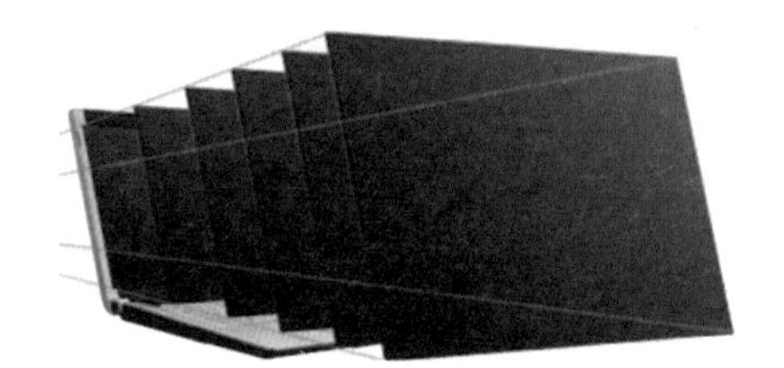

图 5-62 添加多层屏幕

步骤 4：打开一副景色照片拉进来，即图层三，放于顶层。选取“视图”→“显示”→“网格”，按 Ctrl+T 把照片变换为适于网格。选择横向 8 格、纵向 6 格的部分，多余的可用矩形选项框工具选中删除。

步骤 5：把图层三拷贝一份副本，隐蔽图层三。选取单行选项框工具在横向中间的网格线上点一下，按 Delete 删除。再用单列工具在纵向中间的网格线上点一下，按 Delete 删除；用魔棒工具在空白处点一下，执行“选择”→“修改”→“扩展(3 像素)”，按 Delete 删除。

步骤 6：隐蔽之前的屏幕，保留最小的(60%)那个屏幕。选取刚才扩展好的照片层，按 Ctrl+T 单击右键—扭曲，点住四个角拉往屏幕的四个角对齐；回原始图片层复制一份，以同样的手法做出以下屏幕的照片，并把每个照片移到相对应的屏幕图层之上。依次完成所有对应的图片，如图 5-63 所示。

步骤 7：隐蔽所有屏幕层，如图 5-64 所示。

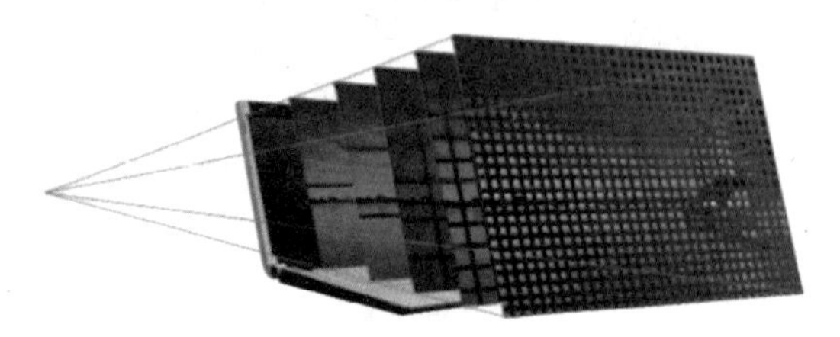

图 5-63 加入分格

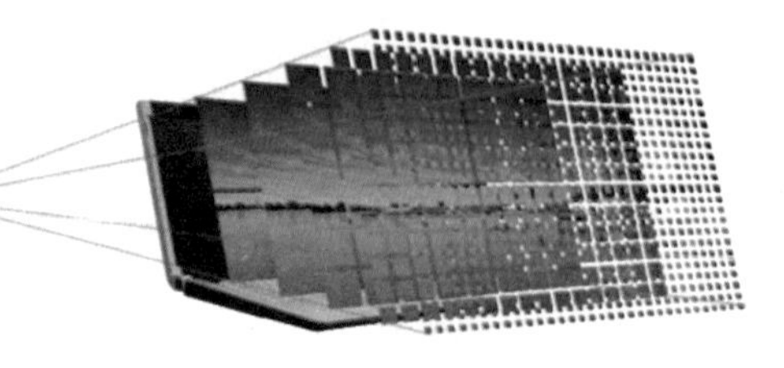

图 5-64 删除格子选区

步骤 8：用魔棒或者索套等工具，把一条斜线上的部分删掉，逐渐完成多层格子，如图 5-65 所示。

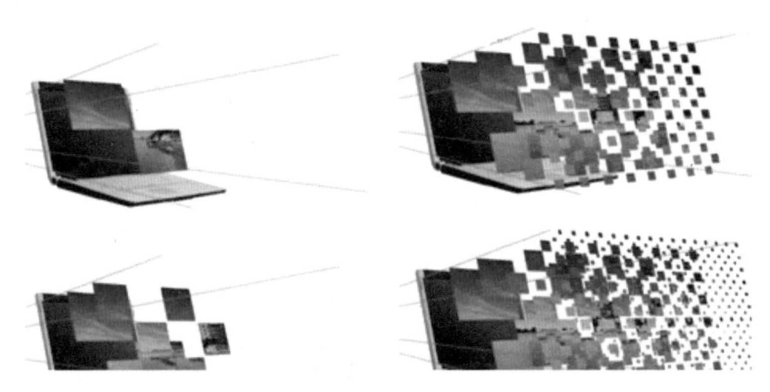

图 5-65 多层格子

步骤 9：将之前所有照片层隐蔽，把没有用过的原图拖动到笔记本图层之上，变换到合适于笔记本屏幕。分别给 6 个照片层添加“投影”图层样式，如图 5-66 所示。

步骤 10：加入背景，完成效果（可以添加所需文字）如图 5-67 所示。

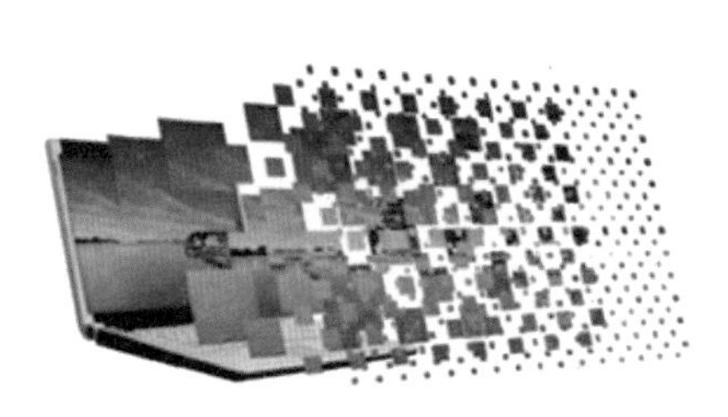

图 5-66 变形屏幕

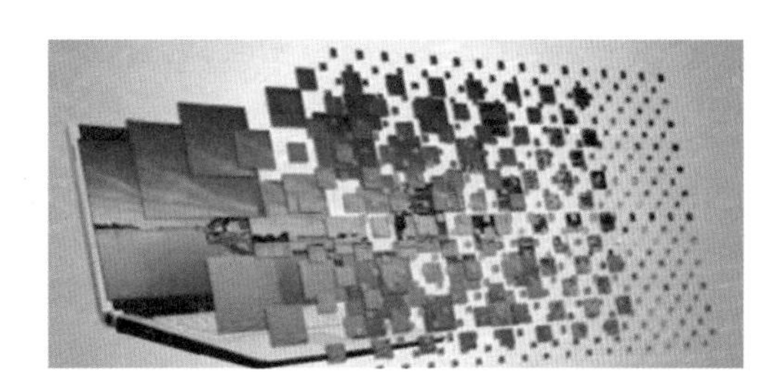

图 5-67 完成粒屏效果

实例 2 三维功能应用 2——3D 文字

步骤 1：创建文档，键入文字“3D”。

步骤 2：选择文字图层，执行“3D”→“凸纹”→“文本图层”。如出现“栅格化文本”提示，确认即可。

步骤 3：选取第一种三维样式，凸出深度 5，缩放 0.34，材质选取无纹理，其他默认。

步骤 4：工具栏选取 3D 变换工具对生成的 3D 文字执行拖动变换以及旋转，直到满意为止。

步骤 5：执行“窗口”→“3D”命令，打开控制调板。

步骤 6：设置 3D 凸出材质中的漫射载入，墙壁纹理，U 比例与 V 比例都设置成 10.00；膨胀材质载入石材纹理，凹凸 1，光泽 20%，闪亮 50%。

步骤 7：打开云彩素材，移动底层，调节云彩图层的色相与饱和度，如图 5-68 所示。

步骤 8：创建图层，前景色为白色，选取硬度为 0 的画笔。把画笔直径放大，点出一些浮云，把图层不透明度降低。

步骤 9：打开人物素材，把抠出的人物调节好大小，放置到适合的地方并做出人的阴影。

步骤 10：对 3D 文字的颜色执行“色相/饱和度”调节（参考值：色相 12；饱和度－61）。

步骤 11：创建图层，按住 Ctrl 键选取 3D 文字图层与创建的图层，按 Ctrl＋E 键拼合（目的是使 3D 文字变成普通的图层，以方便执行调节）。

步骤 12：为让三维效果更突出，选取加深与减淡工具进一步处理。

步骤 13：运用“色阶”调整，增强对比度，完成制作，效果如图 5-69 所示。

图 5-68　制作素材

图 5-69　三维文字效果

第 6 章　颜色调整

知识要点

- ◆ 基本的图像调整命令。
- ◆ 使用“匹配颜色”命令匹配多个图像的颜色。
- ◆ 使用“通道混合器”。
- ◆ “变化”命令的原理。
- ◆ “反相”、“阈值”、“色调争离”等命令的作用。
- ◆ 使用颜色取样器工具。
- ◆ 正确识别“信息”调板中的数据。
- ◆ 识别直方图中反馈的信息。
- ◆ 使用“色阶”调整图像的亮度和对比度。
- ◆ 使用“色阶”校正图像的色偏。
- ◆ 在阈值状态下的调整方法。
- ◆ “曲线”对话框各个选项的作用。
- ◆ 使用“曲线”调整图像。
- ◆ HDR 色调调整。

本章导读

Photoshop 拥有一系列功能各异的图像调整命令，使用它们可以对图像进调色、校正对比度、校正曝光不足、显示亮部及暗部细节，并可统一图像色调、平衡图像色彩甚至改变图像质感。本章讲解大量的图像调整命令，有些命令在大多数情况下功能相似，在使用时要注意根据实际情况选择适当的命令，有时需要配合使用。此外，应重点掌握 Photoshop CS5 新增的 HDR 色调调整命令的使用。

6.1　图像色彩调整

执行“图像”→“色彩调整”命令，打开色彩调整菜单，如图 6-1 所示。下面分别介绍色调、色相、饱和度以及对比度的概念。

色调：指色彩外观的基本倾向。在明度、纯度、色相这三个要素中，某种因素起主导作用，称之为某种色调。在 Photoshop 中，色调就是各种图像色彩模式下图形原色的明暗度,色调的调整也就是明暗度的调整。色调的范围为 0～255,总共 256 个色调。灰度模式,就是由白到灰,再由灰到黑,划分为 256 个色调。RGB 模式代表红、绿、蓝三原色的明暗度。

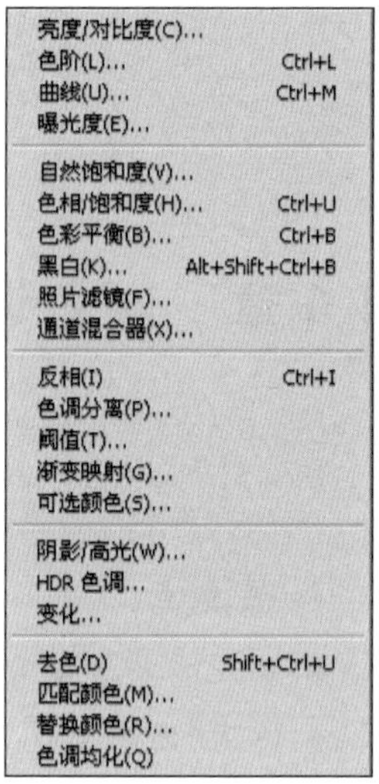

色相：是色彩的首要特征,是区别各种不同色彩的标准。色相是由原色、间色和复色构成。在 Photoshop 中,色相就是色彩的颜色,对色相的调整就是调整图像中颜色的变化。每一种颜色代表一种色相。

饱和度：指色彩的鲜艳程度,也称为纯度。取决于该色中含色成分和消色成分(灰色)的比例。含色成分越大,饱和度越大;消色成分越大,饱和度越小。在 Photoshop 中,饱和度就是图像颜色的彩度,调整饱和度就是调整图像的彩度。将一幅彩色图像的饱和度降为 0%,则图像变为灰色。

亮度/对比度(C)...
色阶(L)... Ctrl+L
曲线(U)... Ctrl+M
曝光度(E)...
自然饱和度(V)...
色相/饱和度(H)... Ctrl+U
色彩平衡(B)... Ctrl+B
黑白(K)... Alt+Shift+Ctrl+B
照片滤镜(F)...
通道混合器(X)...
反相(I) Ctrl+I
色调分离(P)...
阈值(T)...
渐变映射(G)...
可选颜色(S)...
阴影/高光(W)...
HDR 色调...
变化...
去色(D) Shift+Ctrl+U
匹配颜色(M)...
替换颜色(R)...
色调均化(Q)

图 6-1 色彩调整菜单

对比度：指的是一幅图像中明暗区域最亮的白和最暗的黑之间不同亮度层级的测量。差异范围越大代表对比越大,差异范围越小代表对比越小。对比率 120∶1 可显示生动、丰富的色彩;当对比率高达 300∶1 时,便可支持各阶的颜色。但对比率有和亮度相同的困境,现今尚无一套有效又公正的标准衡量对比率。在 Photoshop 中,对比度是指不同颜色的差异。对比度越大,两种颜色之间相差越大。将一幅灰图像的对比度增大后,则会变得黑白分明。当对比度增加到最大值时,图像变为黑白两色图;反之,图像变为灰色底图。

6.2 直方图

该命令用于测定图像是否有足够的细节输出高质量的图像,可以对整个图像或图像局部的色调分布进行统计。它不仅用图形表示图像每个亮度色阶处的像素数目,显示图像是否包含足够的细节进行校正,也提供图像色调范围的快速浏览图和显示图像基本的色调类型。直方图用图形表示图像的每个亮度级别的像素数量,显示了像素在图像中的分布情况。通过查看直方图,可以判断出图像在阴影、中间调和高光中包含的细节是否充足,以便对图像进行适当的调整。

执行"窗口"→"直方图"命令,可以打开"直方图"调板。单击"信息"调板菜单中的 按钮,打开下拉菜单,可以切换紧凑视图、扩展视图和全部通道视图。

调板中,直方图的左侧代表了图像的阴影区域,中间代表了中间调,右侧表示高光区域。在直方图中,较高的山峰表示像素的数量较多,较低的山峰则表示像素的数量较少。

当尖峰分布在直方图左侧时,说明图像的阴影区域包含较多细节;当尖峰分布在直方图右侧时,说明图像的高光区域包含较多细节;当尖峰分布在直方图中间时,说明图像的细节集中在中间调处,一般情况下,这表示图像的调整效果较好,但也有可能缺少色彩的对比;当尖峰分布在直方图两侧时,说明图像的细节集中在阴影处和高光区域,中间调缺少细节。当直方图的山峰起伏较小时,说明图像的细节在阴影、中间调和高光处分布较为均匀,色彩之间的过渡较为平滑。

在该选项的下拉列表中选择一个通道后(包括颜色通道、Alpha 通道和专色通道),在直方图调板中可以单独显示该通道的直方图;如果选择"亮度"可以显示复合通道的亮度或强度值;如果选择"颜色"则可以显示颜色中单个颜色通道的复合直方图,如图 6-2 所示。

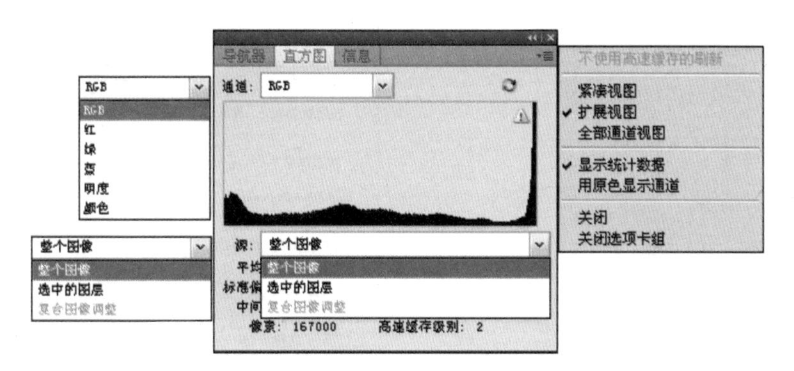

图 6-2 直方图调板

打开图像后,选取需要检查的部分,这时直方图表示所选区域的像素。

- 直方图水平方向:从最左边(最暗,0)到最右边(最亮,255)的颜色值。
- 垂直方向:给定值的像素总数。
- 平均值:平均亮度值。
- 标准偏差:数值变化的范围。
- 中间值:显示颜色值范围内的中间值。
- 像素:用于计算直方图的像素总数。
- 高速缓存级别:显示图像高速缓存的设置。

从高速缓存而非文档的当前状态中读取直方图时,是通过对图像中的像素进行典型性取样而生成的。此时直方图的显示速度较快,但不能及时显示统计结果,调板中会显示"调整缓存数据警告"标志。单击该标志,可刷新直方图。也可以在直方图任何位置双击,或单击"不使用高速缓存的刷新"按钮刷新直方图,显示当前状态下最新的统计结果。

★**提示**:如果在"内存与图像高速缓存"预置对话框中选择了"使用直方图高速缓存"选项,则直方图表示的是图像中代表性的取样像素(基于放大倍数),而不是所有像素。基于图像高速缓存的直方图显示速度快,并且是通过对图像中的像素进行典型性取样而生成的。可以在"性能"首选项中设置高速缓存级别(2~8)。

6.3 信息调板

执行"窗口"→"信息"命令,可以打开"信息"调板,如图 6-3 所示。将光标移至调板中的吸管图标和鼠标坐标上,单击鼠标可在打开的下拉菜单中更改读数选项和单位。

第一颜色信息/第二颜色信息:显示了光标下面的颜色值。可以在"信息面板选项"对话框中为"第一颜色信息"和"第二颜色信息"设置显示的选项,如图 6-4 所示。

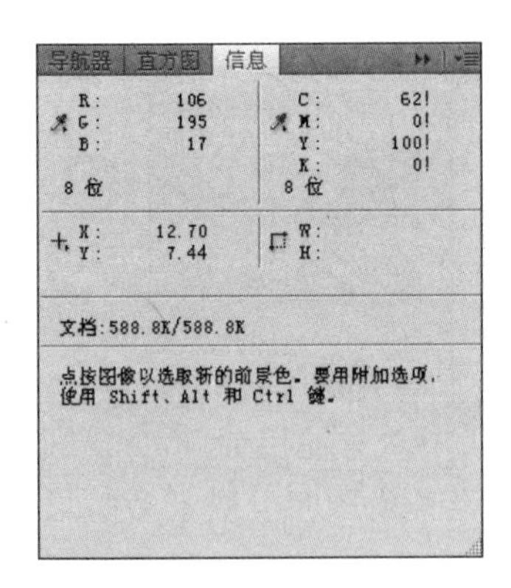

图 6-3 “信息”调板

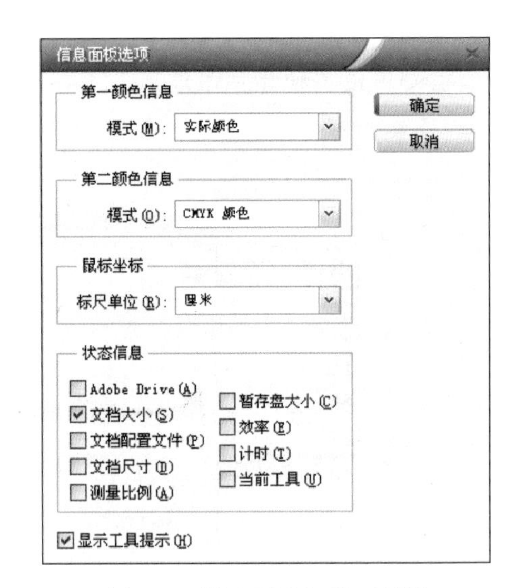

图 6-4 “信息面板选项”对话框

鼠标坐标：显示了光标当前位置的 x 和 y 坐标值，数值会随着光标的移动而同时变化。

变换宽度和高度：显示了当前选区或定界框的宽度(W)和高度(H)。

状态信息：显示了文档的信息。

工具提示：显示当前选择的工具的使用提示信息。

单击“信息”调板中的按钮可以打开“信息面板选项”对话框，如图 6-4 所示。

第一颜色信息：在该选项的下拉列表值可以设置调板中第一个吸管显示的颜色信息。选择“实际颜色”可显示图像的当前颜色模式下的值；选择“校样颜色”可显示图像的当前颜色值；选择“灰度”、“RGB”、“CMYK”等颜色模式，可显示该颜色模式下的颜色值；选择“油墨总量”可显示指针当前位置的所有 CMYK 油墨的总百分比；选择“不透明度”，只显示当前图层的不透明度，该选项不适用于背景。

第二颜色信息：用来设置调板中第二个吸管显示的颜色信息。

鼠标坐标：用来设置鼠标光标位置的测量单位。

状态信息：可设置调板中“状态信息”处的显示内容。

显示工具提示：勾选该项。可在调板底部显示当前选择工具的提示信息。

6.4 自动调整命令

“图像”→“调整”下拉菜单中包含用于调整图像色彩和色调的一系列命令，有部分命令没有参数设置。

1. 自动对比度

该命令可以自动调整图像的对比度，使高光看上去更亮，阴影看上去更暗。该命令可以改进许多摄影或连续色调图像的外观，但无法改善单调颜色图像。

2. 自动色调命令

可以自动搜索图像来标识阴影、中间调和高光,从而调整图像的对比度和颜色。寻找最亮点与最暗点,然后将色阶均分为 0～255,可改善曝光明暗度不佳的图像,同时会影响原来的颜色。

3. 自动颜色

寻找图像中最亮点与最暗点的平均值,然后将色阶均分为 0～255,可改善曝光明暗度不佳的图像,同时会影响原来的颜色。

6.5 色调调整命令

对图像进行色调调整即调节图像的亮度。

6.5.1 色阶

该命令可以调整图像的阴影、中间调和高光的强度级别,从而校正图像的色调范围和色彩平衡。执行"图像"→"调整"→"色阶"命令打开相应对话框,如图 6-5 所示。

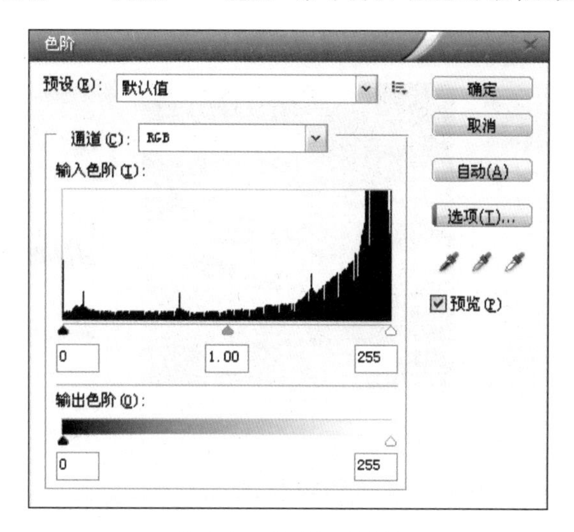

图 6-5 "色阶"对话框

直方图:显示了当前图像的直方图,左侧代表了阴影区域,中间代表了中间调,右侧代表高光区域。

通道:在该选项下拉列表中可以选择要调整的通道。如果要同时编辑多个颜色通道,可在执行"色阶"命令之前,按住 Shift 键在"通道"调板中选择这些通道。之后,"通道"菜单会显示目标通道的缩写。

输入色阶:用来调整图像的阴影、中间调和高光区域,可拖动滑块调整,也可以在滑块下面的数值栏中输入数值进行调整。

输出色阶:用来限定图像的亮度范围,拖动滑块调整,或者在滑块下面的数值栏中输入数值，可以降低图像的对比度。

设置黑场：使用该工具在图像中单击，可将单击点的像素变为黑色，原图像中比该点暗的像素也变为黑色。

设置灰场：使用该工具在图像中单击，可根据单击点的像素的亮度来调整其他中间色调的平均亮度。

设置白场：使用该工具在图像中单击，可将单击点的像素变为白色，原图像中比该点亮度值大的像素也都变为白色。

存储预设：单击对话框中的按钮执行存储命令，在打开的对话框中将当前的设置状态保存为一个色阶文件。

载入预设：如果有外部色阶文件，单击对话框中的按钮执行载入命令，在打开的对话框中将其载入。载入色阶文件可自动完成对图像的调整。

自动：自动颜色校正。以0.5%的比例自动调整图像色阶，使图像的亮度分布更加均匀。自动色阶命令可以自动调整图像中的黑场和白场，将每个颜色通道中最亮和最暗的像素映射到纯白(色阶为255)和纯黑(色阶为0)，中间像素值按比例重新分布。使用自动色阶命令可以增强图像的对比度。在像素值平均分布并且需要以简单的方式增加对比度的图像中，该命令可以提供较好的结果。

选项：打开“自动颜色校正选项”对话框，在对话框中可设置黑色像素和白色像素的比例，如图6-6所示。

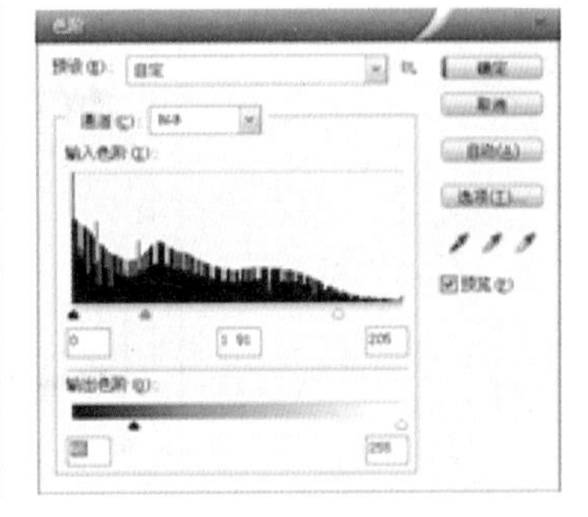

图6-6　自动颜色校正

预览：勾选该项，可在画面中预览到调整的结果，如图6-7所示。

★**提示**：使用Alt+Ctrl+L将最后一次设置的色阶命令打开，可以在原来基础上继续调整。也可以将最后一次调整的色阶应用于不同的图像上。所有色彩调整命令都具有类似的操作。

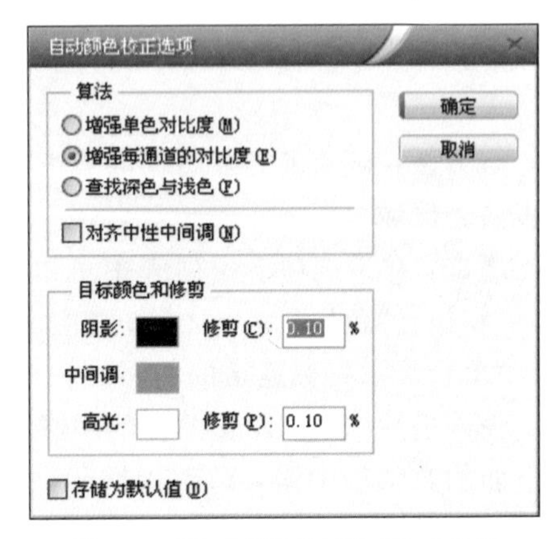

图6-7　“自动颜色校正选项”对话框

6.5.2　曲线

与色阶一样，曲线也用于调整图像的色彩与色调。但色阶只有黑场、白场和灰度系数三个调

整功能，而曲线允许在图像的整个色调范围(从阴影到高光)内最多调整 14 个不同的点。在所有调整工具中，曲线可以提供最为精确的调整结果。改变曲线的形状可以调整图像的色调和颜色。将曲线向上或向下移动将会使图像变亮或变暗，具体情况取决于对话框是设置为显示色阶还是百分比。曲线中较陡部分表示对比度较高的区域，较平的部分表示对比度较低的区域。

★**提示**：按住 Shift 键单击控制区，可以选择控制点；将控制点拖出网格区域，可删除控制点；选择控制点后，按下键盘中的方向键可轻微移动控制点。

执行“图像”→“调整”→“曲线”命令可以打开如图 6-8 所示的对话框。

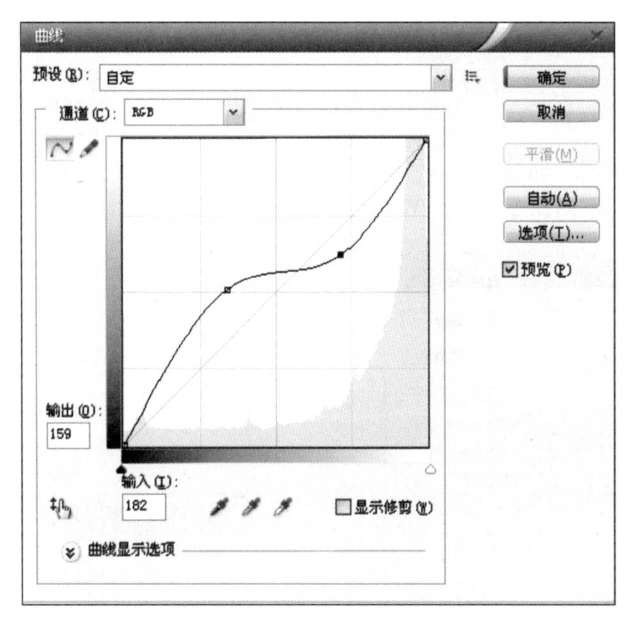

图 6-8 曲线调整对话框

预设：选择“无”时，可通过拖动曲线来调整图像。调整曲线时，该选项会自动变为“自定”。选择其他选项时，则使用系统预设的调整设置。

预设选项：单击该按钮，可以打开一个下拉列表。选择“存储预设”命令可以存储颜色设置；选择“载入预设”命令，可以载入一个预设文件；选择“删除当前预设”命令，则可以删除当前的存储预设。

通道：在该选项的下拉列表中可以选择需要调整的通道。RGB 模式的图像可以调整 RGB 复合通道和红、绿、蓝色通道，CMYK 模式的图像可以调整 CMYK 复合通道和青、洋红、黄、黑色通道。

通过添加点来调整曲线：按下该按钮后，在曲线中单击可添加新的控制点，拖动控制点改变曲线形状可以对图像作出调整。

使用铅笔绘制曲线：按下该按钮后，可以手绘自由形状曲线。绘制自由曲线后，单击对话框中的按钮，可在曲线上显示控制点。

★**提示**：选择曲线上的点后，使用方向键可以移动曲线上的点。按住 Shift 键可以选择多个点，使用 Ctrl+Tab 键可以向前选择曲线上的控制点，使用 Shift+Ctrl+Tab 键可以向后选择曲线上的控制点。

平滑：使用铅笔绘制工具绘制自由曲线后，单击该“平滑”按钮，可以对曲线进行平滑处理。

输入色阶/输出色阶：分别显示了调整前与调整后的像素值。

高光/中间调/阴影：移动曲线顶部的点可调整图像的高光区域，拖动曲线中间的点可以调整图像的中间调，拖动曲线底部的点可以调整图像的阴影区域。

黑场/灰场/白场：与“色阶”命令对话框中相应的工具作用相同。

自动：可对图像应用“自动颜色”、“自动对比度”或“自动色阶”校正。具体的校正内容取决于“自动颜色校正选项”对话框的设置。“自动颜色校正选项”用来控制由“色阶”、“曲线”中的“自动颜色”、“自动色阶”、“自动对比度”和“自动”选项应用的色调和颜色校正，也允许指定阴影和高光剪切百分比，并为阴影、中间调和高光指定颜色值，如图 6-9 所示。

单击“曲线”对话框“曲线显示选项”前的按钮，可以显示或隐藏曲线显示选项设置面板，修改可以控制曲线网格显示，如图 6-10 所示。

图 6-9 “自动颜色校正选项”对话框

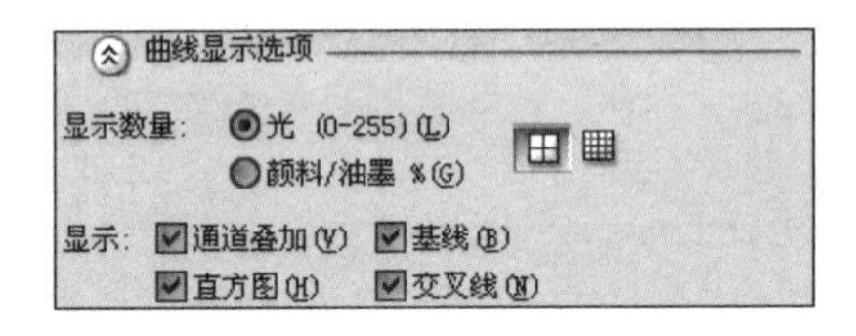

图 6-10 曲线显示选项

显示数量：选择“光(0～255)”或“颜料/油墨量(%)”可反转强度值和百分比的显示。对于 RGB 图像，显示强度值(0～255，黑色(0)位于左下角)；显示的 CMYK 图像的百分比范围是 0～100，并且高光(0%)位于左下角；将强度值和百分比反转之后，对于 RGB 图像，0 将位于右下角；对于 CMYK 图像，0%将位于右下角。

简单网格/详细网格：按下简单网格按钮，将以 25%的增量显示网格线；按下详细网格按钮，则以 10%的增量显示网格。按住 Alt 键单击网格，可以切换简单网格和详细网格。

通道叠加：勾选该项，可显示叠加在复合曲线上方的颜色通道曲线。

直方图：勾选该项，可显示直方图叠加。

基线：勾选该项，可以在网格上显示以 45 度角绘制的基线。

交叉线：勾选该项，在调整曲线时，可显示水平线和垂直线，帮助在相对直方图或网格进行拖动时将点对齐。

曲线调整效果如图 6-11 所示。

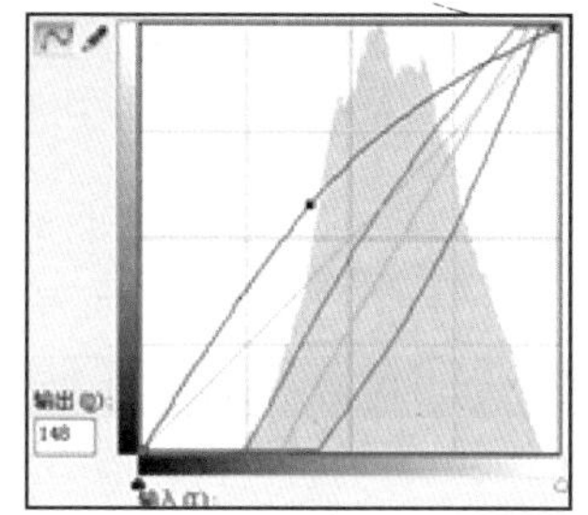

图 6-11 曲线调整

6.5.3 反相

该命令可以反转图像的颜色，创建负片效果。在对图像进行反相时，通道中的每个像素的亮度值都会转换为256级颜色值刻度上相反的值，如图6-12所示。

6.5.4 阈值

该命令可以删除图像的色彩信息，方便地将灰度图像或彩色图像转换为高对比度的黑白图像。执行"图像"→"调整"→"阈值"命令，可以打开相应对话框，如图6-13所示。

图 6-12 反相应用

阈值
阈值色阶(T): 128
确定
取消
预览(P)

图 6-13 阈值对话框

输入"阈值色阶"值或拖动直方图下面的滑块，可以设定黑白之间的分界点。亮度值大于"阈值色阶"的像素被转换为白色，小于"阈值色阶"的像素转换为黑色，如图6-14所示。

图 6-14 阈值应用(原图像、阈值色阶：128,阈值色阶：192)

6.5.5 色调分离

执行“图像”→“调整”→“色调分离”命令，打开相应对话框如图 6-15 所示，可以改变色阶的大小(2～255)。

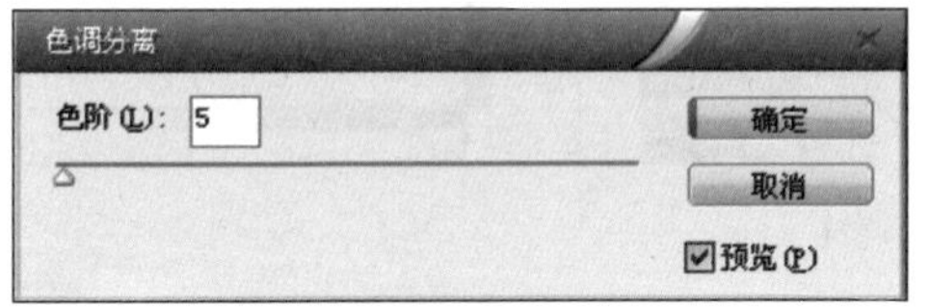

图 6-15 “色调分离”对话框

该命令可以按照指定的色阶数减少图像中色调的数目，并将这些像素映射为最接近的匹配色上。

例如：在灰度图像中选择两个色调只产生黑白两种颜色，在 RGB 图像中选择两个色调可产生两个红色、两个绿色、两个蓝色六种颜色。该功能多用于在照片中创建特殊效果，如创建大的单调区域，如图 6-16 所示。

图 6-16 色调分离应用(原图像，色阶：2，色阶：5)

6.5.6 亮度/对比度命令

亮度/对比度命令可一次性调整图像中所有像素的高光、暗调和中间调。

执行“图像”→“调整”→“亮度/对比度”命令打开相应的对话框，如图 6-17 所示。设置“亮度”数值范围－150～＋150，“对比度”数值范围－50～＋100，如图 6-18 所示。

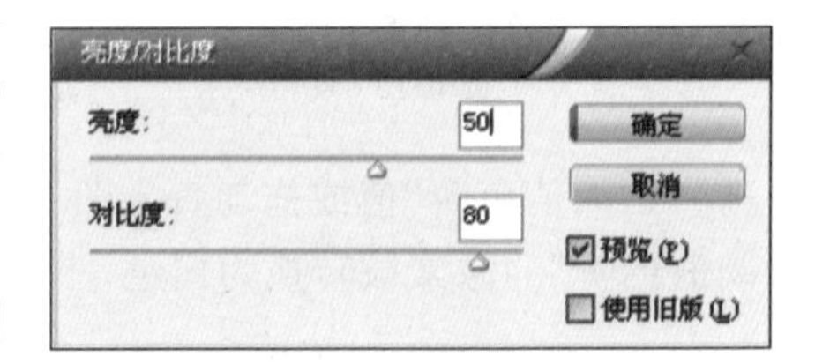

图 6-17 “亮度/对比度”对话框

相关链接：与对图像中的像素应用按比例(非线性)调整的“曲线”和“色阶”不同，“亮度/对比度”会对每个像素进行相同程度的调整(线性调整)。对于高端输出，最好使用“色阶”或“曲线”来调整，而不要使用“亮度/对比度”命令调整，它可能导致丢失图像细节。

6.5.7 黑白

该命令可以将彩色图像转换为灰度图像，同时保持对各颜色的转换方式的完全控

图 6-18　亮度/对比度的应用

制，也可以通过对图像应用色调来为灰度着色。"黑白"命令与"通道混合器"的功能相似，可以将彩色图像转换为单色图像，并允许调整颜色通道输入。该命令不能应用于 CMYK 模式的图像。"黑白"对话框如图 6-19 所示，黑白调整的应用如图 6-20 所示。

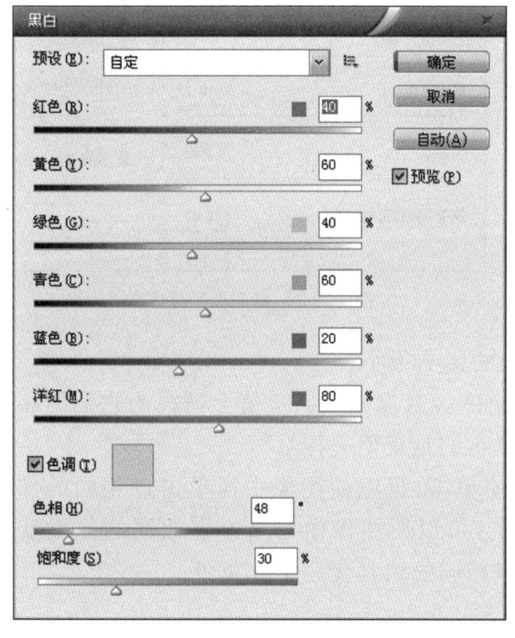

图 6-19　"黑白"对话框

图 6-20　黑白调整的应用

预设：在该选项下拉列表中可以选择一个预设的调整设置。如要存储当前的调整设置结果，可单击选项右侧的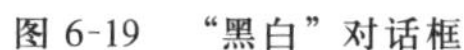按钮，在打开的下拉菜单中选择"存储预设"命令。

颜色滑块：拖动滑块可调整图像中特定颜色的灰色调。将滑块向左拖动时，可以使图像的原色的灰色调变暗；向右拖动则使图像的原色的灰色调变亮。如果将鼠标移至图像上方，光标将变为吸管状。单击某个图像区域并按住鼠标可以高亮显示该位置的主色的色卡。单击并拖动可移动该颜色的颜色滑块，从而使该颜色在图像中变暗或变亮。单击并释放可高亮显示选定滑块的文本框。

★**提示**：按住 Alt 键单击某个色卡可将单个滑块复位到其初始设置。另外，按住 Alt 键时，对话框中的"取消"按钮将变为"复位"按钮，可复位所有的颜色滑块。

色调：如果要对灰度应用色调，可勾选“色调”选项，并根据需要调整“色相”滑块和“饱和度”滑块。“色相”滑块可更改色调颜色，而“饱和度”滑块可提高或降低颜色的集中度。单击色卡可打开“拾色器”并进一步微调色调颜色。

自动：可设置基于图像的颜色值的灰度混合，并使灰度值的分布最大化。“自动”混合通常会产生极佳的效果，并可以用作使用颜色滑块调整灰度值的起点。

★**提示**：如果要在调整对话框处于打开状态时删除颜色取样点，可按住 Alt+Shift 键单击取样点。

6.5.8 曝光度

该命令主要用于调整 HDR 图像的色调，但也可以用于 8 位和 16 位图像。HDR 图像中的明亮度值与场景中的光量有直接关系。Photoshop 对 32 位通道的图像提供图层支持和对更多工具、滤镜及命令的使用，并已将 32 位添加为创建新文档时的一个选项，或者使用“文件”→“自动”→“合并到 HDR Pro”命令把不同曝光度的图像合并为 HDR 图像文件。执行“图像”→“调整”→“曝光度”命令，可以打开“曝光度”对话框，如图 6-21 所示。

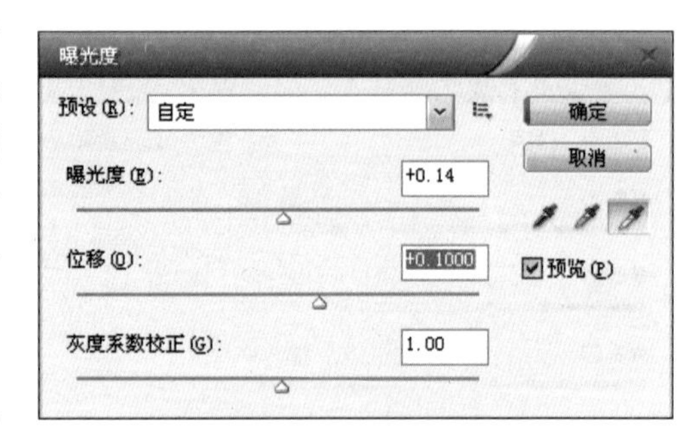

图 6-21 “曝光度”对话框

曝光度：可调整色调范围的高光端，对极限阴影的影响很小。

位移：可以使阴影和中间调变暗，对高光的影响很小。

灰度系数校正：使用简单的乘方函数调整图像灰度系数。负值会被视为它们的相应正值(这些值保持为负，但仍然会被调整，就像它们是正值一样)。

吸管工具：使用设置黑场的吸管在图像中单击，可以使图像中与单击点相同的像素变为黑色；使用设置白场的吸管在图像中单击，可以使图像中与单击点相同的像素变为白色；设置灰场的吸管可以使图像中与单击点相同的像素变为中度灰色。

6.5.9 阴影/高光命令

该命令能够对阴影或高光中的局部相邻像素来校正每个像素，从而调整图像的阴影和高光区域。适用于校正由强逆光而形成剪影的照片，或者校正由于太接近相机闪光灯而有些发白的焦点。在用其他方式采光的图像中，这种调整也可用于使阴影区域变亮。阴影/高光对话框及应用如图 6-22 和图 6-23 所示。

阴影：用来调整图像的阴影区域。“数量”可以控制调整的强度，该值越高，图像的阴影区域越亮；“色调宽度”可以控制色调的修改范围，较小的值会限制只以较暗的区域进行校正，较大的值会影响更多的色调；“半径”可以控制每个像素周围的局部相仿像素的大小，相邻像素用于确定像素是在阴影还是在高光中。

高光：用来调整图像的高光区域。“数量”可以控制调整的强度，该值越高，图像的阴

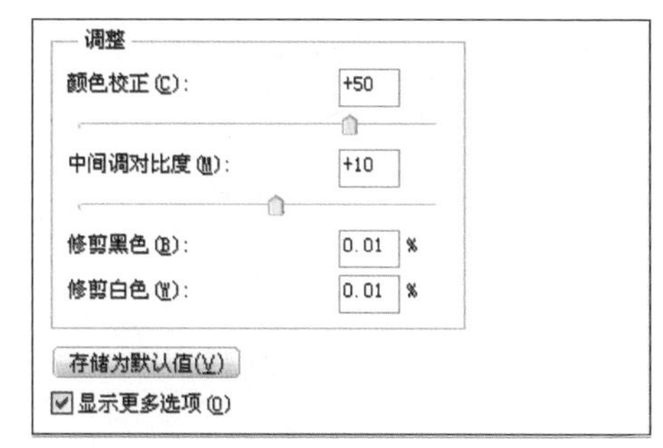

图 6-22 “阴影/高光”对话框

图 6-23 阴影/高光应用

影区域越暗;“色调宽度”可以控制色调的修改范围,较小的值会限制只以较亮的区域进行校正,较大的值会影响更多的色调;“半径”可以控制每个像素周围的局部相仿像素的大小,相邻像素用于确定像素是在阴影还是在高光中。

颜色校正:可以调整已更改区域的色彩。

中间调对比度:用来调整中间调的对比度。向左侧拖动滑块会降低对比度,向右拖动滑块可增加对比度。

修剪黑色/修剪白色:可指定在图像中会将多少阴影和高光剪切到新的极端阴影(色阶为 0)和高光(色阶为 255)颜色。该值越高,生成图像的对比度越大。

存储为默认值:单击该按钮,可以将当前的参数设置存储。再次打开“暗部/高光”对话框时,会显示该参数。如果要恢复为默认的数值,可按住 Shift 键,该按钮将变为“复位默认值”按钮,单击可进行恢复。

★**提示**:勾选“显示更多选项”复选框,会显示更精确的调整选项范围。

6.5.10 匹配颜色

该命令仅适用于 RGB 模式的图像,可以将一个图像(源图像)的颜色与另一个图像(目标图像)中的颜色相匹配。该命令可使多个图片的颜色保持一致。对话框中包含了该命令的设置选项，如图 6-24 所示。

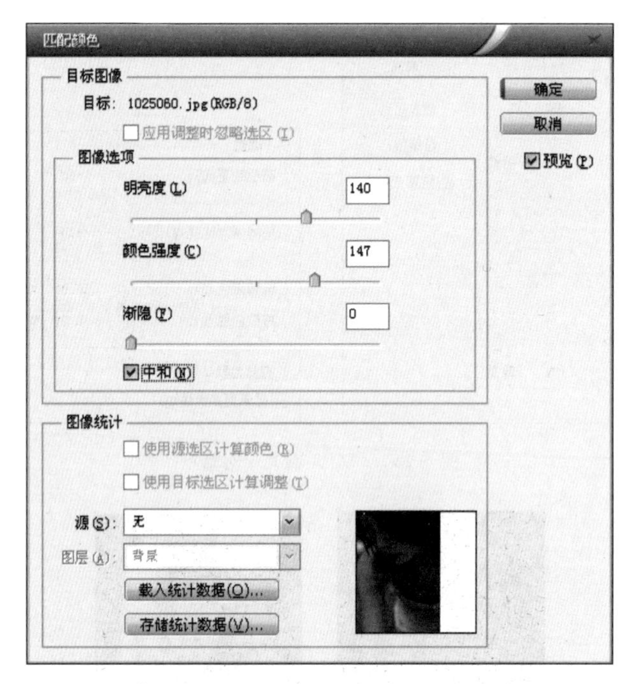

图 6-24 “匹配颜色”对话框

目标：显示了目标图像的名称和颜色模式等信息。

应用调整时忽略选区：如果当前图像中包含选区，勾选该项可忽略目标图像中的选区，并将调整应用于整个目标图像。

明亮度：可增加或减小目标图像的亮度。

颜色强度：用来调整目标图像的色彩饱和度。该值为 1 时，可生成灰度图像。

渐隐：可控制应用于图像的调整量，该值越高，调整的强度越弱。

中和：勾选该项可消除图像中的色彩偏差。

使用源选区计算颜色：如果在源图像中创建了选区，勾选该项，可使用选区中的图像匹配颜色；取消勾选，则会使用整幅图像进行匹配。

使用目标选区计算调整：如果在源图像中创建了选区，勾选该项，可使用选区中的图像匹配亮度和颜色强度；取消勾选，则会使用整幅图像进行匹配。

源：可选择将颜色与目标图像中的颜色相匹配的源图像。

图层：用来选择需要匹配的颜色的图层。如果将“匹配颜色”命令应用于目标图像中的特定图层，应确保在执行“匹配颜色”命令时该图层处于当前选择状态。

存储统计数据/载入统计数据：单击“存储统计数据”按钮，将当前的设置保存；单击“载入统计数据”按钮，可载入以存储设置。使用载入的统计数据时，无需在 Photoshop 中打开源图像，就可以完成匹配当前目标图像的操作，如图 6-25 所示。

6.5.11 色调均化

该命令可以重新分布图像中像素的亮度值，使它们更均匀地呈现所有范围的亮度级

图 6-25 匹配颜色应用

别。最亮的值调整为白色，最暗的值调整为黑色，而中间的值均匀地分布在整个灰度范围中，如图 6-26 所示。

图 6-26 色调均化应用

★提示：当扫描的图像显得比原稿暗时，可通过此命令进行修正。

6.6 色彩调整命令

如果图像出现丢失颜色信息、色偏、过饱和或饱和不足等现象，可进行色彩调整。使用该命令可以对图像中的颜色成分和属性进行重新调节。

6.6.1 自然饱和度

自然饱和度从 Photoshop CS4 版本开始新增的调整图像的命令。执行“图像”→“调整”→“自然饱和度”命令，打开相应的对话框。

饱和度：可以增加整个画面的“饱和度”，但如调节到较高数值，图像会产生色彩过饱和从而引起图像失真。

自然饱和度：在调节图像饱和度的时候会保护已经饱和的像素，即在调整时会大幅增加不饱和像素的饱和度，而对已经饱和的像素只做很少、很细微的调整，特别是对皮肤的肤色有很好的保护作用。不但能够增加图像某一部分的色彩，而且还能使整幅图像饱和度正常，如图 6-27 所示。

图 6-27　自然饱和度的应用(原图像，自然饱和度 80，饱和度 80)

6.6.2　色相/饱和度

该命令可以调整图像中特写颜色分量的色相、饱和度和亮度，或者同时调整图像中的所有颜色。该命令尤其适用于微调 CMYK 图像中的颜色，以便使它们处在输出设备的色域内。单击按钮后，用鼠标在图像上单击并拖动可以改变饱和度，按 Ctrl 键单击可改变色相。“色相/饱和度”对话框如图 6-28 所示。

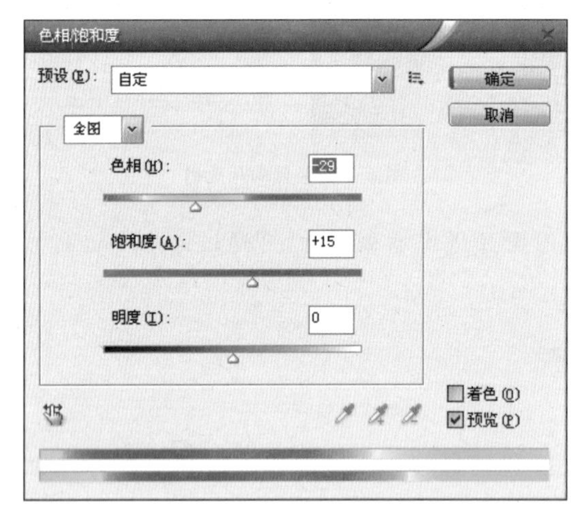

图 6-28　“色相/饱和度”对话框

编辑：在该选项下拉列表可以选择要调整的颜色。选择“全图”可调整图像中所有的颜色，也可选择单独颜色调整。

着色：勾选该项，可以将图像转换为只有一种颜色的单色图像。变为单色图像后，拖动“色相”滑块可以调整图像的颜色，如图 6-29 所示。

吸管工具：如果在“编辑”选项中选择了一种颜色，就可以用吸管工具拾取颜色。

颜色条：在对话框底部有两个颜色条，它们以各自的顺序表示色轮中的颜色。上面的颜色条显示调整前的颜色，下面的颜色条显示调整如何以全饱和状态影响所有色相。如果在“编辑”选项中选择了一种颜色，则对话框中会出现四个色轮值(用度数表示)，它们与出现在这些颜色条之间的调整滑块相对应。两个内部的垂直滑块定义了颜色范围，两个外部的三角形滑块显示了调整颜色范围时在何处衰减。

图 6-29 色相/饱和度应用(原图像、全图调整、局部颜色调整、着色调整)

需要注意的是,辐射色域的变色效果,是由中心色域边界开始,向两边逐渐减弱的。如果某些色彩改变的效果不明显,可以扩大中心或辐射色域的范围,如图 6-30 所示。

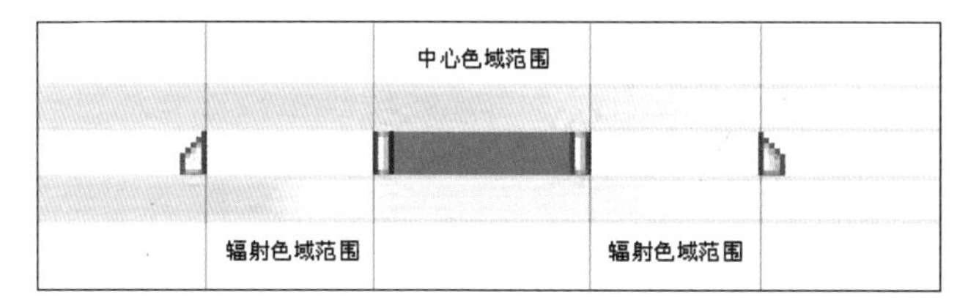

图 6-30 色域变化

★**提示**:衰减是相对调整进行羽化或锥化,而不是精确定义是否应用调整。

6.6.3 替换颜色

该命令可以在图像中选择特定的颜色,然后调整它的色相、饱和度和明度值。相当于“色彩范围”命令和“色相/饱和度”命令的综合。执行“图像”→“调整”→“替换颜色”命令可以打开设置对话框。应用效果如图 6-31 所示。

 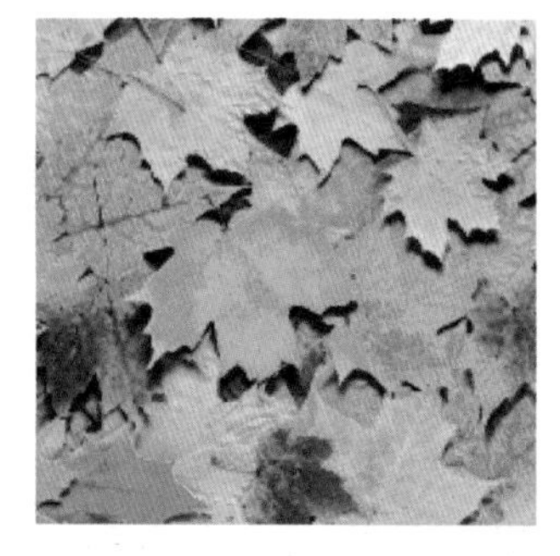

图 6-31 替换颜色应用(原图像、调整后)

吸管工具:用(吸管工具)在图像上单击,可以选择由蒙版显示的区域;用(添加到取样工具)在图像中单击,可以添加颜色;用(从取样中减去工具)在图像中单击,可以减少颜色。

颜色容差:可调整蒙版的容差,控制颜色的选择精度。该值越高,包括的颜色范围越广。

选区/图像：勾选“选区”，可在预览区中显示蒙版。其中黑色代表了未被选择的区域，白色代表了被选择的区域，灰色代表了被部分选择的区域；如果勾选“图像”，则预览区中可显示图像。

替换：设置用于替换的颜色的色相、饱和度和明度。

本地化颜色簇：勾选该项，可使用“范围”滑块以控制要包含在蒙版中的颜色与取样点的最大和最小距离。例如，图像在前景和背景中都包含一束黄色的花，但只想选择前景中的花。勾选该项可对前景中的花进行颜色取样，并缩小范围，以避免选中背景中有相似颜色的花。

★**提示**：按住 Ctrl 键，可以在调整图像中相互切换预览视图。

6.6.4 可选颜色

该命令是高端扫描仪和分色程序使用的一种技术，用于在图像中的每个主要原色成分中更改印刷色数量。使用该命令可以有选择地修改任何主要颜色的印刷色数量，而不会影响其他主要颜色。例如，可以使用可选颜色校正来减少图像绿色图素中的青色，同时保留蓝色图素中的青色不变。执行“图像”→“调整”→“可选颜色”命令可以打开设置对话框。应用效果如图 6-32 所示。

颜色：在该选项下拉列表中可以选择需要调整的颜色。选择颜色后，可拖动“青色”、“洋红”、“黄色”和“黑色”滑块来调整这四种印刷色的数据量。

方法：用来设置色值的调整方式。选“相对”时，可按照总量的百分比修改现有的青色、洋红、黄色或黑色的量；选择“绝对”时，则采用绝对值调整颜色。

6.6.5 色彩平衡命令

色彩平衡命令可以更改图像的总体颜色混合。只有在“通道”调板中选择了复合通道后，此命令才可以使用。执行“图像”→“调整”→“色彩平衡”命令可以打开如图 6-33 所示的对话框。

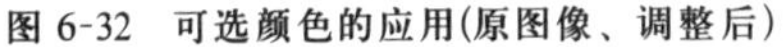

图 6-32 可选颜色的应用(原图像、调整后)

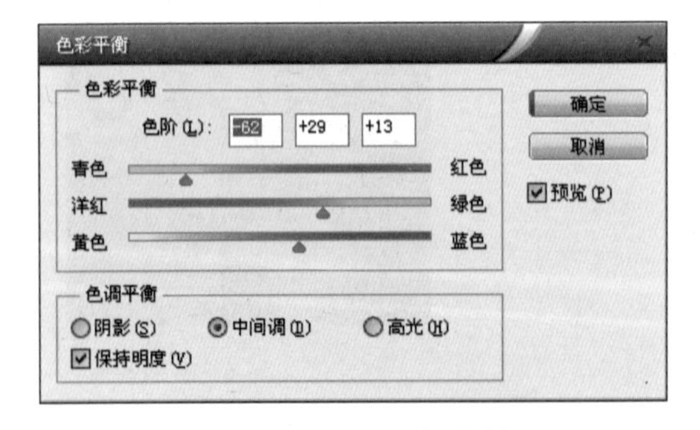

图 6-33 “色彩平衡”对话框

色彩平衡：在“色阶”数值栏中输入数值，或者拖动滑块可向图像中增加或减少颜色。例如，如果将最上面的滑块移向“青色”时，可以在图像中增加青色，减少红色；如果将滑块移向“红色”时，则减少青色，增加红色。

色调平衡：可选择一个色调范围来进行调整，包括“阴影”、“中间调”和“高光”。如果勾选“保持明度”选项，可防止图像的亮度值随颜色的更改而改变，进而保持图像的色调平衡。应用效果如图 6-34 所示。

图 6-34 色彩平衡的应用

6.6.6 去色

执行“去色”命令可以删除图像的颜色，彩色图像将变为黑白图像，但不会改变图像的颜色模式。

6.6.7 照片滤镜

该命令可以模拟通过彩色校正滤境拍摄照片的效果，还允许用户选择预设的颜色或者自定义的颜色向图像应用色相调整。执行“图像”→“调整”→“照片滤镜”命令打开相应的对话框，其中提供了 Photoshop 预设的滤镜和设置选项，如图 6-35 和图 6-36 所示。

滤镜：在该选项下拉列表中可以选择使用的滤镜。Photoshop 可以模拟在相机镜头前面加彩色滤镜，以便调整通过镜头传输的光的色彩平衡和色温。

颜色：单击该选项右侧的颜色块，可以在打开的“拾色器”中设置自定义的滤镜颜色。

浓度：可调整应用到图像中的颜色数量。该值越高，颜色的调整幅度越大。

保留亮度：勾选该项，不会因为添加滤镜而使图像变暗。

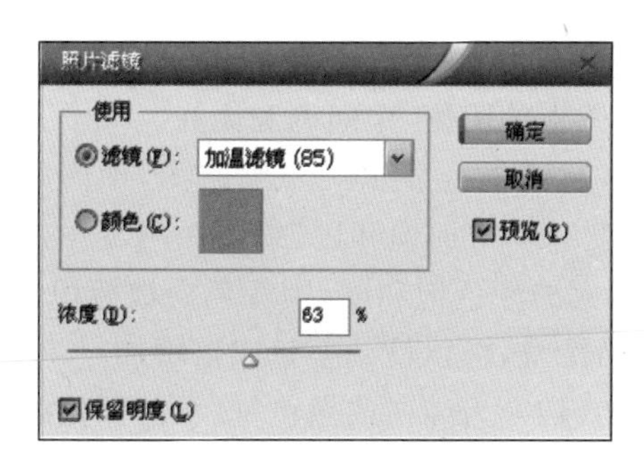

图 6-35 “照片滤镜”对话框

图 6-36 照片滤镜的应用

6.6.8 通道混合器

该命令可以使用图像中现有(源)颜色通道的混合来修改目标(输出)颜色通道,从而控制单个通道的颜色量,并混合到主通道中产生图像合成效果。执行"图像"→"调整"→"通道混合器",可以打开如图 6-37 所示的对话框。

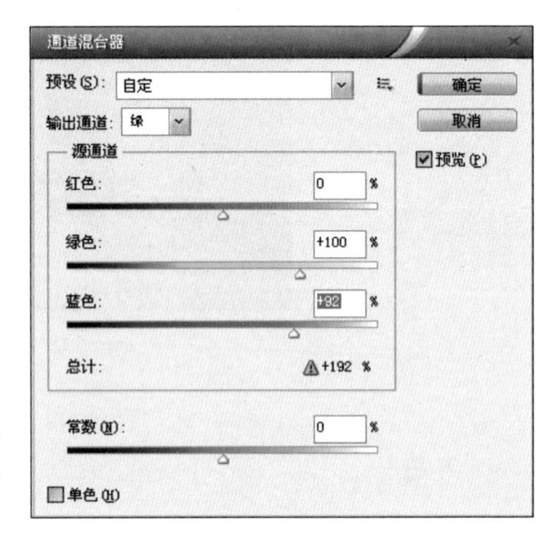

图 6-37 "通道混合器"对话框

预设:该选项的下拉列表中包含了 Photoshop 提供的预设调整设置,可以选择一个设置来直接使用。

输出通道:可以选择要在其中混合一个或多个现有通道的通道。

源通道:用来设置输出通道中源通道所占的百分比。将一个源通道的滑块向左拖移时,可减小该通道在输出通道所占的百分比;向右拖移则增加百分比,负值可以使源通道在被添加到输出通道之前相反。

总计:显示了源通道的总计值。如果合并的通道值高于 100%,Photoshop 会在总计旁边显示一个警告图标。

常数:用来调整输出通道的灰度值。负值增加更多的黑色,正值增加更多的白色。-200%使输出通道成为全黑,+200%使输出通道成为全白。

单色:勾选该项,可将彩色图像变为黑白图像。

6.6.9 变化

该命令适用于不需要精确色彩调整的平均色图像。在使用该命令处理图像时,可以通过图像的缩略图来调整图像的色彩平衡、对比度和饱和度,还可以消除图像的色偏。执行"图像"→"调整"→"变化"命令,可以打开如图 6-38 所示的对话框。

原稿/当前挑选:对话框顶部的"原稿"缩略图显示了原始图像,单击则将图像恢复到调整前状态;"当前挑选"缩略图显示了图像的调整结果。

加深/减少:单击可对图像相关颜色进行微调。

阴影/中间调/高光:选择相应的选项,可以调整图像的阴影、中间调和高光。

饱和度:用来调整图像的饱和度。勾选该项后,对话框会显示三个缩略图,中间的"当前挑选"缩略图显示了调整结果;单击"减少饱和度"和"增加饱和度"缩略图可减少或增加图像的饱和度。在增加饱和度时,如果超出了最大的颜色饱和度,则颜色会被剪切。

精细/粗糙:用来控制每次调整的量,每移动一格滑块,可以使调整量双倍增加。

显示修剪:如果想要显示图像中由调整功能剪切(转换为纯白或黑色)区域的预览效果,可勾选"显示修剪"选项。

图 6-38 “变化”对话框

□技术看板:“变化”命令的原理

“变化”命令是基于色轮来进行颜色调整的。因此,增加一种颜色,将自动减少该颜色的补色。

★提示:该命令不能用于索引颜色的图像。如遇到索引颜色的图像,可将其转换为RGB模式的图像。

6.6.10 HDR 色调

Photoshop CS5 的调整菜单中增加了“HDR 色调”(“图像”→“调整”→“HDR 色调”)命令,无需外挂滤镜,即可轻松制作出 HDR 特效画面。执行该命令,打开如图 6-39 所示的对话框。

HDR 的全称是 High Dynamic Range,即高动态范围,比如高动态范围图像(HDRI)或高动态范围渲染(HDRR)。动态范围是指信号最高和最低值的相对比值。目前的16 位整型格式使用从“0”(黑)到“1”(白)的颜色值,但是不允许所谓的“过范围”值,比如

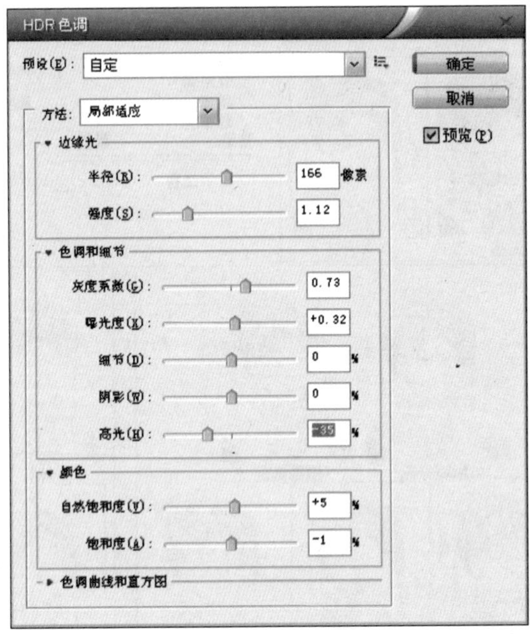

图 6-39 “HDR 色调”对话框

说金属表面比白色还要白的高光处的颜色值。在 HDR 的帮助下，可以使用超出普通范围的颜色值，因而能渲染出更加真实的 3D 场景。

HDR 效果主要有三个特点：

- 亮的地方可以非常亮。
- 暗的地方可以非常暗。
- 亮暗部的细节都很明显。

Radiance(HDR)是一种 32 位通道文件格式，用于高动态范围的图像。此格式最初是针对 Radiance 系统(一种用于在虚拟环境中显示光照的专业工具)开发的。该文件格式存储每个像素的光量，而不是只存储要在屏幕上显示的颜色。Radiance 格式提供的明度级别比 8 位通道图像文件格式中的 256 级要高得多。Radiance(HDR)文件通常在 3D 建模中使用。应用效果如图 6-40 所示。

图 6-40 HDR 色调调整的应用

6.6.11　渐变映射

该命令将相等的图像灰度范围映射到指定的渐变填充色，对话框如图 6-41 所示。

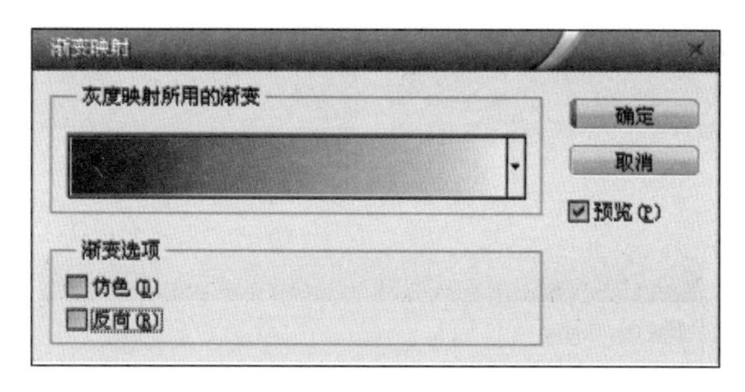

图 6-41　“渐变映射”对话框

如果指定双色渐变填充，则图像中的阴影映射到渐变填充的一个端点颜色，高光映射到另一个端点颜色，而中间调映射到两个端点颜色之间的渐变。应用效果如图 6-42 所示。

图 6-42　渐变映射的应用

★**提示**：勾选“仿色”选项，可添加随机的杂色来平滑渐变填充的外观，减少带宽效应；勾选“反向”选项可切换渐变填充的方向。

6.7　本章基础实例

实例 1　通道混合器应用 1——校正偏色照片

步骤 1：打开照片图像，剪切到新图层。

步骤 2：切换到通道面板，观察蓝色通道缺失。

步骤 3：执行通道混合器命令，打开设置对话框。输出通道参考值(绿：37、100、0)、(蓝：0、150、100)，如图 6-43 所示。

步骤 4：运用色阶调整对比度。色阶调整参数如图 6-44 所示，效果如图 6-45 所示。

★**提示**：该命令只能用于 RGB 模式和 CMYK 模式的图像。

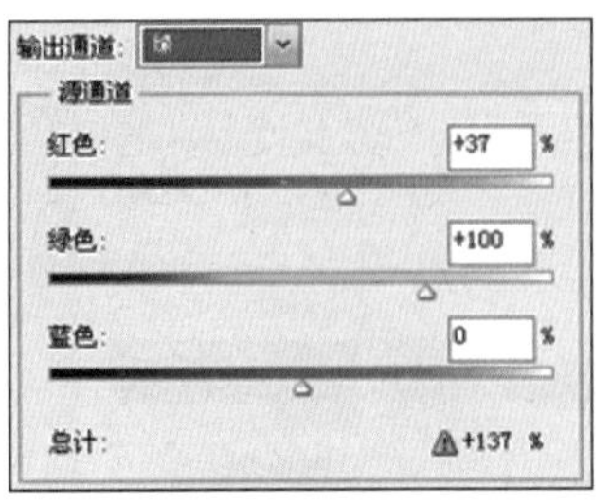

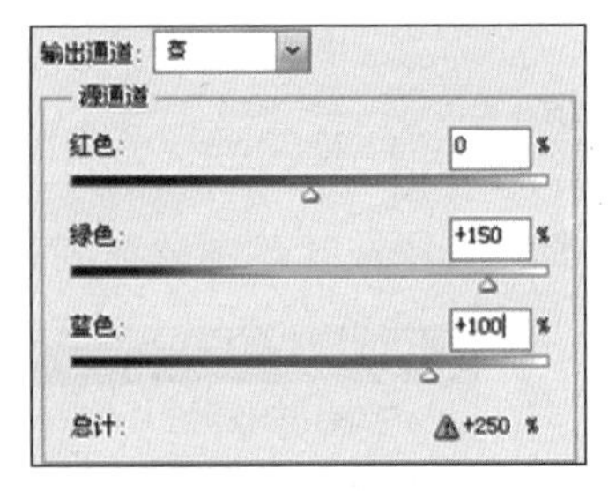

图 6-43　通道混合器参数

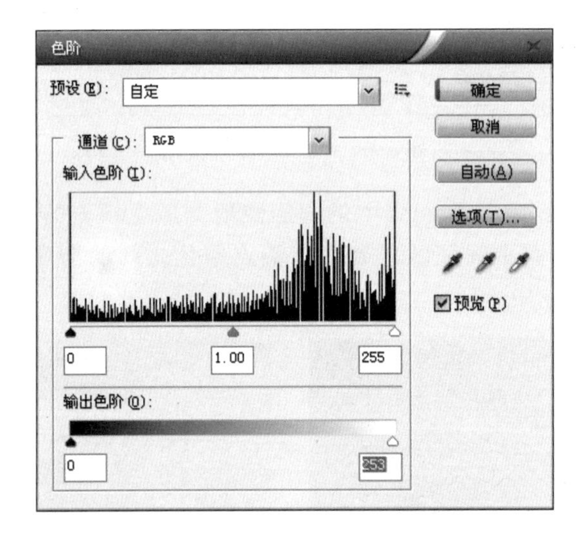

图 6-44　色阶调整参数

图 6-45　素材和校色后的效果

实例 2　通道混合器应用 2——抠图

步骤 1：打开图像，剪切到新图层。添加“反相”调整图层，将图像中的每个像素的亮度值都转换为 256 级颜色值上相反的值，从而创建负片效果。树木的枝干呈现为白色，树枝与背景的色调已经初步分离，如图 6-46 和图 6-47 所示。

步骤 2：新建“通道混合器”调整层，勾选单色。减少通道中的红色，增加输出通道的

图 6-46　树林素材

图 6-47　反相效果

绿色和蓝色(参考值红色：14,绿色：40,蓝色：38,常数：0),进一步分离天空和树林的色调,如图 6-48 所示。

步骤 3：添加“色阶”调整层图,增强色调的差异(参考值：103,0.52,196),使图像中的深色变为黑色,浅色变为白色,如图 6-49 所示。

图 6-48　通道混合器调整

图 6-49　色阶调整

步骤 4：载入高光选区,选取树林。单击添加图层蒙版按钮,换个背景,完成制作,如图 6-50 和图 6-51 所示。

图 6-50　去除背景

图 6-51　合成新背景

实例3　快速蒙版应用——美白牙齿

步骤1：打开素材，为了防止误操作，复制背景层，如图6-52所示。

步骤2：单击快速蒙版工具按钮之后就进入了快速蒙版的工作模式。使用画笔工具，设置画笔(不透明度为41%，流量为46%)，在图中牙齿的位置运行涂抹选中牙齿(用快速蒙版工具来运行选择。它的主要优点是操作简单、快速，对于局部选区非常适合)。

步骤3：恢复到正常的工作模式中，生成牙齿选区。打开"曲线"命令对话框，并向上调整控制点，提亮牙齿。

步骤4：打开"色相/饱和度"命令的对话框。降低黄色的色彩饱和度为－30，提高明度值至＋100。完成效果如图6-53所示。

图6-52　人物素材

图6-53　美白牙齿的效果

★**提示**：应用"减淡工具"，范围选"中间调"，曝光度设置为75%左右。仔细涂抹牙齿，也可以有一定的效果，但有时涂抹出的牙齿显得不是很自然。

实例4——塑料人

步骤1：打开原图，复制一层，执行"图像"→"调整"→"去色"命令。

步骤2：执行"滤镜"→"艺术效果"→"塑料包装"命令打开设置对话框，根据原图降低透明度。

步骤3：调整黑色层的色阶，使图片黑白分明(色阶参考值：88，0.27，192)。

步骤4：按Ctrl＋Alt＋～组合键提取黑白层的高光选区，隐藏当前图层，回到背景图层。

步骤5：把前面得到的高光选取调整曲线，把曲线拉到顶端。

步骤6：调整背景图层的亮度对比度(参考值：亮度＋4，对比度＋7)，素材和结果如图6-54和图6-55所示。

图 6-54 塑料人素材

图 6-55 完成塑料人

实例 5——皱折照片

步骤 1：打开皱折的背景素材，将需要制作的照片拖入背景层，调整尺寸并裁剪，使之与背景边框相配，如图 6-56 所示。

步骤 2：调整色相/饱和度(全图：饱和度－35，明度＋10)。

步骤 3：设置图层混合模式为“柔光”。

步骤 4：色相/饱和度(全图：0，－80，0)。

步骤 5：复制图层，色相饱和度(着色：340，24，0)。

步骤 6：创建新图层，放在最顶端，填充黑色。

步骤 7：反相，执行“滤镜”→“杂色”→“添加杂色”命令(数量 25%，高斯分布)增加陈旧感。设置图层混合模式“正片叠底”。

步骤 8：将边框中的杂色去掉，用橡皮擦工具擦出人物周围的杂色(也可应用图层蒙版)，效果如图 6-57 所示。

图 6-56 原始人物素材

图 6-57 皱折照片效果

实例 6——高级照片调色

步骤 1：打开原始图片素材，创建一个图层，填充色彩：# AE8F8E，图层混合模式设为“柔光”。

步骤 2：创建一个图层，填充白色。图层混合模式设为“柔光”。

步骤 3：新建可选色彩调节图层，对红色及白色执行调节。色彩调节参数如图 6-58 所示。

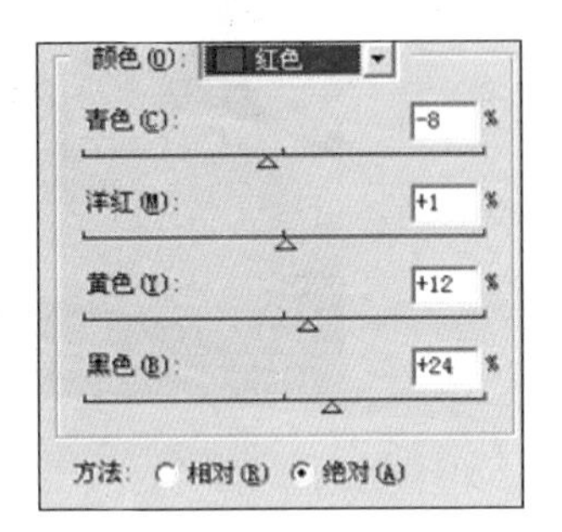

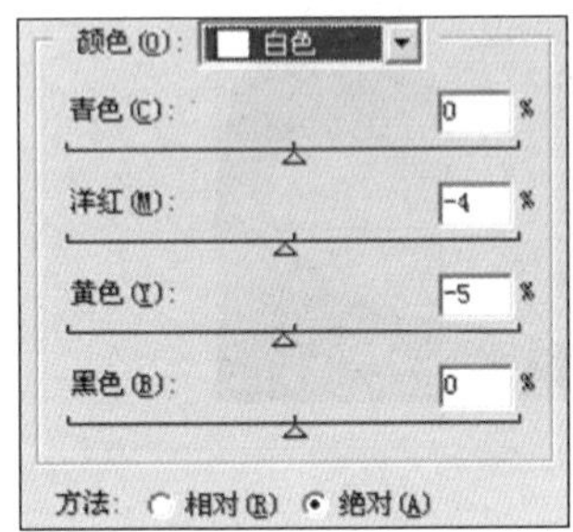

图 6-58　色彩调节参数

步骤 4：创建一个图层，按 Ctrl+Alt+Shift+E 组合键盖印图层，按 Ctrl+Shift+U 组合键去色，然后将图层不透明度改成 50%。

步骤 5：新建“亮度/对比度”调整图层（亮度：0；对比度：26）。

步骤 6：新建“曲线”调整图层，对蓝色执行调节，如图 6-59 所示。

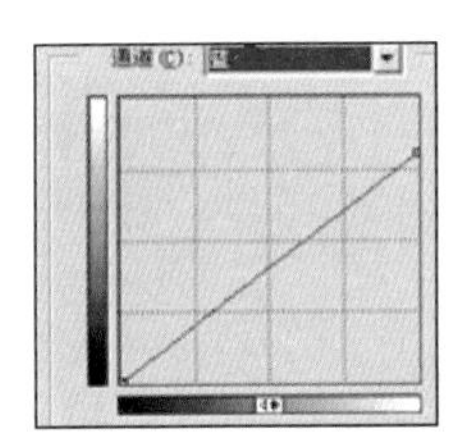

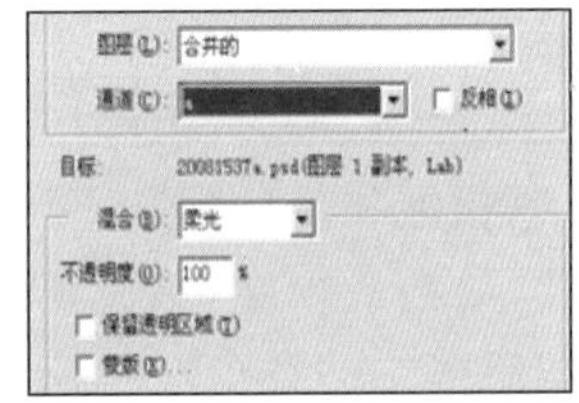

图 6-59　曲线调节

步骤 7：创建一图层，盖印图层，执行“图像”→“模式”→“Lab 色彩”，选取不合并。执行“图像”→“应用图像”，确认后再按 Ctrl+M 调节曲线。

步骤 8：执行“图像”→“模式”→“RGB 颜色”命令，选取不合并。然后新建可选色彩调节图层，如图 6-60 所示。

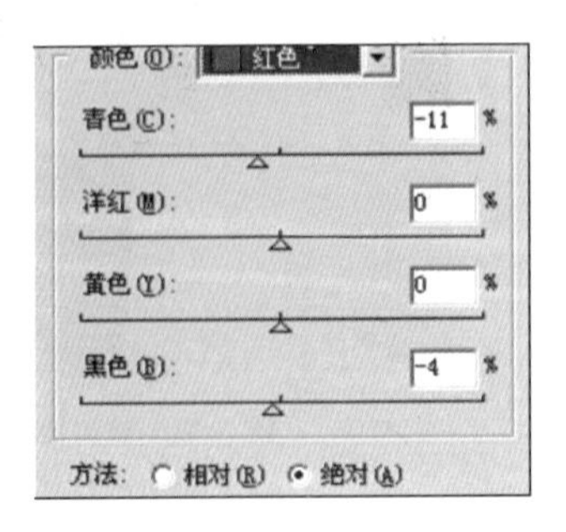

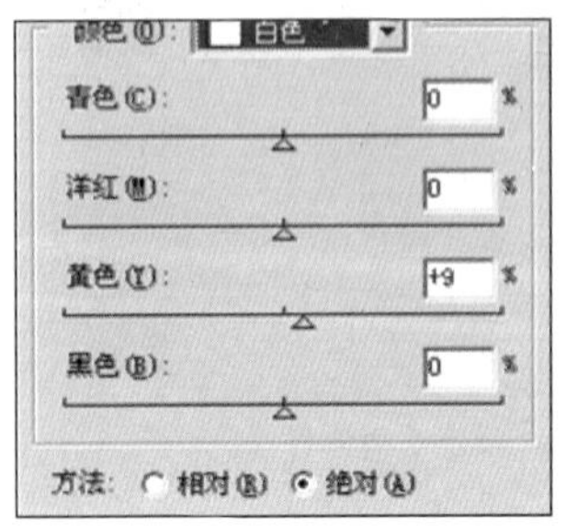

图 6-60　可选颜色

步骤 9：创建图层，盖印图层。图层混合模式改成“正片叠底”，图层不透明度改成 10%。

步骤 10：创建图层，选取渐变工具，色彩设定为黑白，由中央向周围拖出径向渐变。确认后将图层混合模式改成“正片叠底”，图层不透明度改成 30%，添加图层蒙版，用黑色画笔将人物脸部擦出来。

步骤 11：创建图层，盖印图层，给人物磨皮。

步骤 12：新建可选色彩调节图层，如图 6-61 所示。

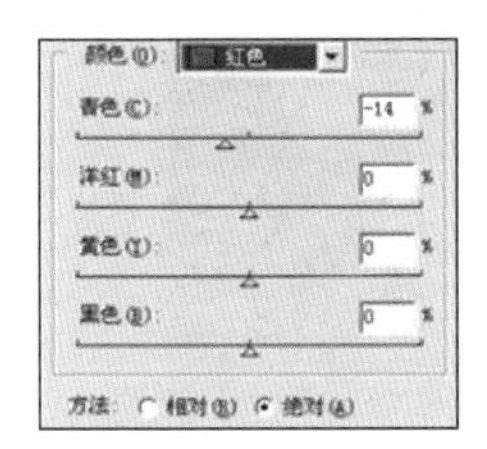

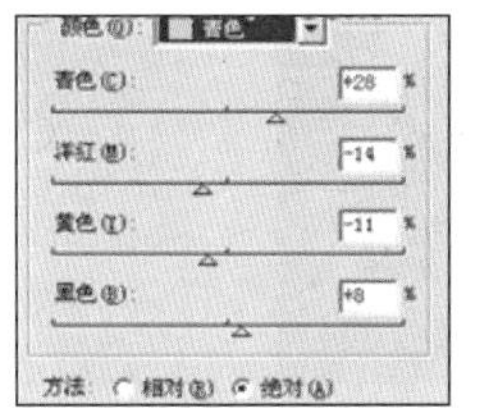

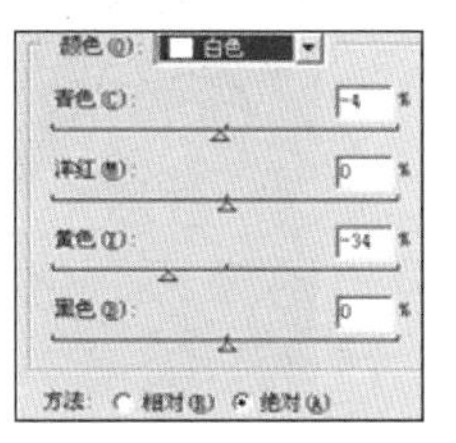

图 6-61 颜色平衡

步骤 13：最终整体调节色彩，处理完成效果如图 6-62 所示。

图 6-62 （原图，校色后效果图）

实例 7——亮丽照片

步骤 1：打开原始图片素材，将背景图层复制一层，图层混合模式改成“滤色”。

步骤 2：新建“曲线”调节图层，略微将整图调亮一些。

步骤 3：新建“可选色彩”调节图层对绿色调节，设定值(青色：－100，洋红：＋53，黄色：＋90，黑色：＋19)。

步骤 4：新建“可选颜色”调节图层对中性色调节，设定值(青色：－34，洋红：－6，黄色：＋32，黑色：0)。

步骤 5：新建“可选颜色”调节图层对黑色调节，设定值(青色：＋26，洋红：＋14，黄色：－7，黑色：＋12)。

步骤 6：新建“亮度/对比度”调节图层，设定值(亮度：－17，对比度：＋26)。

步骤 7：拼合或盖印图层，执行“滤镜”→“锐化”→“USM 锐化”，设定值：120，半径：1.4，确认后完成效果如图 6-63 所示。

图 6-63 （原图、亮丽照片效果）

实例 8——照片校色

步骤 1：建立新图层，填充淡黄色(247,240,197)，图导混合模式为叠加。

步骤 2：复制刚才的黄色图层，添加图层蒙版并擦出黄色小车，避免小车颜色过于鲜亮。

步骤 3：在背景层上添加“亮度/对比度”调整图层，(亮度－20，对比度＋64)；新建“色相/饱和度”调整图层(饱和度－31)。确定明处的最终亮度，以高光处色彩和细节为准，暗处可以先忽略。

步骤 4：复制背景图层，调整“阴影/高光”(阴影：数量 100，色调宽度 33，半径 102，高光：数量 0，色调宽度 50，半径 30，调整：颜色校正＋20，中间调对比度 0，修建黑色 0.01%，修建白色 0.01%)。

步骤 5：复制背景图层调整天空亮度，用该层弥补天空过曝的不足。

步骤 6：调整细节，把天上的电线擦掉，修复画笔仿制图章都行。

步骤 7：拼合图像，微调细节，锐化，效果如图 6-64 所示。

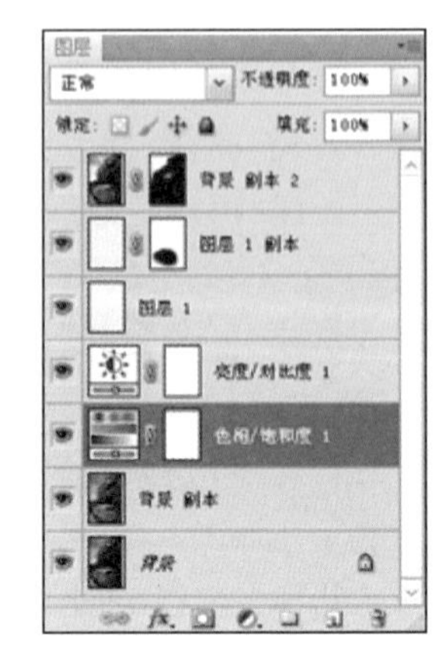

图 6-64 （原图、调亮后效果图、图层面板）

实例 9——插画图片

步骤 1：在 RAW 中调整亮度、对比等，为之后的调整打基础。

步骤 2：加入天空素材，降低透明度，让天空融入到图层中。

步骤 3：新建调整层，可选颜色＞中间色：＋20，＋6，＋7，－4，绝对，稍微统一海水颜色。

步骤 4：颜色填充土黄色，不透明度 54%；颜色填充藏蓝色，不透明度 61%；填充深紫色，不透明度 76%。

步骤 5：细致调整，高光与中间调的选择方法与所得到的蒙版。高光的选择方法：计算（源 1：图层合并图层，灰色通道；源 2：图层合并图层，灰色通道，正片叠底混合，不透明度 100%）。

步骤 6：中间调的选择方法：计算（源 1：合并图层，灰色通道，源 2：合并图层，灰色通道，正片叠底混合，不透明度 100%）。

步骤 7：RGB 通道里得到的蒙版，用曲线调整（高光的调整：黑色线在倒数第二格左边中间线，蓝色线向下调一点；中间调的调整：向上调整一些）。

步骤 8：反射光的蒙版，套索选出选区，羽化，整体提亮。

步骤 9：船上的杂物降低饱和度（饱和度：－36）。

步骤 10：锐化整体，完成制作。原图和效果如图 6-65 所示。

图 6-65 原图和效果图

实例 10——去除杂色条纹

步骤 1：打开素材，复制一层，得到图层 1。进入通道，复制蓝通道，得到蓝副本。

步骤 2：执行“滤镜”→“其他”→“高反差保留”（半径 10 像素）。

步骤 3：对复制通道执行“图像”→“计算”（混合：强光），生成 Alpha1 通道。

步骤 4：重复以上步骤两次，生成 Alpha2 通道、Alpha3 通道。

步骤 5：获取 Alpha3 通道选区，执行“选择”→“修改”→“扩展”（1 像素），执行“选择”→“修改”→“羽化”（1 像素）。

步骤 6：回到图层，反选，创建“曲线”调整图层调亮蓝色通道。

步骤 7：创建新图层，通道混合器（输出通道：蓝；红色－50、绿色＋100、蓝色＋50；常数 0）。

步骤 8：盖印（Ctrl＋Alt＋Shift＋E）可见图层，执行“滤镜”→“模糊”→“高斯模糊”，原图及效果如图 6-66 所示。

图 6-66 （原图、去纹后的效果）

实例 11——人物照片肌肤处理

步骤 1：打开素材，执行“选择”→“色彩范围”命令，选择皮肤，再减去非皮肤部分的选区。

步骤 2：复制到一个新的图层。

步骤 3：执行“滤镜”→“模糊”→“表面模糊”命令，别调节太多，尽量还能留下原来的一些肌理。

步骤 4：降低该图层的透明度，让脸皮依然保有原来的皮肤纹理。

步骤 5：新增色彩平衡调节图层（中间调：－11；0；＋6），在中间调的部分降点红加点蓝，让皮肤更雪白。在亮部的位置再加点红回来，让皮肤看上去白里透红。

步骤 6：新增色相/饱和度的调节图层（＋5；＋15；0），增加颜色的饱和度。

步骤 7：新建图层，运用画笔工具并调节混合模式为“颜色”，添加唇彩。原图及效果如图 6-67 所示。

图 6 67 （原图、肌肤处理后的效果）

实例 12——修正并美化偏色人物照片

步骤 1：打开原图素材，新建图层，填充颜色：#0392FB，图层混合模式改为“柔光”。

步骤 2：把刚才的填充图层复制一层，图层混合模式为“柔光”，图层不透明度改为：20%。

步骤 3：创建渐变映射调整图层，颜色设置为黑白确定后把图层混合模式改为“柔光”，图层不透明度改为：20%。

步骤 4：创建可选颜色调整图层，对红色运行调整，参数设置(青色 15；洋红 0；黄色 0；黑色 0)。

步骤 5：新建图层，按 Ctrl＋Alt＋Shift＋E 盖印图层，按 Ctrl＋Shift＋U 去色，把图层不透明度改为：10%。

步骤 6：新建图层，盖印图层，图层混合模式改为“正片叠底”，图层不透明度改为：40%。

步骤 7：创建通道混合器调整图层，对蓝色输出通道运行调整，参数设置(红色 2，绿色 0，蓝色 100)。

步骤 8：用套索把用红色色块的部分选取出来，创建“色相/饱和度”调整图层，参数设置(全图：色相 5，饱和度－16，明度－2)、(红色通道：色相 11，饱和度－4，明度＋1)。

步骤 9：新建图层，盖印图层，轻微地给人物磨皮，头发部分用涂抹工具涂抹一下。

步骤 10：创建亮度/对比度调整图层，参数(亮度 0；对比度 9)。

步骤 11：新建一个图层，盖印图层，点通道面板把蓝色通道复制一份。然后对蓝色副本运行操作，用黑色画笔把脸部以外的部分涂黑，再曲线调整把对比度调大一点。回到图层面板，调出高光选区，创建曲线调整图层。

步骤 12：创建色彩平衡调整图层，参数设置(中间调：－7；0；＋3)。

步骤 13：新建图层，盖印图层，整体调整颜色，再恰当锐化一下。原图及效果如图 6-68 所示。

图 6-68 （原图、修正偏色的效果）

实例 13——黑白照片上色

步骤 1：打开黑白相片(图像模式为 RGB)，用选取工具选取人物肌肤部分。

步骤 2：对选区执行羽化，设定值为 2。

步骤 3：新建"色相/饱和度"调整图层(全图；色相：28，饱和度：30，明度：0)，为肌肤上色(必须选取着色复选项)。

步骤 4：这时肌肤的高光与暗度不分明。创建图层，按 Ctrl+Shift+Alt+E 盖印图层。之后按住 Ctrl 键单击调节图层的蒙版，载入前面的肌肤选区。反选删除肌肤以外的区域，将图层混合模式改成"强光"，并降低图层的不透明度，做出肌肤的高光质感。

步骤 5：同样方法，选取工具衣服。新建"色相/饱和度"调整图层(全图；色相：200，饱和度：25，明度：0)。

步骤 6：选择裤子部分，新建"色相/饱和度"调整图层(全图；色相：220，饱和度：40，明度：0)。

步骤 7：新建图层，对局部执行精确更改。创建图层，在人物嘴唇处用红色填充。把图层混合模式改成"颜色"，降低不透明度。

步骤 8：新建图层，在眉毛处用黑色涂画。图层模式改成"正片叠底"，降低图层不透明度。获得完成效果，如图 6-69 所示。

图 6-69 (原图、照片上色效果图)

第7章　蒙版与通道

知识要点

- ◆ 矢量蒙版的创建与编辑方法。
- ◆ 将矢量蒙版转换为图层蒙版。
- ◆ 剪贴蒙版的创建方法。
- ◆ 设置剪贴蒙版的不透明度的混合模式。
- ◆ 图层蒙版的原理。
- ◆ 图层蒙版的创建与编辑方法。
- ◆ 掌握“通道”调板。
- ◆ 颜色通道。
- ◆ 通道的创建与编辑方法。
- ◆ Alpha 通道与选区的关系。
- ◆ 专色通道。
- ◆ 通道在抠图中的应用。
- ◆ 通道在图像色彩调整中的应用。
- ◆“应用图像”命令的选项功能。
- ◆“计算”命令的选项功能。

本章导读

在 Photoshop 各种强大的功能中，通道虽然不像图层那样拥有很多参数，但却丝毫不影响它成为 Photoshop 中的核心功能，在精确抠像、质感处理等方面发挥着重要作用。在通道中根据需要将要转换的选区部分处理成为白色，再将其转换为选区。简单来说，通道中的黑色为非选择区域，白色为选择区域，灰色区域的透明程度根据灰度程度决定。学习本章时需重点掌握图层蒙版及通道中存储信息的基本原理。

7.1　矢量蒙版

矢量蒙版是由钢笔或形状工具创建的、与分辨率无关的蒙版。它通过路径和矢量形状来控制图像的显示区域，常用来创建 Logo、按钮、面板或其他 Web 设计元素。

要选择矢量蒙版所在的图层，可执行“图层”→“栅格化”→“矢量蒙版”命令，栅格化矢量蒙版，并将其转换为图层蒙版。

★**提示**：执行“图层”→“矢量蒙版”→“显示全部”命令，可以创建显示全部图像的矢量蒙版；执行“图层”→“矢量蒙版”→“隐藏全部”命令，可以创建隐藏全部图像的矢量蒙版。

7.2 剪贴蒙版

剪贴蒙版是一种非常灵活的蒙版，可以使用下面图层中图像的形状来限制图像的显示范围，通过一个图层来控制多个图层的显示区域。快捷键为 Ctrl＋Alt＋G，剪贴蒙版及图层调板如图 7-1 所示。

图 7-1 剪贴蒙版及图层调板

7.3 图层蒙版

图层蒙版是与分辨率相关的位图图像，是一张标准的 256 级色阶的灰度图像，它是图像合成中应用最为广泛的蒙版。在图层蒙版中，纯白色区域可以遮罩下面图层中的内容，显示当前图层中的图像；蒙版中的纯黑色区域可以遮罩当前图层中的图像，显示出下面图层中的内容；蒙版中的灰色区域会根据其灰度值使当前图层中的图像呈现出不同层次的透明效果。图层蒙版如图 7-2 所示。

图 7-2 图层蒙版

如要隐藏当前图层中的图像，可以使用黑色涂抹蒙版；如要显示当前图层中的图像，可以使用白色涂抹蒙版；如要使当前图层中的图像呈现半透明效果，则可以使用灰色涂抹蒙版。

★提示：执行"图层"→"图层蒙版"→"显示全部"命令，可以创建一个显示图层内容的白色的图层蒙版；执行"图层"→"图层蒙版"→"隐藏全部"命令，可以创建一个隐藏图层内容的黑色的图层蒙版。

7.4 了解通道

在 Photoshop 中，一个图像最多可以包含 56 个通道。"通道"调板用来创建、保存和管理通道。打开一个新的图像时，Photoshop 会在"通道"调板自动创建该图像的颜色信息通道。调板中包含了图像中的所有通道，通道名称的左侧显示了通道内容的缩览图。在编辑通道时缩览图会自动更新，通道调板如图 7-3 所示。

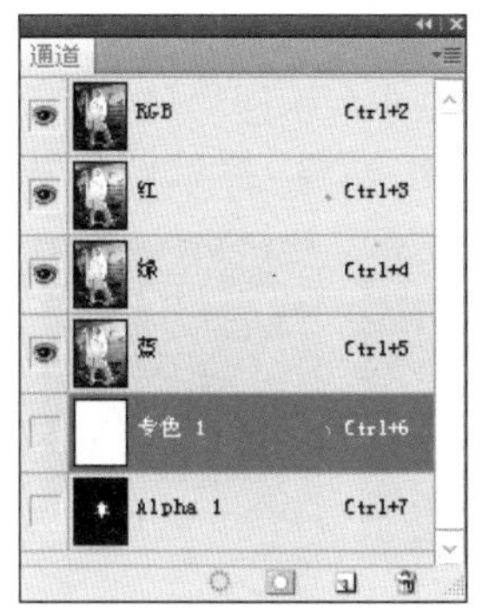

图 7-3 通道调板

只要以支持图像颜色模式的格式存储文件，便会保存颜色通道。DCS 2.0 格式只保留专色通道。只有以 PSD、PDF、PICT、Pixar、TIFF 或 Raw 格式存储文件时，才会保存 Alpha 通道。DCS2.0 格式只保留专色通道。以其他格式存储文件可能会导致通道信息丢失。

复合通道："通道"调板中最先列出的通道是复合通道，在复合通道下可以同时预览和编辑所有的颜色通道。

颜色通道：用于记录图像颜色信息的通道。

专色通道：用来保存专色油墨的通道。

Alpha 通道：用来保存选区的通道。

将通道作为选区载入：载入通道内的选区。

将选区存储为通道：如果图像中创建了选区，单击该按钮，可以将选区保存在通道内。

创建新通道：新建 Alpha 通道。

删除当前通道：用来删除当前选择的通道，复合通道不能被删除。

7.5 通道的类型

Photoshop中包含三种类型的通道，即颜色通道、Alpha通道和专色通道。按下Ctrl＋数字键可以快速选择通道。例如，如果图像为RGB模式，按下Ctrl＋1键可以选择红色通道，按下Ctrl＋2键可以选择绿色通道，按下Ctrl＋3键可以选择蓝色通道，按下Ctrl＋4键可以选择蓝色通道下面的Alpha通道。如果要回到RGB复合通道查看彩色图像，可按Ctrl＋～键。

★**提示**：复合通道和颜色通道不能重命名。

7.5.1 颜色通道

颜色通道是在打开新图像时自动创建的通道，记录了图像的颜色信息。图像的颜色信息模式不同，颜色通道的数量也不相同。RGB图像包含红、绿、蓝和一个用于编辑图像的复合通道，CMYK图像包含青色、洋红、黄色、黑色和一个复合通道；Lab图像包含a、b和一个复合通道；位图、灰度、双色调和索引颜色图像都只有一个通道，如图7-4所示。

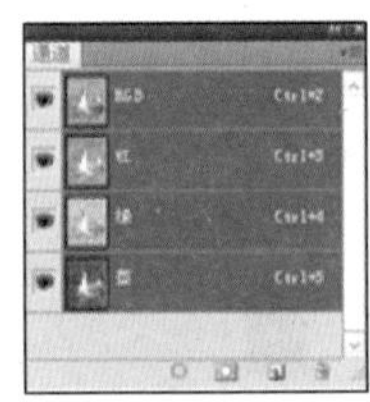
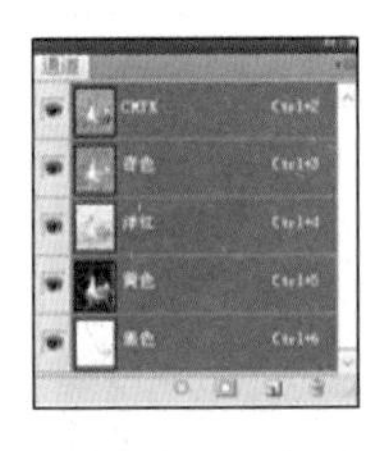
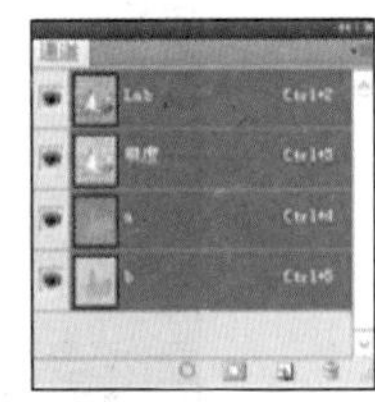

图7-4 通道类型(RGB、CMYK、Lab)

7.5.2 Alpha通道

Alpha通道用来保存选区，它可以将选区存储为灰度图像。可以添加Alpha通道来创建和存储蒙版，这些蒙版用于处理或保护图像的某些部分。Alpha通道与颜色通道不同，它不会直接影响图像的颜色。在Alpha通道中，白色代表被选择的区域；黑色代表未被选择的区域；灰色代表被部分选择的区域，即羽化的区域。用白色涂抹通道可以扩大警告的范围，用黑色涂抹可收缩选区的范围，用灰色涂抹可以增加羽化的范围。

7.5.3 专色通道

专色通道是一种特殊的通道，它用来存储专色。专色是用于替代或补充印刷色(CMYK)的特殊预混油墨，例如金属质感的油墨、荧光油墨等。“新建专色通道”对话框如图7-5所示。

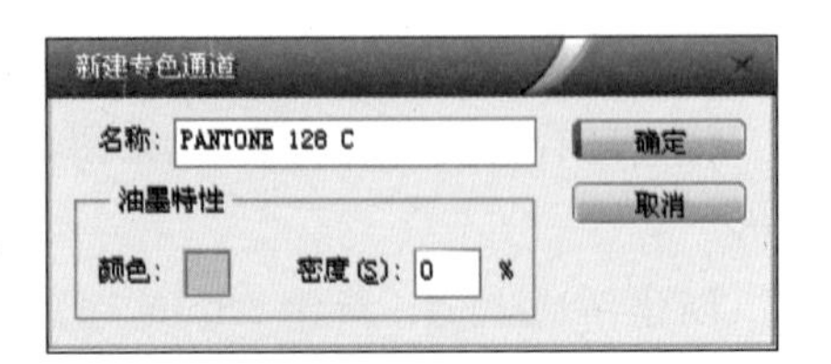

图7-5 “新建专色通道”对话框

建立专色通道的方法如下。

（1）单击通道面板旁边的三角图标，在弹出的菜单下拉菜单中选中“新专色通道”后，会出现一个对话框。输入专色通道的名称，然后设置颜色与实色数值即可（实色表示专色的透明度，也称为硬度）。在通道中，白色位置表示没有颜色，黑色即专色油墨。PANTONE 颜色库如图 7-6 所示。

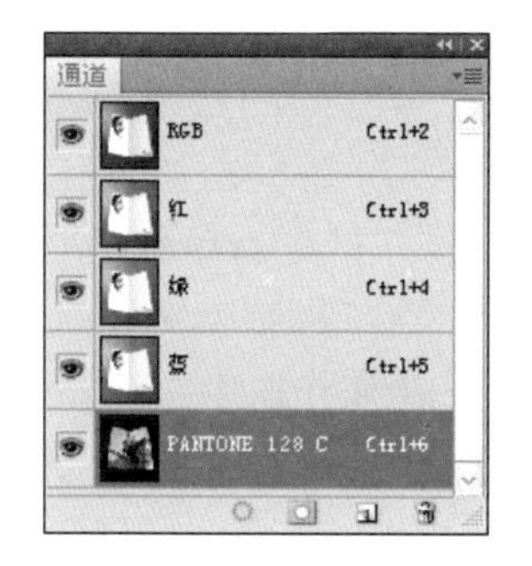

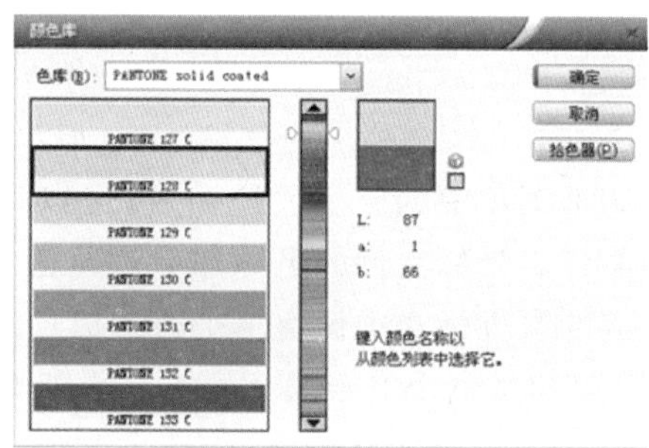

图 7-6　PANTONE 颜色库

（2）双击 Alpha 通道会出现一个对话框。在色彩指示中选择专色，并选择相应的颜色，即可把 Alpha 通道转换成专色通道。

（3）按 Ctrl 键并单击通道调板的新建通道按钮。

在通道调板中选中专色通道后，从调板菜单中选取“合并专色通道”则专色合并为颜色通道。CMYK 油墨无法重现专色通道的色彩范围，因此色彩信息会有所损失。最后把文件存储为 PSD、TIFF、DCS2.0 EPS 格式时，可保留专色通道，如图 7-7 所示。

图 7-7　专色通道应用(素材、完成效果)

★提示：在专色的设置过程中会有关于陷印的问题。在建立专色的同时为了把重要信息显露出来，要把专色的某部分挖空。由于印刷精度的问题，专色板和四色板不能很好地重合在一起，在挖空部分的边缘可能会出现白边，因此在挖空时要把理论范围的选区缩小 1～2 个像素，使专色部分与印刷色部分有 1～2 个像素左右的重合。

7.6　编辑通道

通道中的白色区域可以作为选区载入，黑色区域不能载入为选区，灰色部分可载入带有羽化效果的选区。

7.6.1 用原色显示通道

默认状态下，“通道”调板中的颜色通道显示为灰色。执行“编辑”→“首选项”→“界面”命令，打开道选项对话框，勾选“用彩色显示通道”选项，就可用彩色方式显示。

7.6.2 分离通道

执行通道调板菜单中的分离通道命令，可以将通道分离成为单独的灰度图像文件，其标题栏中的文件名为原文件的名称加上该通道名称的缩写，而原文件则被关闭。需要在不能保留通道的文件格式中保留单个通道信息时，分离通道非常有用。

★**提示**：分离通道命令只能用于分离拼合后的图像，分层的图像不能进行分离通道的操作。

7.7 通道与抠图

在选取这些复杂的对象时，往往需要使用通道来制作选区。通道除了用于保存选区外，还是编辑选区的重要场所。可以使用各种绘画工具、选择工具和滤镜来编辑通道，从而得到精确的选区。Photoshop 中两个最重要的选择命令“应用图像”和“计算”命令就是通过改造来制作选区的。应用效果如图 7-8 所示。

图 7-8　通道抠图应用效果(素材、完成效果)

7.7.1 通道与色彩调整

在“通道”调板中，颜色通道记录了图像的颜色信息。如果对颜色通道进行调整，将影响图像的颜色。一个 RGB 模式的图像中，较亮的通道表示图像中包含大量的该颜色，而较暗的通道则说明图像中缺少该颜色。如果要在图像中增加某种颜色，可将相应的通道调亮；如果要减少某种颜色，则可将相应的通道调暗。应用效果如图 7-9 所示。

图 7-9 通道调色应用效果

★**提示**：CMYK 模式与 RGB 模式正好相反。在 CMYK 模式的图像中，较亮的通道表示图像中缺少该颜色，而较暗的通道则说明图像中包含大量的该颜色。因此，如果要增加某种颜色，则需要将相应的通道调暗；而要减少某种颜色，则应将相应的通道调亮。

7.7.2 “应用图像”命令

“应用图像”命令可以将一个图像的图层和通道（源）与当前图像（目标）的图层和通道混合。该命令与混合模式的关系密切，常用来创建特殊的图像合成效果，或者用来制作选区。

执行“图像”→“应用图像”命令打开图 7-10 的对话框，分为“源”、“目标”和“混合”三部分。“源”是指参与混合的对象，“目标”是指被混合的对象（执行该命令前选择的图层或者通道），而“混合”则用来控制“源”对象与“目标”对象如何混合。应用图像实例如图 7-11 所示。

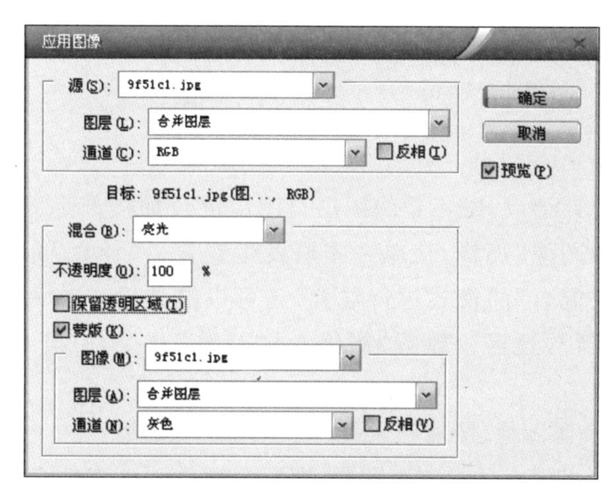

图 7-10 “应用图像”对话框

源：默认设置为当前的文件。在选项的下拉列表中也可以选择使用其他文件来与当前图像混合。选择的文件必须是已经打开，并且与当前文件具有相同尺寸和分辨率的图像。

图 7-11 应用图像实例

图层：如果源文件为分层的文件，可在该选项下拉列表中选择源图像文件的一个图层来参与混合。要使用源图像中的所有图层，可勾选“合并图层”选项。

“应用图像”命令的特别之处是必须在执行该项命令前选择被混合的目标文件。被混合的目标文件可以是图层，也可以是通道。但无论是哪一种，都必须在执行该命令前首先将其选择。

混合：通过设置混合模式才能混合通道或者图层。“应用图像”命令还包含“图层”调板中没有的两个附加混合模式，即“相加”和“减去”。“相加”模式可以增加两个通道中的像素值，这是在两个通道中组合非重叠图像的好方法；“减去”模式可以从目标通道中相应的像素上减去源通道中的像素值。

不透明度：如果要控制通道或者图层混合效果的强度，可以调整“不透明度”值。该值越高，混合的强度越大。

蒙版：如勾选该项，则显示出扩展面板。然后选择包含蒙版的图像和图层。对于“通道”，可以选择任何颜色通道或 Alpha 通道作为蒙版，也可使用基于现用选区或选中图层(透明区域)边界的蒙版。选择“反相”反转通道的蒙版区域和未蒙版区域。

7.7.3 “计算”命令

“计算”命令的计算结果，既不是像图层与图层混合那样产生图层混合的视觉上的变化，也不是像“应用图像”那样，使单一图层发生变化。“计算”命令的实质是在通道与通道间，采用“图层混合”的模式进行混合，还可以混合两个来源的一个或多个源图像的单个通道，产生新的选区。执行“图像”→“计算”命令，打开如图 7-12 所示的对话框。

源 1：选择第一个源图像、图层和通道。

源 2：选择与“源 1”混合的第二个图像、图层和通道。该文件必须是打开的，并且与“源 1”的图像具有相同尺寸和分辨率。应用效果如图 7-13 所示。

结果：在该选项的下拉列表中可以选择计算的结果。选择“通道”，计算结果将应用到新的通道中，参与混合的两个通道不会受到任何影响；选择“文档”，可得到一个新的黑白图像；选择“选区”，可得到一个新的选区。

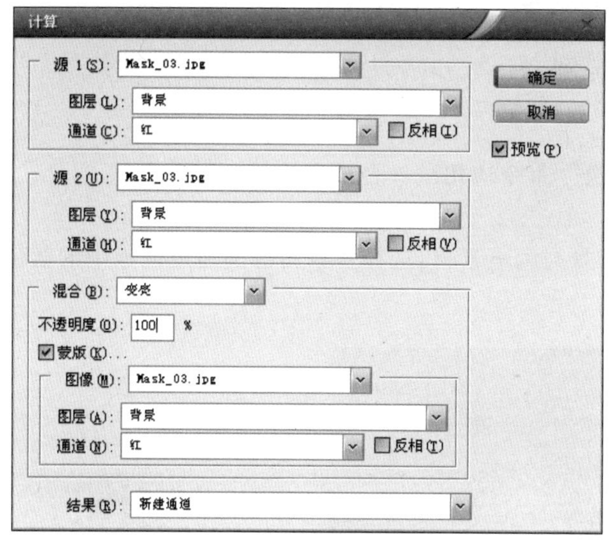

图 7-12 “计算”对话框

图 7-13 应用效果(素材、效果图)

★**提示**:“计算”命令对话框中的“图层”、“通道”、“混合”、“不透明度”和“蒙版”等选项与“应用图像”命令对话框中相应选项的作用相同。

7.8 渐隐命令

使用画笔、滤镜修改图像,或者进行填充、颜色调整、添加图层效果等操作之后,立刻执行“编辑”→“渐隐”命令,可以修改该操作的不透明度和混合模式。“渐隐”对话框如图 7-14 所示。

复制通道中的图像并粘贴在原通道内,执行“渐隐”命令后可将粘贴的图像与原通道的图像进行混合。设置不同的混合模式和可完善选区,进而抠取图像。

图 7-14 “渐隐”对话框

7.9 本章基础实例

实例 1 “应用图像”命令应用——合成闪电

步骤 1：打开背景与闪电素材，选择背景图像的通道调板中的蓝色通道，如图 7-15 和图 7-16 所示。

图 7-15 背景素材

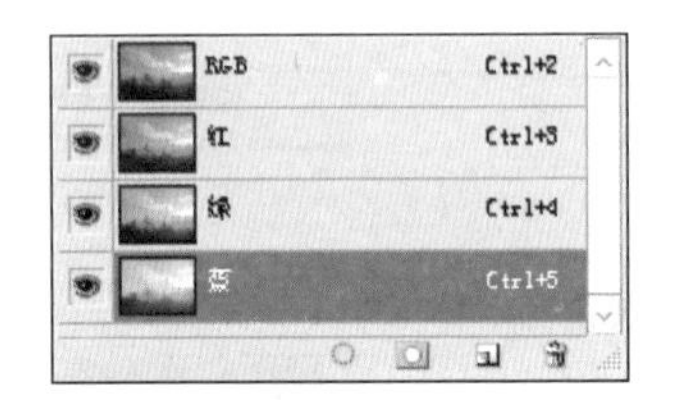

图 7-16 通道面板

步骤 2：执行“图像”→“应用图像”命令，设置源为“闪电.jpg”，通道为“蓝”，混合模式为“强光”，不透明度为 100%。“应用图像”对话框如图 7-17 所示。

步骤 3：按住 Ctrl 键用鼠标单击蓝色通道获取选区，回到图层调板，新建图层，填充白色，添加蒙版遮盖，完成效果如图 7-18 所示。

图 7-17 “应用图像”对话框

图 7-18 加入闪电效果

实例 2 图层蒙版应用——墨足

步骤 1：新建文档，打开素材 1 与素材 2 并拖入。

步骤 2：变换图片角度，让泼墨和人物处在比较一致的地方，随后降低泼墨图像的透明度（可看到脚步照片，更好地执行地方调节，做完后将透明度调成 100%）。

步骤3：在泼墨照片上运用照片蒙版，运用软笔刷执行涂画，和人脚很好地融合，必要时也可用图章工具修补色彩，把人和泼墨照片融合在一起，如图7-19所示。

步骤4：用套索工具实现可覆盖泼墨照片的图层，创建一个图层，运用套索工具随便勾出一片大于泼墨照片的选择，随后用滴管工具点选裤子部分的色彩，用这个色彩填充套索选区区域。将图层混合模式改为“颜色”，如图7-20所示。

图7-19　变形调整

图7-20　上色

步骤5：运用图层混合模式把泼墨照片的色彩变化成裤子的色彩。可运用剪贴蒙版，让色彩只影响泼墨照片部分，如图7-21所示。

步骤6：运用同样的泼墨照片把人物手臂效果改为和脚步相同的效果。因为手臂相对较细，因此可对泼墨照片的大小执行调节，以迎合手臂的特点。完成效果如图7-22所示。

图7-21　变换开关

图7-22　调整后完成效果

实例3　通道应用1——空中城堡

步骤1：打开天空素材，加入泥巴素材，并调整好位置及图层顺序，如图7-23所示。

步骤2：拖入草地、流水和挂藤等素材图片，用图层蒙版处理结合部，完成群组，效果如图7-24所示。

步骤3：隐藏巨石与楼阁所在图层。打开通道调板，复制红色通道，并使用“色阶”命令调整其对比度。按Ctrl键单击缩略图获取该通道选区，如图7-25和图7-26所示。

步骤4：显示泥巴、草地所在图层，选中后创建图层蒙版，并对创建的图层蒙版执行“图像”→“调整”→“反相”命令。

图 7-23　加入泥巴素材

图 7-24　添加挂藤

图 7-25　获取云形选区

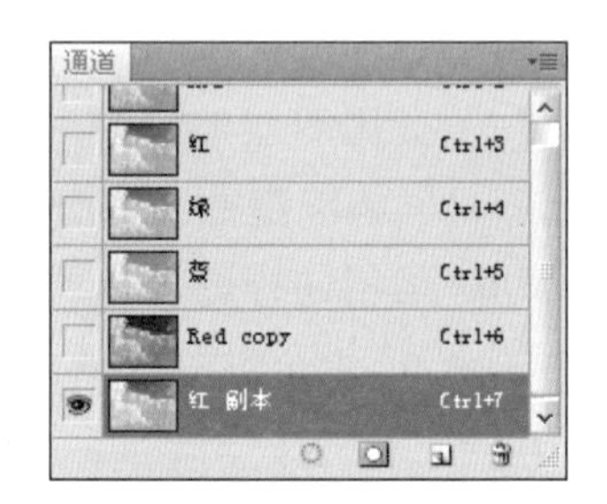

图 7-26　复制红色通道

步骤 5：拖入城堡素材，按 Alt 键选中泥巴所在图层的图层蒙版缩略图，拖动到城堡所在图层。复制图层蒙版，再加入飞鸟，完成效果如图 7-27 和图 7-28 所示。

图 7-27　完成空中城堡

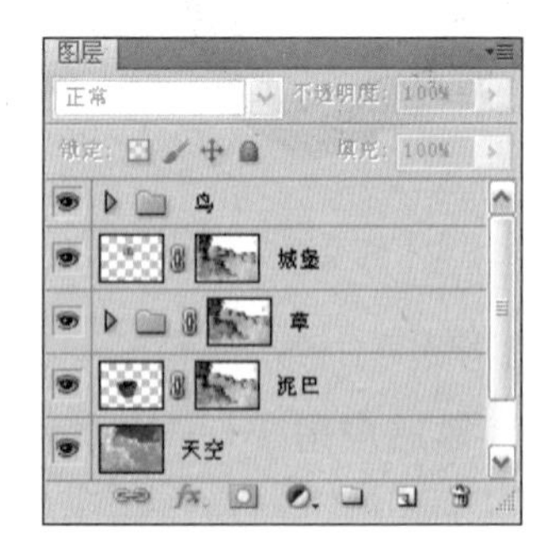

图 7-28　添加云形遮罩

实例 4　通道应用 2——透明抠图

步骤 1：打开蜻蜓素材图片，复制蓝色通道，如图 7-29 和图 7-30 所示。

步骤 2：对“蓝副本”通道执行“反相”命令，再执行“色阶”命令(参考值：37、1.00、255)

图 7-29 蜻蜓素材

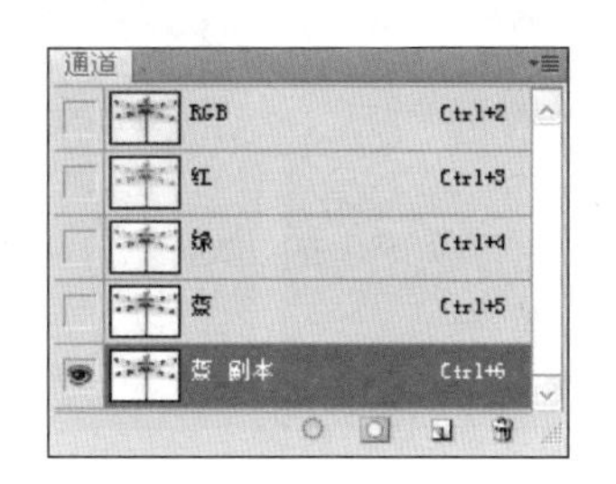

图 7-30 复制蓝色通道

或用设置黑场吸管在蜻蜓翅膀下面的灰色区域单击，使其呈现黑色，如图 7-31 和图 7-32 所示。

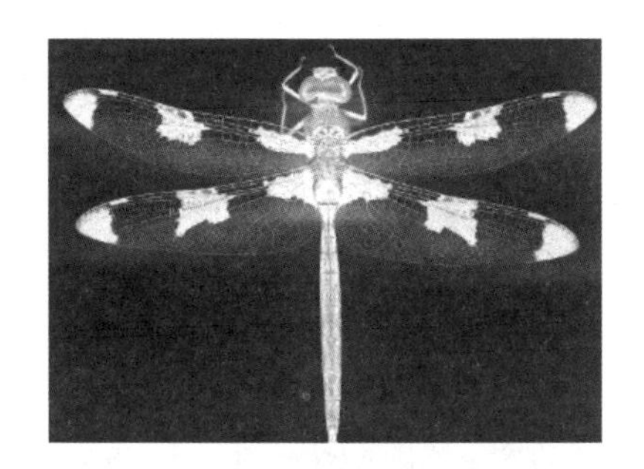

图 7-31 反相

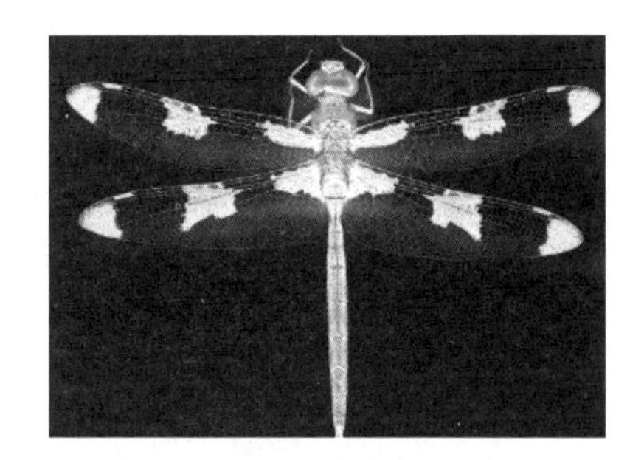

图 7-32 处理通道

步骤 3：选择反套索工具，设置羽化值为 10 像素，在蜻蜓的身体部分创建选区。按下 Ctrl+M 键打开“曲线”对话框，调整选区内图像的灰度层次，如图 7-33 和图 7-34 所示。

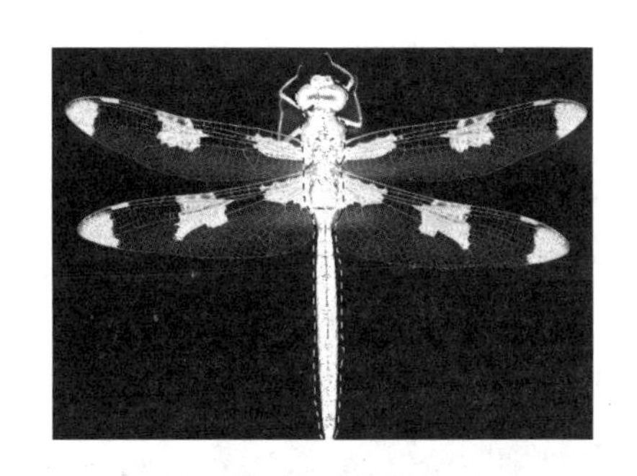

图 7-33 绘制通道

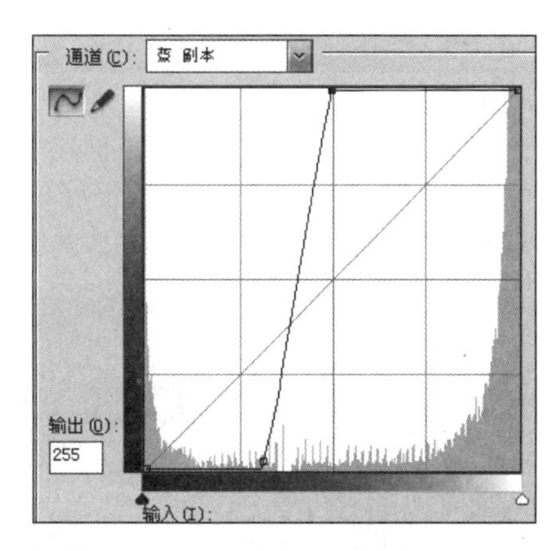

图 7-34 调整蓝通道副本

步骤 4：选择画笔工具，设置前景色为白色，对蜻蜓不透明的区域进行涂抹；更改画笔的不透明度，对翅膀上半透明的区域进行涂抹，如图 7-35 所示。

步骤 5：按 Ctrl 键单击通道获取选区，复制到背景图像，调整大小及位置，完成操作后如图 7-36 所示。

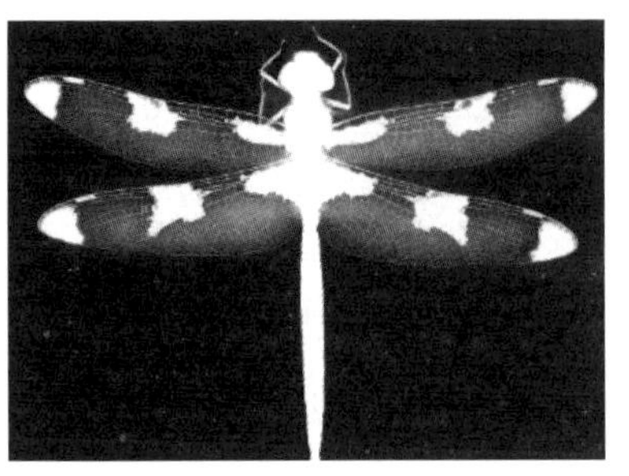

图 7-35　完成通道操作

图 7-36　合成蜻蜓新背景

7.10　本章综合实例

实例 1　创意合成——草原天马

步骤 1：打开背景素材，拖入云素材并添加图层蒙版处理接合部，如图 7-37 所示。

步骤 2：添加"色相/饱和度"调整图层（色相：46，饱和度：56，着色），与云图层进行剪切编组，如图 7-38 所示。

图 7-37　合成背景

图 7-38　添加调整图层

步骤 3：加入马素材图片，调整好位置和大小，如图 7-39 所示。

步骤 4：去色，反相，用选择工具选取较暗区域，用色阶调整提高亮度，如图 7-40 所示。

图 7-39　加入马素材

图 7-40　绘制选区

步骤 5：新建图层用硬度为 0 的金黄色画笔在画面中心点一下，用添加"杂色滤镜"和"径向模糊"滤镜制作太阳光线；缩小画笔，设置硬度为 50%。在光线中心单击制作太

阳,群组太阳和光线图层,如图 7-41 和图 7-42 所示。

图 7-41 调整亮度

图 7-42 图层面板

步骤 6：在马的图层上添加“外发光”样式,设置图层混合模式为“划分”,如图 7-43 所示。

步骤 7：在“太阳”群组图层上新建图层,用“橙-黄-橙”线性渐变垂直填充。设置图层混合模式为“颜色”,如图 7-44 所示。

步骤 8：在“马”的图层下面新建图层,取得“马”图层选区。用“橙-黄-橙”线性渐变水平填充。设置图层不透明度为 50%;用色阶调亮背景层。添加热气球完成制作,如图 7-45 所示。

图 7-43 外发光样式

图 7-44 渐变调整图层

图 7-45 完成空中奔马效果

实例 2 水墨传奇——芭蕾舞者

步骤 1：打开水墨素材图片,拖入水墨荷花素材,调整位置到左下角,添加图层蒙版处理右、上边缘,如图 7-46 所示。

步骤 2：新建图层,设置前景色与背景色为默认值。用“滤镜”→“渲染”→“云彩”和“滤镜”→“扭曲”→“水波”滤镜制作环形水波效果,如图 7-47 所示。

图 7-46　水墨素材

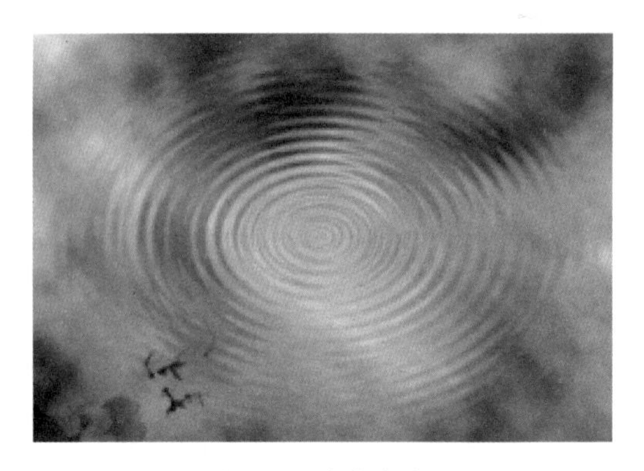

图 7-47　制作水波

步骤 3：用变形工具组将“环形水波”调整为透视效果；设置图层混合模式为线性光，复制一层加强效果，如图 7-48 所示。

步骤 4：打开人物和花的素材图片，选择并拖入形成新的图层。将花的图层混合模式设置为“亮光”，如图 7-49 所示。

图 7-48　调整水波

图 7-49　加入人物、花

步骤 5：用通道选择“纱”素材图片中的红纱并拖入画面，去色后设置图层不透明度为 18%；选择书法中的“舞”字并拖入画面，添加外发光、渐变叠加图层样式；加入印章；添加边框，完成效果如图 7-50 所示。

图 7-50　水墨舞完成效果

第 8 章　矢量工具与路径

知识要点

- 了解位图和矢量图的特征。
- 了解形状图路径和填充像素的区别。
- 学习用钢笔工具和形状工具创建矢量对象。
- 学习编辑锚点和路径。
- 创建自定义形状。
- 掌握路径运算的方法。
- 掌握填充路径与描边路径的方法。
- 了解如何输出剪贴路径。

本章导读

Photoshop 提供了丰富且强大的绘图工具，例如画笔、钢笔及描边等，以便于根据需要绘制出各种图像内容。路径工具具有“一专多能”的特点，不仅可以制作精确选区，而且还可以绘制图像与制作丰富的线条特效，需要重点掌握。

8.1　矢量工具的创建

Photoshop 中的矢量工具可以创建不同类型的对象，包括形状图层、工作路径和填充像素。选择矢量工具后，在工具选项栏中按下相应的按钮，指定一种绘制模式，才能进行操作。图 8-1 为钢笔工具选项栏中包含的绘制模式。

图 8-1　钢笔工具选项栏

8.1.1　形状图层

按下工具选项栏中的形状图层按钮，可在单独的形状图层中创建形状。形状图层由填充区域和形状两部分组成。填充区域定义了形状的颜色、图案和图层的不透明度。形状是一个矢量蒙版，它定义了图像显示和隐藏区域。

8.1.2 工作路径

按下路径按钮，可绘制工作路径。它也出现在"路径"调板中。创建工作路径后，可以使用它来创建选区、矢量蒙版；或者对路径进行填充和描边，从而得到光栅化的图像。在通过绘制路径选取对象时，需要按下该按钮。

8.1.3 填充区域

按下填充像素按钮，绘制的将是光栅化的图像，而不是矢量图形。在创建填充区域时，Photoshop 使用前景色作为颜色。此时"路径"调板中不会创建工作路径，"图层"调板中可以创建光栅化的图像，但不会创建形状图层。该选项不能用于钢笔工具，只有使用各种形状工具时(矩形工具、椭圆工具、自定形状等工具)，才能按下该按钮。

★**提示**：在 Photoshop 中，可以保存矢量内容的文件为 PSD、TIFF 和 PDF 格式。

8.2 路径与锚点

要想掌握 Photoshop 的矢量工具，例如钢笔工具和形状工具等，必须要了解路径与锚点。下面就介绍路径与锚点的特征以及它们之间的关系。路径是可转换为选区或进行填充和描边的轮廓。它既可以转换为选区，也可以实现画笔描边的效果。

路径分为两种：一种是包含起点和终点的开放式路径，另一种是没有起点和终点的闭合式路径。由于路径是矢量对象，不包含像素，因此，没有进行填充或者描边处理的路径是不能被打印出来的。

路径是由一个或多个直线路径段或者曲线路径组成的，而用来连接这些路径段的对象便是锚点。锚点分为两种：一种是平滑点，另一种是角点。平滑点连接可以形成平滑的曲线，角点连接可以形成直线或者转角曲线。

角点：由钢笔工具创建，是一个路径中两条线段的交点。

平滑点：拖动一个角点，将把角点转换成一个带手柄的平滑点。它可使一个线段与另一个线段以弧线方式连接。

拐点：画完一条曲线段后，按 Alt 键拖动刚建立的平滑点，将平滑点转换成带有两个独立手柄的角点。然后在不同的位置再拖动一次，将创建一个与先前曲线弧度相反的曲线段。在这两个曲线段之间的点称之为拐点。

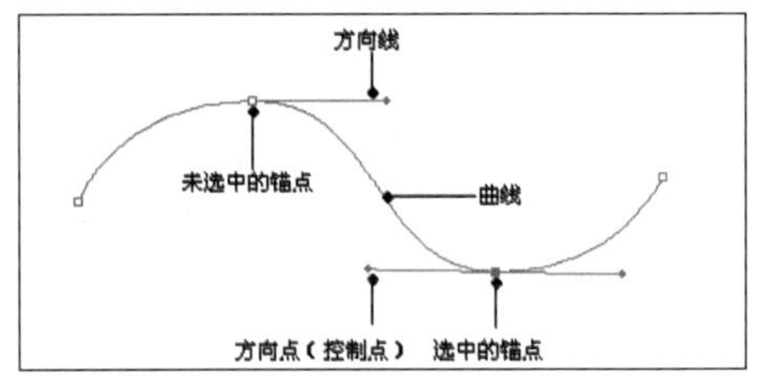

图 8-2 曲线段

直线段：使用钢笔工具在图像中单击两个不同的位置，将在两点之间创建一条直线段。如果按住 Shift 键再建立一个点，则新创建的线段与以前的直线段形成 45°角。

曲线段：拖动两个角点形成两个平滑点，位于平滑点之间的线段就是曲线段，如图 8-2

所示。

曲线段上的锚点都包含方向线。方向线的端点为方向点，方向线和方向点的位置决定了曲线的形状。当移动平滑点上的方向线时，将同时调整平滑点两侧的曲线路径段；移动角点上的方向线时，则只调整方向线同侧的曲线路径段。

8.3 钢笔工具

钢笔工具可以创建精确的直线和曲线路径。它在Photoshop中主要有两种用途：一是绘制矢量图形，二是选取对象。作为选取工具使用时，钢笔工具描绘的轮廓光滑、准确，是最为精确的选取工具之一。

8.3.1 钢笔选项

在图像中每单击一下鼠标左键将创建一个定位点，而这个定位点将和上一个定位点自动用直线连接。双击钢笔工具，将调出Pen Options面板，这个面板中只有Rubber Band一项可供选择。如果选择了该项，则移动鼠标时，在鼠标的指针上将出现一条随鼠标移动并及时更新的直线，这仅是一个预览。

选择钢笔工具后，在工具选项栏中单击自定形状工具右侧的按钮，可以打开"钢笔选项"下拉菜单，其中有一个"橡皮带"的选项。勾选该项后，在绘制路径时，可以预先看到将要创建的路径段，从而判断出路径的走向，如图8-3所示。

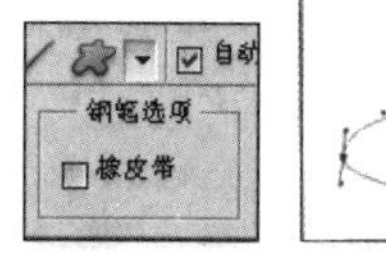

图8-3 "橡皮带"选项与应用

8.3.2 自由钢笔工具

自由钢笔工具用来绘制比较随意的图形，特点和使用方法与套索工具非常相似。当在图像中创建出第一个关键点后，就可以任意拖动鼠标光标来创建形状极不规则的路径了，释放鼠标时，路径的创建过程就完成了。在Freeform Pen Options面板中，有一个Curve Fit选项，用于设定沿鼠标拖动轨迹生成的贝塞尔曲线与路径之间的最大误差，以Pixel(像素点)为单位，设定的数值越小，生成的路径精度越高。按住Ctrl键，将把磁性钢笔工具切换成箭头工具；按住Alt键，把鼠标光标移动到一个关键点上，任意钢笔工具将暂时切换成角工具。

8.3.3 磁性钢笔工具

类似于磁性套索工具，所不同的是它创建的是路径，而不是选择区域。从某些方面来说，磁性钢笔工具的功能要比磁性套索工具要强一些。因为使用磁性套索工具，一旦完成了选择操作，就不能再修改，有些选择区域可能偏差比较大一些。而磁性钢笔工具就不同了。它在完成一次路径设定后，将在路径控制面板中形成一条路径，可以再使用其他的路径工具进行修改。例如使用角工具来调整路径的弧度，以使它更加精密地“附着”在弧度很强的一些区域上。按住 Alt 键，将把磁性钢笔工具暂时换成钢笔工具；按住 Ctrl 键，把磁性钢笔工具切换成箭头工具；按住 Alt 键，把鼠标光标移动到一个关键点上，磁性钢笔工具将暂时切换成角工具。

选择自由钢笔工具后，在工具选项栏中勾选“磁性的”选项，可将自由钢笔工具变为磁性钢笔工具。其特点和使用方法与磁性套索工具非常相似，如图 8-4 所示。

单击工具选项栏中的按钮，可以打开下拉调板，其中“曲线拟合”和“钢笔压力”选项是自由钢笔工具和磁性钢笔工具的共同选项，而“磁性的”选项则用来控制磁性钢笔工具的性能，如图 8-5 所示。

图 8-4　磁性钢笔工具的应用

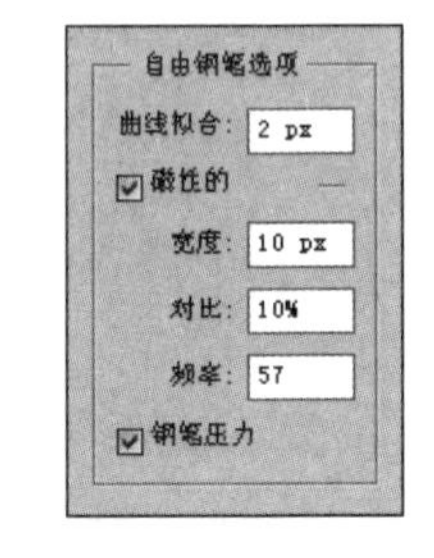

图 8-5　自由钢笔选项

曲线拟合：控制最终路径对鼠标光标或压感笔移动的灵敏度，可输入 0.5～10.0 像素之间的值。该值越高，路径的描点越少，路径也就越简单。

磁性的：包含“宽度”、“对比”和“频率”三个选项。其中“宽度”用来设置磁性钢笔工具的检测范围(1～256)；“对比度”用来设置工具对于图像边缘的敏感度；“频率”用来指定钢笔布置锚点的密度。该值越高，路径描点的密度越大。

钢笔压力：如果计算机配置了数位板，则该选项可使工具的检测宽度减小。

8.4　编辑路径

8.4.1　选择和移动锚点、路径

用路径选择工具单击路径即可选择该路径，也可以使用框选选择多个路径。如果勾选工具栏中的“显示定界框”选项，则被选择的路径会显示出定界框。

使用直接选择工具可以选择锚点和路径段。选择该工具后，单击锚点即可选择该锚点。选中的锚点为实心方形，没选中的则显示为空心方形；在路径段上单击可以选择路径段。要取消选择，在画面的空白处单击鼠标即可。可以选中关键点后进行拖动光标，这样将修改路径的形状。按住 Shift 键使用这个工具，可以强迫关键点以 45°角进行移动。同时按住 Shift 键，可以选中多个关键点，再拖动时将同时修改这几个选中的关键

点；按住 Alt 键进行拖动，将把已经存在的路径先复制，然后把路径的副本放置到预定的位置。

★**提示**：可以通过框选的方式选择描点和路径段，按 Shift 键单击未选取的锚点可添加/取消选取；按住 Alt 键单击某一路径段，可选取该路径段上的所有锚点。

8.4.2　添加和删除锚点

选择工具后，光标移至路径上，单击鼠标即可添加一个角点；如果单击并拖动鼠标光标，可添加一个平滑点。

选择工具将光标移至路径的锚点，单击鼠标可删除该锚点。也可以按下 Delete 键将其删除，但该锚点两侧的路径段也同时被删除；如果当前路径为闭合式路径，则变为开放路径。

8.4.3　转换锚点的类型

转换点工具用来转换锚点的类型，可以将角点和平滑点互相转换。

如果当前使用的工具为钢笔工具，当光标移至锚点上时，按 Ctrl 键可切换为直接选择工具；按 Alt 键可切换为转换点工具。

8.4.4　路径的运算操作

使用钢笔工具或形状工具创建多个路径时，在选项栏中按下相应的路径区域按钮，可以确定子路径重叠区域产生的效果。在创建路径后，也可以使用路径选择工具选择多个子路径进行运算操作，如图 8-6 所示。

图 8-6　路径运算操作应用

在进行路径的运算后，单击路径选择工具选项栏中的"组合"按钮可以合并多个重叠的路径。

8.4.5　路径的变换操作

在路径调板中选择路径后，执行"编辑"→"变换路径"命令，选择下拉菜单中的命令可以显示定界框，拖动控制点可以对路径和形状进行缩放、旋转、斜切、扭曲等变换操作。如果选择了多个路径段（不是整个路径），则"变换"命令将变为"变换点"命令，通过执行该命令可以对路径段进行变换。

8.4.6 路径的对齐与分布

路径选择工具的选项栏中包含路径对齐与分布的选项。

8.5 路径调板

执行“窗口”→“路径”命令可以打开如图8-7所示的路径调板，其中的顺序调整、重命名、删除等操作方式与图层调板相同。

路径：当前文件中包含的路径。

工作路径：当前文件中包含的临时路径。

矢量蒙版：当前文件中包含的矢量蒙版。

用前景色填充路径：用前景色填充路径区域。

用画笔描边路径：“描边路径”如图8-8所示。

图8-7　路径调板

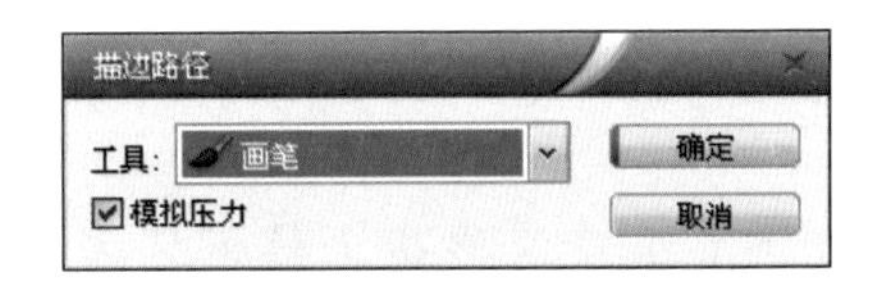

图8-8　“描边路径”对话框

将路径作为选区载入：将当前路径转换为选区。

从选区生成工作路径：从当前选区中生成工作路径。

创建新路径：创建新的路径。

删除当前路径：删除当前选择的路径。

★**提示**：用路径选择工具可将路径直接拖至其他图像。

□**技术看板：“填充路径”对话框**

按住Alt键单击“用前景色填充路径”或“用画笔描边路径”可以打开相应的对话框，设置其选项可以自定填充模式与描边压力（产生两边粗细变化）。

执行“窗口”→“路径”命令打开控制面板。单击面板底部的按钮将路径转化为一个选区。按Ctrl＋Shift＋I键将选区反选后，按Delete键可以除去图像的背景，如图8-9所示。

图 8-9　路径选区应用(素材、效果)

8.6　形状工具

Photoshop 中的形状工具包括矩形工具、圆角矩形工具、椭圆工具、多边形工具、直线工具和自定义形状工具，可以创建各种几何形状的矢量图形，也可以利用大量的预设或载入形状进行绘制，如图 8-10 所示。

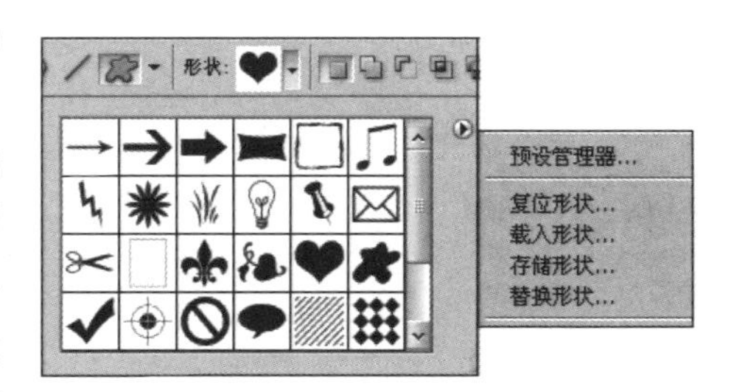

图 8-10　形状工具

利用矩形工具在画面中单击并拖动鼠标可以创建矩形，按住 Shift 可创建正方形。利用椭圆工具可以创建椭圆和正圆形。多边形工具用来创建多边形和星形，可在工具选项栏中设置边数(范围：3～100)；直线工具用来创建直线和带有箭头的线段，按住 Shift 键可以绘制水平、垂直或以 45°角为增量的斜线。

自定义形状可以创建 Photoshop 预设的形状以及自定义形状，也可以单击下拉调板右上角的按钮打开菜单，载入外部形状。以上工具的工具选项栏中有三种显示方式，其作用与钢笔工具相同。

8.7　本章基础实例

实例　潮流花纹背景

步骤 1：创建新文档 1024×768 像素。选取渐变工具，参考值为＃FAFCF3、＃C＃DF77、＃9DCB24、＃9DCB24，拖出径向渐变背景。

步骤 2：选取多边形工具，属性参考值(边：100，星型，缩进边依据：90%)，绘制白色放射线装饰背景。

步骤 3：打开花纹素材 1，用魔术棒选择并填充色彩(＃FF5700)，放在适合的位置。

步骤 4：创建一个图层，用钢笔画出花瓣选区，选取线性渐变色（#00325E、#00A7DD），并进行旋转复制。

步骤 5：创建图层，用钢笔画出花瓣边上的高光部分填充白色，再完成底部花纹及中央的高光部分。

步骤 6：将做好的花瓣图层拼合为一个图层，多复制几个用色相/饱和度调节色彩。

步骤 7：打开花纹素材 2，选取后拖入并调整大小与位置。

步骤 8：创建一个图层做一点小圆圈图形，之后多复制一点恰当调整大小与色彩。

步骤 9：在背景图层上方创建一个图层，用喷溅笔刷在右下角部分刷上一点绿色喷溅。

步骤 10：最终再添加一点其他修饰，完成效果如图 8-11 所示。

图 8-11　完成花纹效果

8.8　本章综合实例

实例　矢量风格的促销海报

步骤 1：打开素材文件，调整好大小及位置，图层调板如图 8-12 所示。

步骤 2：单击"创建新的填充或调整图层"按钮，在弹出的菜单中选择"渐变填充"选项（渐变编辑器中色标的颜色值从左至右分别为 #85d800 和 #edff66）。设置弹出的对话框中的参数如图 8-13 所示。制作出渐变背景如图 8-14 所示。

图 8-12　加入素材图层

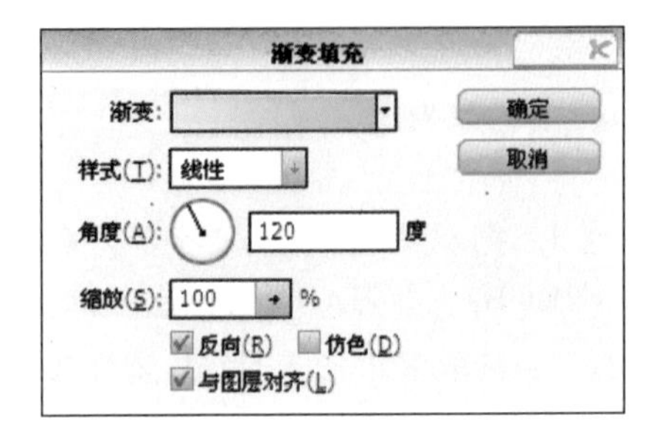

图 8-13　渐变填充面板

步骤 3：选择“钢笔工具”，并单击“形状图层”按钮。在当前图像的左下角绘制形状，生成“形状 1”图层，如图 8-15 所示。

图 8-14　渐变背景

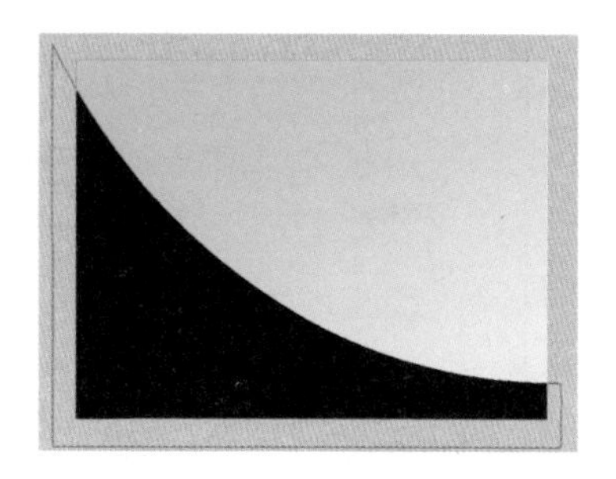

图 8-15　绘制形状

步骤 4：设置“形状 1”图层的填充数值为 0%，添加“斜面和浮雕”和“渐变叠加”图层样式（设置的参数不同就会得到不同的效果），如图 8-16 所示。

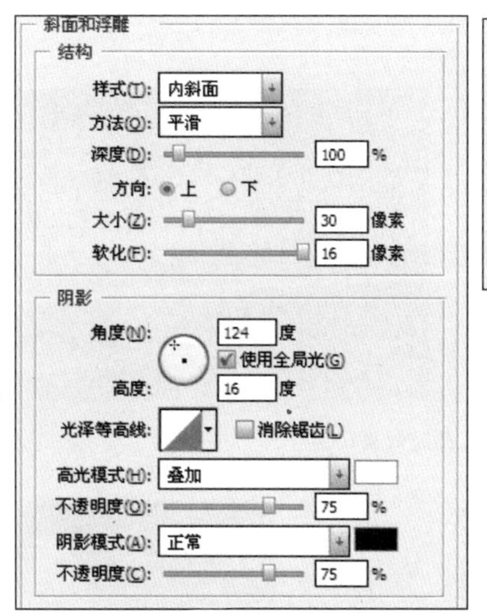

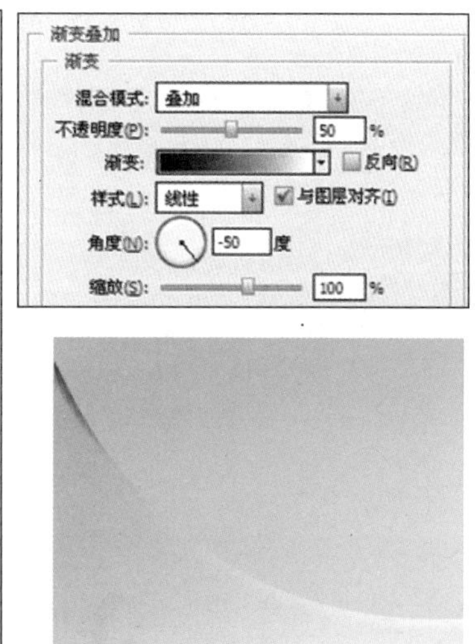

图 8-16　图层样式及效果(1)

★**提示**：在绘制形状时，颜色可以任意设置。如果将“填充”数值设置为 0%，设置的颜色是看不到的，那么此时形状的作用就是为了提供一个轮廓，以便于添加图层样式。

步骤 5：按 Ctrl＋Alt＋Shift＋E 组合键执行“盖印”操作，确保在盖印后的图层上执行以下操作。（由于在各“形状”之间“斜面和浮雕”中的角度会互相影响，因此只有在盖印后的图层上再绘制形状进行角度调整才不会有影响。）

步骤 6：同理，绘制形状并设置添加“斜面和浮雕”和“渐变叠加”图层样式，如图 8-17 所示。

步骤 7：按照步骤 6 的操作方法，制作多样的凸起效果，如图 8-18 所示。

步骤 8：加入矢量人物素材，得到如图 8-19 所示的效果。

步骤 9：获取素材 1 选区，执行“选择”→“修改”→“扩展”命令（扩展量数值为 10）。切换至通道调板，新建一个通道得到 Alpha 1，设置前景色的颜色为白色。按 Alt＋Delete 组合键填充前景色，按 Ctrl＋D 组合键取消选区，得到图 8-20 所示的效果。

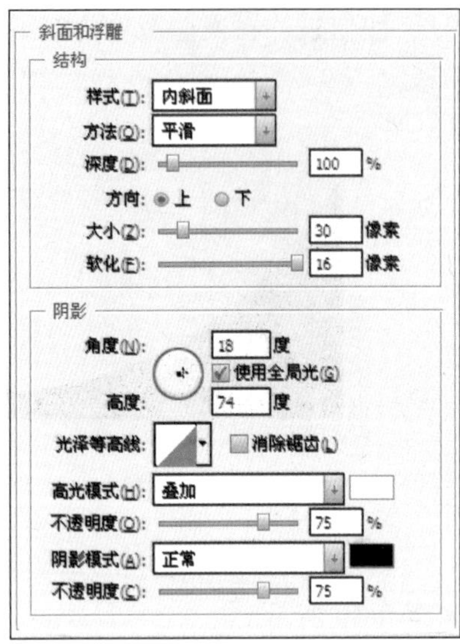

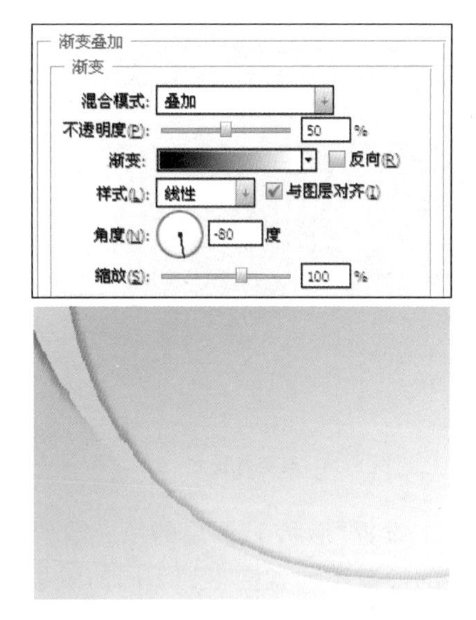

图 8-17 图层样式及效果(2)

图 8-18 凸起效果

图 8-19 加入矢量人物

图 8-20 人物背景

步骤 10：执行“滤镜”→“模糊”→“高斯模糊”命令(半径：12)，执行“色阶”命令，设置弹出的对话框中的参数，得到如图 8-21 所示的效果。

□技术看板：在通道中圆滑图像

结合“高斯模糊”滤镜与“色阶”命令，可以将一个原本边缘锐利的选区处理得非常平滑。其平滑的程度取决于使用“高斯模糊”滤镜时所设置的参数大小，其“半径”数值越

图 8-21 圆滑人物背景

大，使用“色阶”(103,1,117)调整后得到的图像边缘就越平滑。

步骤 11：按住 Ctrl 键单击通道缩览图调出其选区，返回至图层调板，在素材 1 下新建图层并填充白色。在后面新建一个图层，利用描边路径功能来制作虚线，如图 8-22 所示。

图 8-22 描边人物背景

步骤 12：设置前景色的颜色为白色，选择“矩形工具”。单击“形状图层”按钮，在人物位置绘制形状。结合自由变换控制框，顺时针旋转 30°，设置其混合模式为“叠加”，得到如图 8-23 所示的效果。

图 8-23 调整混合模式

步骤 13：选择“矩形工具”，单击“路径”按钮，确保“添加到路径选区”按钮是选中的状态。然后在人物头部的位置绘制路径，结合自由变换控制框，顺时针旋转路径30°。执行“渐变填充”并设置的混合模式为“叠加”，得到如图 8-24 所示的效果。

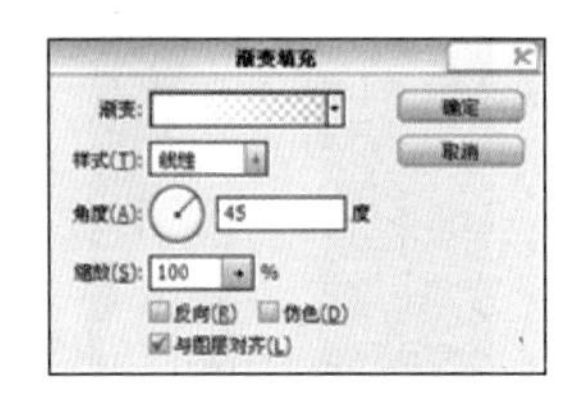

图 8-24 渐变填充线条

步骤 14：在人物上衣的位置制作照射光的效果，添加特效字素材，如图 8-25 所示。

图 8-25 加入特效文字

步骤 15：加入文字，用变形工具调整透视效果，添加描边和投影；添加矢量花等辅助素材，完成制作，效果如图 8-26 所示。

图 8-26 促销海报完成

第9章　文字

知识要点

- ◆ 了解文本的类型。
- ◆ 学习文字工具的使用方法。
- ◆ 了解点文字、段落文字、路径文字。
- ◆ 学习艺术字的创建与编辑方法。
- ◆ 掌握文字的变形方法。
- ◆ 学习格式化字符与格式化段落。
- ◆ 了解文字的编辑命令。

本章导读

文字是传达信息的基本手段之一，在广告、海报等设计中必不可少。Photoshop 发展到 CS5 版本，文字的编辑与处理功能越来越强大，不仅可以随意改变文字的字体、大小、字号等属性，而且可以通过变形文字、路径文字制作特殊效果。在段落排版方面，也得到了优化。

9.1　解读 Photoshop 中的文字

文字是平面设计作品的重要组成部分。它不仅可以传达信息，还能起到美化版面、强化主题的作用。Photoshop 提供了多个用于创建文字的工具，文字的编辑和修改方法也很灵活，其文字应用如图 9-1 所示。

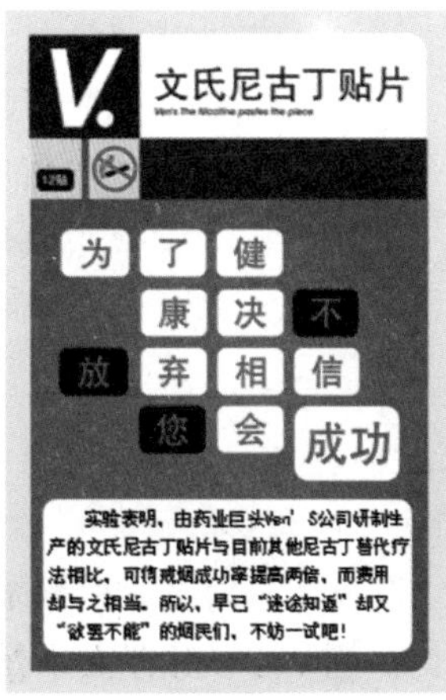

图 9-1　文字应用

9.1.1　文字的类型

Photoshop 中的文字是由以数学方式定义的形式组成的。当我们在图像中创建文字时，字符由像素组成，并且与图像文件具有相同的分辨率。但是，在将文字栅格化以前，Photoshop 会保留基于矢量的文字轮廓。因此，即使是对文字进行缩放或调整文字大小，文字也不会因分辨率的限制而出现锯齿。

文字的划分方式有很多种。如果从排列方式上划分，可以将文字分为横排文字和竖排文字。如果从文字的类型上划分，可以将其分为文字和文字蒙版。如果从创建的内容上划分，可以将其分为点文字、段落文字和路径文字。如果从样式上划分，则可将其分为普通文字和变形文字。

9.1.2 文字工具选项栏

Photoshop 中包含 4 种文字工具，其中横排文字工具和直排文字工具用来创建点文字、段落文字和路径文字。横排文字蒙版工具和竖排文字蒙版工具用来创建文字选区。图 9-2 为文字工具选项栏。

图 9-2 文字工具选项栏

更改文本方向：如果当前文字为横排文字，单击该按钮，可将其转换为竖排文字；如果是竖排文字，则可将其转换为横排文字。也可以执行"图层"→"文字"→"水平/垂直"命令来进行切换。

设置字体：在该选项下拉列表中可以选择字体。

设置字体样式：为字符设置样式，包括 Regular(规则)、Italic(斜体)、Bold(粗体)和 Bold Italic(粗斜体)等。该选项只对部分英文字体有效。

设置字体大小：在该选项下拉列表中可以选择字体的大小，也可以直接输入数值来进行调整。

设置消除锯齿的方法：为文字消除锯齿选择一种方法。Photoshop 可以通过部分填充边缘像素来产生边缘平滑的文字，这样，文字边缘就会混合到背景中。

□技术看板：消除锯齿的命令

Photoshop 中的文字是使用 PostScript 消息用数学上定义的直线或曲线来表示的。如果没有消除锯齿，文字的边缘便会产生硬边和锯齿。在"图层"→"文字"→"消除锯齿方式"下拉菜单中也可以选择一种消除锯齿的方法。

- 无：不进行消除锯齿的处理。
- 锐利：轻微使用消除锯齿的处理，文本的效果显得很锐利。
- 犀利：轻微使用消除锯齿的处理，文本的效果显得有些锐利。
- 深厚：大量使用消除锯齿的处理，文本的效果显得更粗重。
- 平滑：大量使用消除锯齿的处理，文本的效果显得更平滑。

★提示：小尺寸和低分辨率(如用于 Web 图形的分辨率)的文字在设置了消除锯齿后，可能会呈现不一致性。要减少这种不一致性，应在取消"字符"调板菜单中"分数宽度"选项的勾选。

设置文本对齐：根据输入文字的光标的所在位置来设置文本的对齐方式，包括左对齐文本、居中对齐文本和右对齐文本。

设置文本颜色：单击该选项中的颜色块，可以在打开的"拾色器"中设置文字的颜色。

创建变形文字：单击该按钮，可以打开“变形文字”对话框，为文本设置变形样式，进而创建变形文字。

显示/隐藏字符和段落调板：单击该按钮，可以显示或隐藏“字符”和“段落”调板。

取消所有当前编辑：单击该按钮，可取消当前文字的输入操作。

提交所有当前编辑：单击该按钮，可以确认文本的输入操作，在“图层”调板中会创建一个文字图层。

9.1.3 创建段落文字

段落文字是在定界框内输入的文字。它具有自动换行，可调整文字区域大小等优势。在需要处理文字量较大的文本时，可以使用段落文字来完成。

9.1.4 创建文字选区

使用横排文字蒙版工具和竖排文字蒙版工具可以创建文字选区。选择一个文字蒙版工具后，在画面单击鼠标输入文字即可创建文字选区。也可以使用创建段落文字的方法，在画面中单击并拖曳出一个矩形定界框，在定界框内输入文字创建文字选区。文字选区可以像任何其他选区一样被移动、复制、填充或描边。

9.1.5 点文字与段落文字的相互转换

Photoshop 中的点文字和段落文字是可以相互转换的。如果是点文字，可执行“图层”→“文字”→“转换为段落文本”命令，将其转换为段落文字。转换为段落文字后，各文本行彼此独立排列，每个文字行的末尾（最后一行除外）都会添加一个回车符；如果是段落文字，可执行“图层”→“文字”→“转换为点文本”命令，将其转换为点文字。

★**提示**：在将段落文字转换为点文字时，所有溢出定界框的字符都会被删除。因此，为避免丢失文字，应首先调整定界框，使所有文字在转换前都显示出来。

9.2 创建变形文字

变形文字是指对创建的文字进行变形处理后得到的文字。例如可以将文字变形为扇形或波浪形等。

★**提示**：使用横排文字蒙版工具和竖排文字蒙版工具创建选区时，在文本输入状态时同样可以进行变形操作，这样就可以得到变形文字选区。

在“变形文字”对话框中可以设置变形选项，包括文字的变形样式和变形程度，如图 9-3 所示。

样式：在该选项的下拉列表中可以选择文本变形的样式。Photoshop 提供了 15 种样式。变形样式名称前的缩览图显示了变形的预览效果。

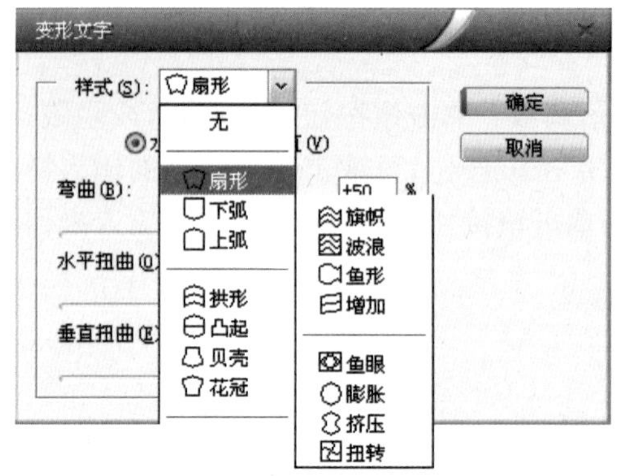

图 9-3 “变形文字”对话框

9.3 创建路径文字

路径文字是指创建在路径上的文字，它可以使文字沿所在路径排列出图形效果。路径文字的特点是文字会沿着路径排列，移动路径或改变其形状时，文字的排列方式也会随之变化。一直以来，路径文字都是矢量软件才具有的功能。Photoshop CS 版本增加了路径文字功能后，文字的处理方式就变得更加灵活了。

★**提示**：创建路径文字前首先应具备用来排列文字的路径。该路径可以是闭合式的，也可以是开放的。

9.3.1 沿路径排列文字

选择横排文字工具，在工具选项栏中设置文字的字体和字号，将光标移至路径上。光标显示为形状时，单击鼠标设置文字插入点，画面中会显示为闪烁的文本输入状态。输入文字，按下 Ctrl+Return 结束编辑，即可创建路径文字。在“路径”调板的空白处单击，隐藏路径，即可看到文字效果，如图 9-4 所示。

图 9-4 路径文字的应用

9.3.2 移动路径上的文字

在“图层”调板中选择文字图层，画面中会显示路径。将光标移动至路径文字上，光标在路径上会显示为形状 。单击并向路径内部拖动鼠标光标即可沿路径翻转文字。在翻转文字后，沿路径拖动鼠标光标，可以移动文字。向路径外部拖动鼠标光标可以将文字翻转回去。

9.4 异形轮廓文字

创建自定形状并转换为路径，把鼠标光标移动到形状路径中，当变为圆环形状时，输入文字，即可实现文字自动适应轮廓的效果，如图 9-5 所示。

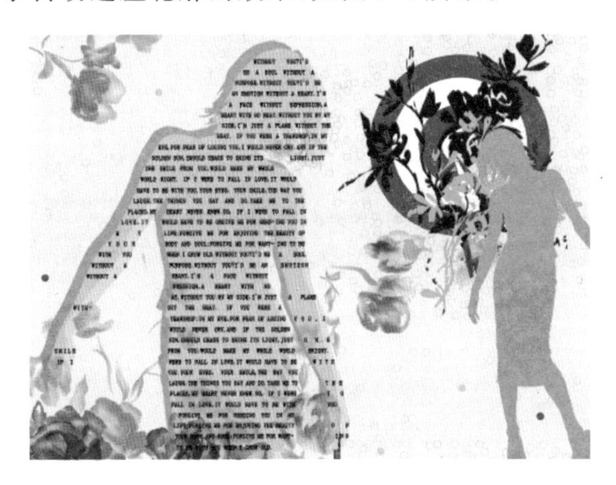

图 9-5 异形轮廓文字的应用

9.5 格式化字符

格式化字符是指设置字符的属性，包括字体、大小、颜色、行距等。输入文字之前可以在工具选项栏中设置文字属性，也可以在输入文字之后为选择的文本或者字符重新设置这些属性。除了在工具选项栏中设置字符属性外，执行“窗口”→“段落”命令也可以打开字符和段落调板，如图 9-6 和图 9-7 所示，其中提供了更多的设置选项。

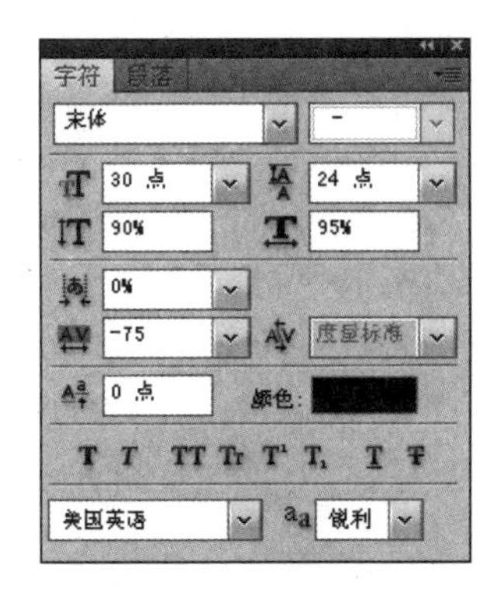

图 9-6 字符调板

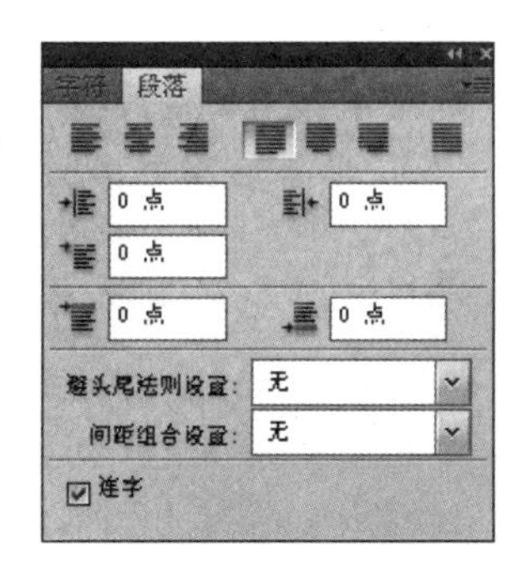

图 9-7 段落调板

9.6 格式化段落

段落是指末尾带有回车符的任何范围的文字。对于文本来说，每行便是一个单独的段落，而段落文本则由于定界框大小的不同，一段可能有多行。

格式化段落是指设置文本中的段落属性。例如，设置段落的缩进和文字行间距等。“段落”调板用来设置段落属性。在设置段落的属性时，可以选择文字图层中的单个段落、多个段落或全部段落。要设置单个段落的格式选项，应使用文字工具在该段落中单击鼠标，设置文字插入点并显示定界框；要设置多个段落的格式选项，应在段落范围内选择字符；要设置图层中的所有段落的格式选项，则应在“图层”调板中选择该文字图层。

★**提示**：“字符”调板只能处理个别选择的字符，“段落”调板不论是否选择了字符都可以处理整个段落。

9.7 编辑文字的命令

除了在“字符/段落”调板中编辑文字外，Photoshop 还提供了其他用于编辑文字的命令。

9.7.1 拼写检查

执行“编辑”→“拼写检查”命令，可以检查当前文本中英文单词的拼写是否有误。如果检查到错误，Photoshop 还会提供修改建议。选择需要检查拼写错误的文本后，执行该命令可以打开“拼写检查”对话框，如图 9-8 所示。

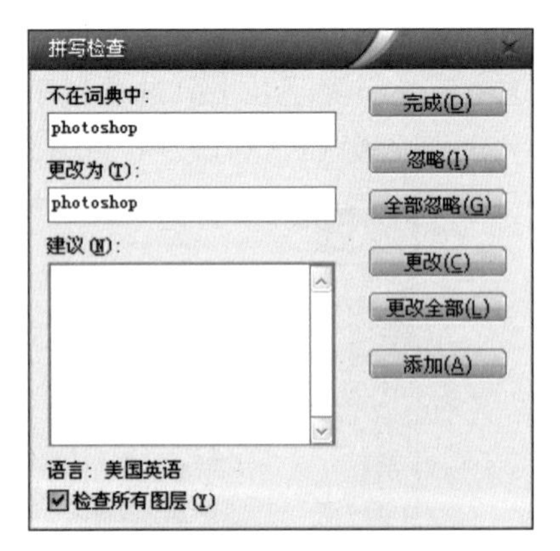

图 9-8 “拼写检查”对话框

不在词典中：将查出的有拼写错误的单词显示在该列表中。

更改为：可输入用来替换错误单词的正确单词。

建议：检查到错误单词后，会将修改建议显示在该列表中。

检查所有图层：勾选该项，可检查所有图层上的文本，否则只检查当前选择的文本。

完成：可结束检查并关闭对话框。

忽略：忽略当前检查的结果。

全部忽略：忽略所有检查的结果。

更改：单击该按钮，可使用“建议”列表中提供的单词替换查找到的错误单词。

更改全部：使用拼写正确的单词替换文本中所有的错误单词。

添加：如果被查找到的单词拼写正确，则可以单击该按钮，将该单词添加 Photoshop

词典中。以后再查找到该单词时,Photoshop 将确认其为正确的拼写形式。

9.7.2 查找和替换文本

"编辑"→"查找和替换文本"命令也是一项基于单词的查找功能。使用它可以查找到当前文本中需要修改的文字、单词、标点或字符,并将其替换为正确的内容。图 9-9 为"查找和替换文本"对话框。在进行查找时,只需在"查找内容"选项内输入要替换的内容,然后在"更改为"选项内输入用来替换的内容。最后单击"查找下一个"按钮,Photoshop 会将搜索到的内容高亮显示,单击"更改"按钮即可将其替换。如果单击"更改全部"按钮,则搜索并替换所找到文本的全部匹配项。

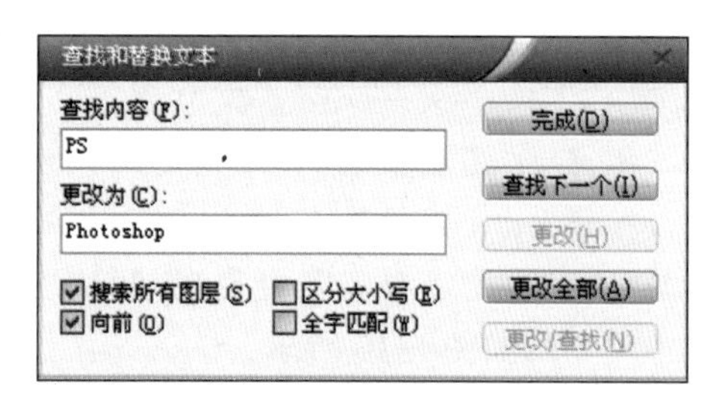

图 9-9 "查找和替换文本"对话框

★**提示**:在 Photoshop 中,不能查找和替换已经栅格化的文字。

9.7.3 将文字创建为工作路径

执行"图层"→"文字"→"创建工作路径"命令,可以基于文字创建工作路径,原文字图层保持不变,并且可以修改字符。对工作路径可以应用填充和描边,以及进行其他编辑操作。

9.7.4 将文字转换为形状

执行"图层"→"文字"→"转换为形状"命令,可以将文字图层替换为具有矢量蒙版的图层。在转换后,可以使用锚点编辑工具修改矢量蒙版,这样可以基于文字的轮廓制作出变化更为丰富的变形文字轮廓。

9.7.5 更改所有文字图层

执行"图层"→"文字"→"更改所有文字图层"命令,可以更改当前文件中所有图层的属性。

9.7.6 替换所有缺欠字体

如果文档使用了系统上未安装的字体,则在打开该文档时将有警告信息。Photoshop 会指明缺少哪些字体,并使用可用的匹配字体替换缺少的字体。如果出现这种情况,可以选择文本并应用任何其他可用的字体。执行"图层"→"文字"→"替换所有欠缺字体"命令,可使用系统中安装的字体匹配并替换当前文档中使用的系统尚未安装的字体。

9.8 本章基础实例

实例 1——复古文字花瓶

步骤 1：建立新文档，用钢笔工具绘制弧形路径。

步骤 2：让路径处在激活状态。单击文本(T)工具，输入文字，选择适当的字体，直到铺满路径(为使之看上去更美观，调试逐步修改字体的大小，并确保它从较大的尺寸到较小的尺寸)，如图 9-10 所示。

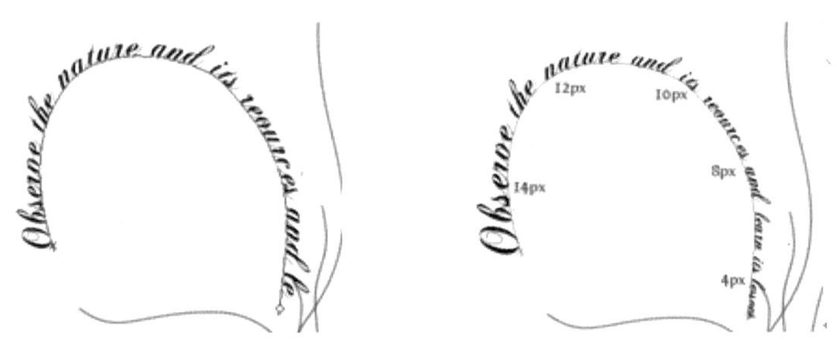

图 9-10 路径字

步骤 3：按上述两个过程创造新的路径并添加新的文字，如图 9-11 所示。

步骤 4：绘制花瓶路径，填充文字，如图 9-12 所示。

图 9-11 添加路径字

图 9-12 填充花瓶文字

步骤 5：选取所有文字层，将它们拼合为一层，命名为“字母”。双击该层，应用“内阴影”与“色彩叠加”样式。

步骤 6：选择背景素材，置于最底层(也可以准备一些纹理素材加入，并设置适当的图层混合模式)，如图 9-13 所示。

步骤 7：在全部图层之上新建一个新图层。用软的圆形画笔工具，运用不同的色彩勾出线条。调整图层的混合模式为“颜色”，修改不透明度为 80%～90%，如图 9-14

所示。

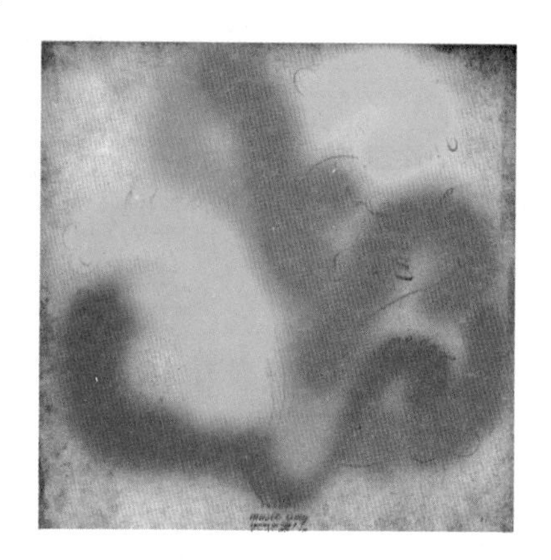

图 9-13 绘制文字颜色

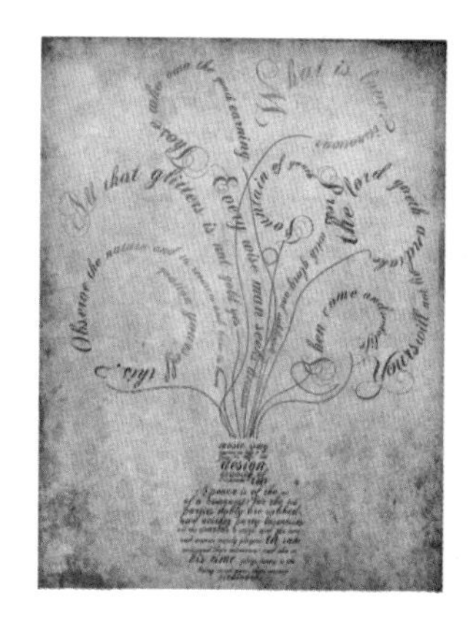

图 9-14 设置颜色

步骤 8：在瓶子周围绘制选区，设定大概 20px 的羽化。新建一个图层，运用渐变工具，对图层应用彩虹线性渐变。设定该层的混合模式为“柔光”(可以适当调节不透明度，给花瓶应用一种微妙的色彩渐变)，如图 9-15 所示。

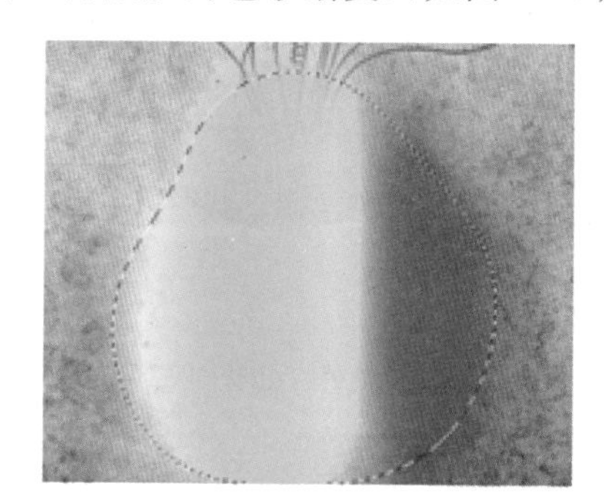

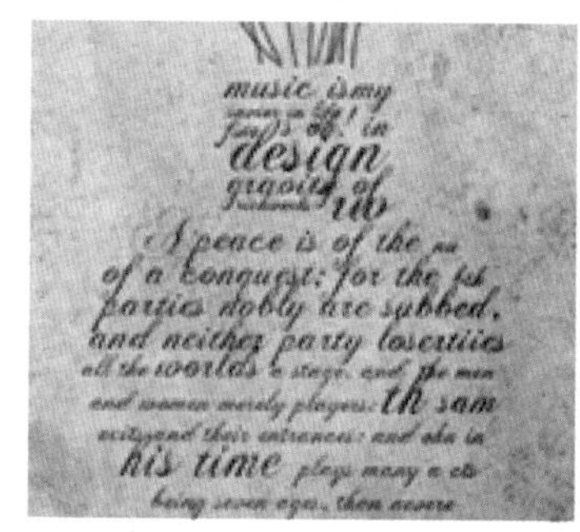

图 9-15 添加花瓶颜色

步骤 9：运用椭圆工具，设定色彩为“白色”。在瓶子顶端绘制椭圆，制作瓶盖。格化层执行“滤镜”→“模糊”→“高斯模糊”(半径 6)。

步骤 10：为了丰富效果，运用半径为 1px 或者 2px 的笔刷工具添加圆点，如图 9-16 所示。

步骤 11：加上“加温”相片滤镜，完成效果如图 9-17 所示。

图 9-16 添加圆点

图 9-17 完成文字花瓶

实例 2——水果字

步骤 1：建立新文档(宽：600 像素，高：220 像素，分辨率：100 像素/英寸)。

步骤 2：输入文字“Photoshop”，选择较粗的英文字体(本例选择的字体为：Forte)，字号为 72，如图 9-18 所示。

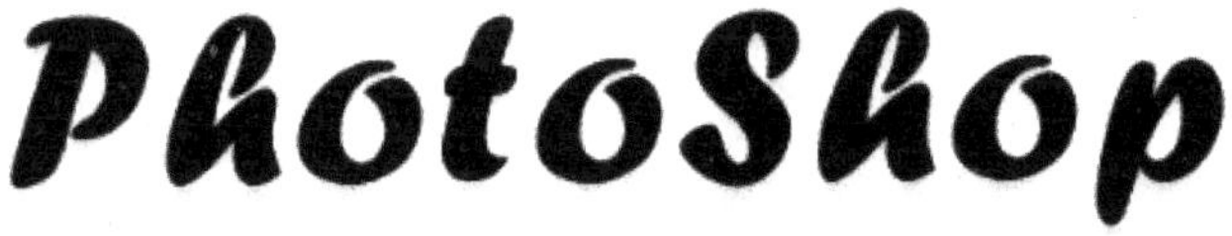

PhotoShop

图 9-18　输入文字

步骤 3：打开“橙子”图片素材，复制果肉部分覆盖文字，合并果肉图层，如图 9-19 所示。

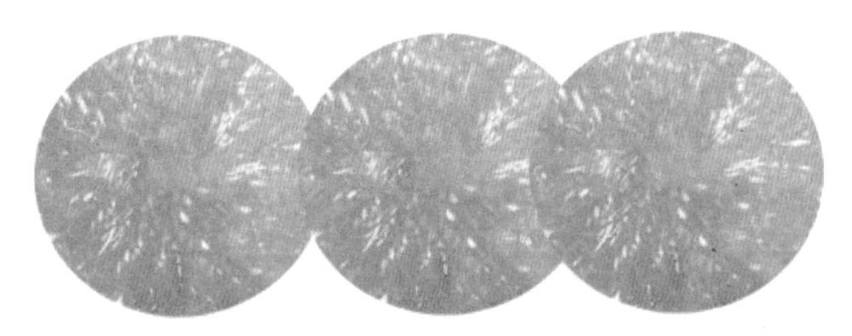

图 9-19　加入果肉

步骤 4：获取文字选区，在果肉图层进行反选、删除操作，如图 9-20 所示。

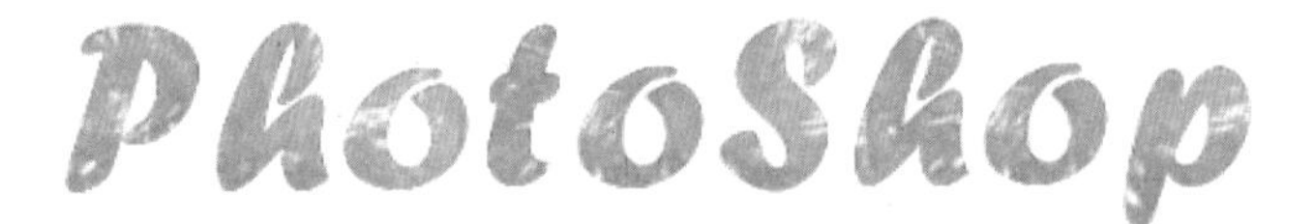

图 9-20　删除多余果肉

步骤 5：添加“描边”和“投影”图层样式，复制本图层，填充灰色，移到本图层下层。用变形工具制作出投影效果，如图 9-21 所示。

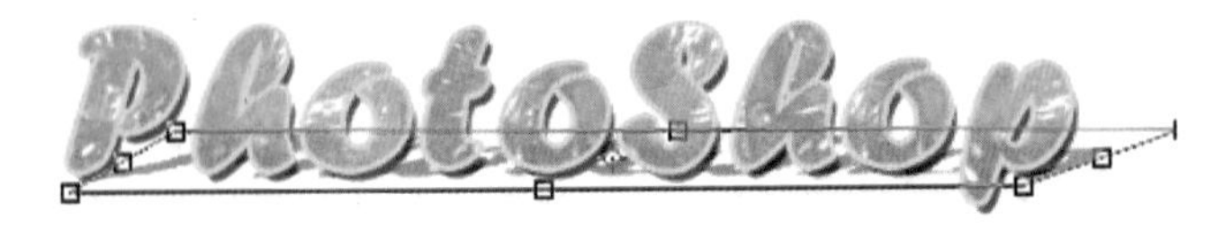

图 9-21　添加样式和阴影

步骤 5：打开“背景”素材图片，把做好的水果文字拖过去，调整到合适位置，添加橙子素材，如图 9-22 所示。

步骤 6：拖入两个“水滴”素材，反相，设置图层混合模式为“滤色”，调整后添加“杯子”素材，设置图层不透明度为 26%，完成制作，如图 9-23 所示。

图 9-22 加入辅助素材

图 9-23 完成水果字效果

第 10 章　滤镜

知识要点

- ◆ 滤镜的特点与使用方法。
- ◆ “滤镜库”的使用方法。
- ◆ “液化”滤镜的使用方法。
- ◆ 外挂滤镜的基本概念。
- ◆ 外挂滤镜的安装方法。
- ◆ 常用外挂滤镜的特点。
- ◆ KPT7 滤镜的功能和使用方法。
- ◆ Eye Candy 4000 滤镜的特点。
- ◆ Xenofex 滤镜的特点。

本章导读

滤镜是 Photoshop 中非常强大的功能，其特点在于种类繁多、变化无穷，其中内置的滤镜就有 100 多个；另外，还包括一些具有特殊功能的滤镜，并可以安装第三方滤镜插件。本章重点讲解滤镜的使用方法，并将介绍一些常用的外挂滤镜。

10.1　什么是滤镜

滤镜原本是摄影师在照相机前安装的过滤器，它能够改变照片的拍摄方式，产生特殊的摄影效果。滤镜是 Photoshop 中最具吸引力的功能之一，它可以把普通的图像变为非凡的视觉艺术作品。Photoshop 提供了 100 多个滤镜，按类别放置在“滤镜”菜单中。滤镜是一种插件模块，能够操纵图像中的像素。除了自身拥有数量众多的滤镜之外，在 Photoshop 中还可以使用其他厂商生产的滤镜。这些滤镜种类繁多、各有特点，称为外挂滤镜，可为创建特殊效果提供更多的解决方法。

10.2　滤镜的使用方法

选择了一个图层后，执行“滤镜”菜单中的滤镜命令即可对该图层中的图像应用滤镜。如果当前图层中创建了选区，滤镜将作用于选区内的图像。

10.2.1 滤镜的使用规则

- 如果当前选择的是某一通道，则滤镜会对当前通道产生作用。使用滤镜可以处理图层蒙版和快速蒙版。
- 滤镜的处理效果是以像素为单位进行计算的，因此，滤镜效果与图像的分辨率有关，相同的参数处理不同分辨率的图像，其效果也会不同。
- 滤镜不能应用于位图模式或者索引模式的图像，一部分滤镜不能应用于 CMYK 模式的图像。要对这些模式的图像应用滤镜，应先将它们转换为 RGB 模式。RGB 模式的图像可以应用所有的滤镜。

10.2.2 预览滤镜效果

执行滤镜时通常会打开滤镜库或者相应的对话框。对话框中包含滤镜的参数设置选项，并提供一个预览框可以预览在图像上作用的效果。如果对话框内有 ± 和 − 按钮，单击则可以放大和缩小图像的显示比例；也可以按住 Ctrl 键单击预览框来放大显示比例，按住 Alt 键单击则缩小显示比例。将鼠标光标移至预览框内，光标会变为抓手工具，单击并拖动鼠标，可移动预览框内的图像。如果想查看文档中某一区域内的图像，则可将鼠标光标移至文档中，光标会显示为一个方框状。单击鼠标，滤镜预览框将显示该处图像。

★**提示**：在任意滤镜对话框中按下 Alt 键，对话框中的“取消”按钮都会变成“复位”按钮，单击可将滤镜的参数恢复到初始状态。如果在执行滤镜的过程中要终止滤镜操作，可按下 Esc 键。

10.2.3 将图像转换为智能滤镜对象

智能滤镜是从 Photoshop CS3 版以后增加的功能。它是一种非破坏性的滤镜，可以像使用图层样式一样随时调整滤镜参数，隐藏或删除滤镜。除了“抽出”、“镜头校正”、“液化”、“图案生成器”和“消失点”之外，其他滤镜都可以作为智能滤镜。

选择需要应用滤镜的图层，执行“滤镜”→“转换为智能滤镜”命令。在打开的提示框中单击“确定”按钮，可以将选择的图层转换为智能对象，图层缩略图的右下角会出现一个智能对象标志。

10.2.4 快速执行上次使用的滤镜

对图像使用一个滤镜进行处理后，“滤镜”菜单的顶部便会出现该滤镜的名称。单击它可以快速应用该滤镜，也可按 Ctrl+F 快捷键执行这一操作。如果要对该滤镜的参数做出调整，可按下 Alt+Ctrl+F 快捷键打开滤镜对话框重新设置参数。

10.3 提高滤镜的性能

Photoshop 中的一部分滤镜效果在应用时占用大量的内存，特别是应用于高分辨率的图像时，系统的处理速度会变得很慢。要在使用滤镜时提高工作效率，可以使用以下方法：

- 先选在一小部分图像上试验滤镜和设置，找到合适的设置后，再将滤镜应用于整个图像。如果图像很大，并且存在内存不足的问题，则可将效果应用于单个通道。但需要注意的是：有些滤镜应用于单个通道的效果与应用于复合通道的效果是不同的，特别是当滤镜随机修改像素时。
- 在运行滤镜之前先使用“编辑”→“清理”命令释放内存，将更多的内存分配给 Photoshop。如有必要，可退出其他应用程序。
- 对于像“光照效果”、“木刻”、“染色玻璃”、“铬黄”、“波纹”、“喷溅”、“喷色描边”和“玻璃”等占用大量内存的滤镜，可尝试更改设置以提高滤镜的速度。例如：对于“染色玻璃”滤镜，可增大单元格的大小；对于“木刻”滤镜，可增大“边简化度”或减小“喧具度”，或两者同时更改。
- 如果要在灰度打印机上打印，最好在应用滤镜之前先将图像的一个副本转换为灰度图像。如果将滤镜应用于彩色图像后再转换为灰度，那么所得到的效果可能与将该滤镜直接应用于此图像的灰度图有所不同。

10.4 滤镜库

滤镜库是一个集合了多个滤镜的对话框。使用滤镜库可以将多个滤镜应用于同一图像，或者对同一图像多次应用同一滤镜，甚至还可以使用对话框中的其他滤镜替换原有的滤镜。执行“滤镜”→“滤镜库”命令，可以打开相应的对话框，其中左侧是预览区，中间 6 组是可供选择的滤镜，右侧是参数设置区，如图 10-1 所示。

图 10-1 滤镜库对话框

10.5 滤镜组简介

1. 风格化滤镜组

对该组中的滤镜通过置换像素和查找并增加图像的对比度，可产生绘画和印象派风格的效果。

2. 画笔描边滤镜组

该组中的有些滤镜可通过不同的油墨汁画笔勾画图像产生绘画效果，有些滤镜可以添加颗粒、绘画、杂色、边缘细节或纹理。这使得该滤镜组不能用在 Lab 和 CMYK 模式的图像上。使用“画笔描边”组中的滤镜时，将打开滤镜库。

3. 模糊滤镜组

该组中的滤镜可以削弱相邻像素的对比度并柔化图像，使图像产生模糊的效果。在去除图像的杂色或创建特殊效果时经常使用该组中的滤镜。

4. 扭曲滤镜组

该组中的滤镜可以对图像进行各种几何形状的扭曲，创建 3D 效果和其他不同的形态。它可以改变图像的像素分布，进行非正常的拉伸和扭曲，模拟水波、镜面反射和火光等自然效果。这些滤镜通常会占用较多的内存，因此，如果图像文件较大，可先在小尺寸的图像上进行试验。

5. 锐化滤镜组

该组中的滤镜可以通过增强相邻像素间的对比度来聚焦的图像，使图像变得比较清晰。

6. 视频滤镜组

该组中的滤镜用来解决视频图像交换时系统差异的问题，它们可以处理从隔行扫描方式的设备中提取的图像。

7. 纹理滤镜组

该组中的滤镜主要用来在图像中加入各种纹理，使图像具有深度感或物质感的外观效果。

8. 像素化滤镜组

该组中的滤镜可使单元格中颜色值相近的像素结成块来发生变化。它们可以将图像分块或平面化，然后重新组合，创建类似像素艺术的效果。

9. 渲染滤镜组

该组中的滤镜可以创建云彩图案，折射图案和模拟光的反射。

10. 艺术效果滤镜组

该组中的滤镜可以模仿自然景色或传统介质效果，使图像看起来更贴近绘画艺术效果。可以通过“滤镜库”来应用所有的艺术效果滤镜。

11. 杂色滤镜组

该组中的滤镜用于添加或去除杂色、蒙尘与划痕以及带有随机分布色阶的像素。

12. 其他滤镜组

该组中的滤镜允许用户创建自己的滤镜，或者使用滤镜修改蒙版，以及在图像中使选区发生位移和快速调整颜色。

10.6 外挂滤镜

外挂滤镜是由第三方厂商或者个人开发的滤镜，专为 Photoshop 开发的滤镜多达近千种。这些滤镜不仅种类繁多，而且功能也十分强大。有些滤镜的版本也在不断升级。

在众多的外挂滤镜中，Meta Tools 公司的 KPT 滤镜和 Alien Skin 公司的 Eye Candy 4000 滤镜是最具代表性的外挂滤镜。此外，Ulead、Extensis 等世界上许多知名的软件公司都制作过独具特色的滤镜插件。

10.6.1 安装方法

外挂滤镜与一般程序的安装方法基本相同，但需安装在 Photoshop 的 Plug-in 目录下。有些小的外挂滤镜只需手动复制到 Plug-in 文件夹中即可使用。安装完成后，重新运行 Photoshop，在“滤镜”菜单底部便可以看到安装的外挂滤镜。

如果没有将外挂滤镜安装在 Plug-Ins 文件内，可执行“编辑”→“首选项”→“增效工具”命令，打开“首选项”对话框，勾选“附加的增效工具文件夹”选项。然后在打开的对话框中选择安装外挂滤镜的文件夹即可；不使用外挂滤镜时，可取消“附加的增效工具文件夹”选项的勾选，重新运行 Photoshop 即可。

提示：使用外挂滤镜虽然可以提供更为丰富的表现手段，但由于 Photoshop 启动时要初始化这些滤镜，因此外挂滤镜不宜安装过多，以免降低运行速度。

10.6.2 常用外挂滤镜介绍

1. Corel KnockOut 2.0

该滤镜 Corel 公司出品的经典抠图工具。它解决了令人头疼的抠图难题，使枯燥乏味的抠图变为轻松简单的过程。KnockOut 2.0 不但能够满足常见的抠图需要，而且还可以对烟雾、阴影和凌乱的毛发进行精细抠图，对于透明的物体也可以轻松抠出。即使 Photoshop 新手利用它也能够轻松抠出复杂的图形，而且轮廓自然、准确，完全可以满足需要。

2. KPT 7(Kais Power Tools)

该滤镜是由 MetaCreations 公司创建的最精彩的滤镜系列。KPT 7.0 包含 9 种滤镜，带给了我们全新的滤镜组合。它们分别是：KPT Channel Surfing、KPT Fluid、KPT FraxFlame II、KPT Gradient Lab、KPT Hyper Tilling、KPT Lightning、KPT Pyramid Paint、KPT Scatter。除了对以前版本滤镜的加强外，这个版本更侧重于模拟液体的运动效果。

KPT 7.0 滤镜组提供了 9 个功能强大的滤镜命令项。

Channel Surfing：这一滤镜允许单独对图像中的各个通道(Channel)进行效果处理，比如模糊或锐化所选中的通道，也可以调整色彩的对比度、色彩数、透明度等等各项属性。这一滤镜对于各种效果混合的图像尤其有效。

Fluid：该滤镜可以在图像中模拟液体流动的效果，如扭曲变形效果等；可以模拟带水的刷子刷过物体表面时产生的痕迹；同时，还可以设置刷子的尺寸、厚度以及刷过物体时的速率，使得产生的效果更加逼真。这一滤镜还有视频功能，它能将这一效果输出为连续的动态视频文件，使原本静止的图片变成直观的电影效果。

FRAX Flame：该滤镜能捕捉并修改图像中不规则的几何形状，它能改变选中的几何形状的颜色、对比度、扭曲等效果。

Gradient Lab：该滤镜可以创建不同形状、不同水平高度、不同透明度的复杂的色彩组合并运用在图像中；也可以自定义各种形状、颜色的样式，并存储起来，方便以后必要时调用。

Hyper tiling：为了减少图像文件的体积，可以借鉴类似瓷砖贴墙的原理，将相似或相同的图像元素做成一个可供反复调用的对象。Hyper tiling 滤镜便是这一原理的应用。这样既可以减少文件量，又能产生类似瓷砖宣传画那样气势宏伟的效果。

Ink Dropper：该滤镜可模拟墨水滴入静水中的现象，使其缓缓散开并产生一种自然的舒展美。Ink Dropper 滤镜可在图像中加入这一效果，但比日常生活中见到的这一简单现象更富有变化，更有想象力，且更易控制。利用它能产生流动的、静止的、漩涡状的，甚至令人厌恶的污点状，当然也可以控制不同的大小、下滴速度。

Lightning：该滤镜通过简单的设置，便可以在图像中创建出惟妙惟肖的闪电效果。当然，也可以进一步对其修改，甚至包括闪电中每一细节的颜色、路径、急转等属性，从而和源图像之间更协调。该滤镜也允许套用系统提供的各种闪电效果。

Pyramid：中文即叠罗汉、金字塔的意思。该滤镜就是将源图像转换成具有类似叠罗汉一样对称、整齐的效果。

Scatter：如果想要去除原图表面的污点或在图像中创建各种微粒运动的效果，该滤镜就有用武之地了。甚至可以通过该滤镜控制每一个质点的具体位置、颜色、阴影等，在细节方面它可是用处多多！

3. AutoFX Mystical Lighting v1.0

AutoFX 的作品有庄重大方、优雅高贵的一贯风格。它能够对图像应用极为真实的光线和投射阴影效果，能提高图片在光、影方面的品质并达到美化的效果。Mystical Lighting 包含 16 种视觉效果，有超过 400 种预设，只要利用得当，就可以产生无穷的效果。Mystical Lighting 拥有很多优点，例如图层、无限的撤销设置、多样的视觉预设、蒙版设置、特效设置，能探索和生成非常有趣的特效。

4. Eye Candy 4000

Alien Skin Software 公司著名的 Photoshop 滤镜 Eye Candy 4000 正式版内置 23 种滤镜的套件，可以在极短的时间内生成各种不同的特效，在众多 Photoshop 滤镜插件中，Eye Candy 4000 一直位居前列。

Eye Candy 4000 正式版的新特性如下。

全新的操作界面：引入了许多全新的操作命令。为了使用户能迅速掌握每一种滤镜的使用，为所有的元素都赋予了鼠标同步的说明系统。如果某个滤镜没有过多的控制滑杆，则这些控制滑杆会以标签形式出现，以方便使用。许多滤镜中都有光照、颜色和斜面标签。

BEVEL PROFILE 编辑器：在 BEVEL BOSS、CHROME 和 GLASS 三种滤镜中，均有 BEVEL PROFILE 编辑器，用户可以使用编辑器来完全控制斜面和曲线效果的形状，使用 BEVEL PROFILE SETTINGS 还可以命名和保存，以便以后使用；另外，它也提供了大量的预置效果，帮助用户充分利用这些全新的特性。

渐色编辑器：在 FIRE、GRADIENT GLOW、SMOKE 和 STAR 四种滤镜中设有渐色编辑器，用户可以使用渐色编辑器来生成各种不同的色彩效果。颜色交换点及各种颜色的不透明度均可控制，很容易生成彩虹、光晕、发热、发光等各种多彩效果。滴管工具可以方便用户在预览窗口的任意位置迅速取色。

真实绝对参数单位(仅适用于 Photoshop)：对普通用户来说，Eye Candy 4000 最重要的改变之一也许不是界面的变化。现在，通过指定绝对单位可以生成同解像度无关的特效。在 Eye Candy 4000 中，各种滑杆的参数是以在 Photoshop 中用户选择的测量单位(如英寸、厘米等)为基础的，即在 300dpi 解像度条件下的各种参数设置形成的效果将完全等同于在 72dpi 条件下的效果。从印刷品转到网络发布或通过显示器显示印前校样时，可以节省大量的时间。

无缝拼图：在 FUR、HSB NOISE、JIGGLE、MARBLE、SWIRAL、WATER. DROPS 和 WOOD 滤镜中，可以实现无缝拼图，因此很容易为 Web 页、游戏和多媒体表象制作纹理背景。

无限次的 UNDO/REDO：EDIT 菜单中的 REDO/UNDO 命令是无限次的。

菜单：操作界面不仅增加了菜单功能，而且菜单中的各种命令还提供了新的选择功能。

底图层可见式的大预览窗口：预览窗口变大了很多，视图更方便，并且该窗口大小可调。另外，EDIT 菜单中的“SHOW ALL LAYERS”命令可使用户预览在含有图层的可视图像中应用滤镜的效果。

全新的 SETTINGS 菜单：在 SETTINGS 菜单里，有“预置”和“设置”项目，用户可以将中意的参数设置命名、保存，甚至可以重新设置作为程序一部分的“预置”参数，所有参数设置可以通过 E-mail 同别人交换，可以在 Mac 和 Windows 之间跨平台使用。

FIREWORK3 和 CARVAS7 中的 LIVE EFFECTS：所有滤镜都可以在 FIREWORK3 和 CARVAS7 中以 LIVE EFFECTS 方式工作，对应用滤镜的对象进行某种更改后，滤镜效果也会自动更新。另外，应用滤镜之后，它的效果也可以重新调整。方法是双击效果图片，滤镜窗口便自动弹出，可重新设置参数。

5. Xenofex

该滤镜是 Alien Skin Softwave 公司的另一个精品滤镜，延续了 Alien Skin Softwave 设计的一贯风格，操作简单、效果精彩，是图形图像设计的又一个好助手。Xenofex 滤镜的主要特点如下。

- Baked Earth（干裂效果）：能制作出干裂的土地效果。
- Constellation（星群效果）：能产生群星灿烂的效果。
- Crumple（褶皱效果）：能产生十分逼真的褶皱效果。
- Flag（旗子效果）：能制作出各种各样迎风飘舞的旗子和飘带效果。
- Distress（撕裂效果）：能制作出自然剥落或撕裂文字的效果。
- Lightning（闪电效果）：能产生变幻无穷的闪电效果。
- Little fluffy clouds（云朵效果）：能生成各种云朵效果。
- Origami（毛玻璃效果）：能生成通过毛玻璃看东西的效果。
- Rounded rectangle（圆角矩形效果）：能产生各种不同形状的边框效果。
- Shatter（碎片效果）：能生成镜子被打碎的效果。
- Puzzle（拼图效果）：能生成拼图的效果。
- Shower door（雨景效果）：能生成雨中看物体的效果。
- Stain（污点效果）：能为图片增加污点效果。
- Television（电视效果）：能生成老式电视的效果。
- Electrify（充电效果）：能产生充电的效果。
- Stmper（压模效果）：可以对图像产生压模效果。

6. Neat Image 5.6 Pro

Neat Image 是一款功能强大的专业图片降噪软件，适合处理 1600×1200 以下的图像，非常适合处理曝光不足而产生大量噪波的数码照片，可减小外界对照片的干扰。Neat Image 的使用很简单，其界面简洁易懂。降噪过程主要分四个步骤：打开输入图像，分析图像噪点，设置降噪参数，输出图像。输出图像可以保存为 TIF、JPEG 或者 BMP 格式。

7. Digital Film Tools 55mm v7.0

Digital FilmTools 55mm 是面向 Avid Xpress 的一款数字特效插件，是非常独特的出自于数字胶片工具的插件包。它不但出色地模仿了流行的照相机滤光镜、专业镜头、光学试验过程、胶片的颗粒、颜色修正等效果，还模仿了自然光和摄影特效。所有的这些都可以在 8 或 16 位通道中进行加工处理。这套插件包括：烟雾、去焦、扩散、双色调、模糊、红外滤光镜、薄雾等 30 多种特效。

8. Adobe Camera Raw v4.0

Adobe Camera Raw 是通用型 Raw 处理引擎，是 Photoshop 的免费配置的插件。Adobe 公司经常根据新发布的相机来更新版本，对 Raw 格式进行改进。例如在 Raw 格式的处理中添加了类似暗部与高光（shadow、highlight）的功能，同时增加了 Vibrance 滑块，用于增加饱和度。

9. Redfield Sketch Master v2.01

Sketch Master 是 Adobe Photoshop 的插件——素描大师。它能将照片进行处理，将其制作成现实主义风格的手绘作品，可模拟铅笔、墨水笔、彩色粉笔、炭笔和喷雾器等工具。

10. PictureCode Noise Ninja v2.1.3

它是一款专门针对数码图像减噪问题的专利技术软件。由于使用了高精度浮点计算和高位深的图像储存技术，减噪效果显著，可方便快捷地提高图像质量。Noise Ninja是当前消噪软件中的佼佼者，其效果非常明显。

11. DCE Tools v1.0

它是 Mediachance 公司的 Photoshop 插件，包括 CCD 噪点修复、人像皮肤修缮（通常所说的人像磨皮）、智能色彩还原、曝光补偿、镜头畸变修正、透视修正以及全局自动修缮 7 个插件，其中全局自动修缮能尽量减少调图过程中细节的丢失。

10.6.3 其他外挂滤镜

Ulead（友丽）公司的系列滤镜包含能够模拟自然界的粒子而创建诸如雨、烟、火、云和星等特效的滤镜。UleadType（文字特效）滤镜是专对文字进行特效处理的滤镜，可以对文字进行渐变，还可以对文字创建网纹玻璃、浮雕、金属、水泥等效果。

Extensis 公司的 Photo Tools3.0 滤镜提供了大量动画特效库，可以生成各种多变的按钮，创建倒影和霓虹灯光等。Mask Pro2.0（抠像大法）滤镜可以把复杂的图像，如毛发等轻易抠选出来。

Autofx 公司的 PageCurl（卷页）滤镜可以让图像产生卷页效果。Photo/Edge（极酷边框）滤镜能为图像添加漂亮的边框。

Panopticum 公司的 alpha Strip（抽线）滤镜可以产生如电视机里的各种抽线效果。

10.7 本章基础实例

实例 1 马赛克滤镜应用——格子特效

步骤 1：打开素材，复制一个新层，并把层混合模式设为“叠加”。

步骤 2：在复制层执行“滤镜”→“像素化”→“马赛克”滤镜，参考设定值（70～80 之间）。

步骤 3：对运行过马赛克的层再运行两次锐化。

步骤 4：加入文字装饰，完成制作，如图 10-2 所示。

图 10-2 （素材、格子特效）

实例2 旋转扭曲滤镜应用——旋涡光影特效

步骤1：新建文件，填充渐变背景。

步骤2：开始打造亮点。创建一个图层，运用圆形选区工具，调整羽化20像素，在中间画一个圆形选区。单击渐变工具，运用色彩填充渐变(运用径向渐变)，如图10-3所示。

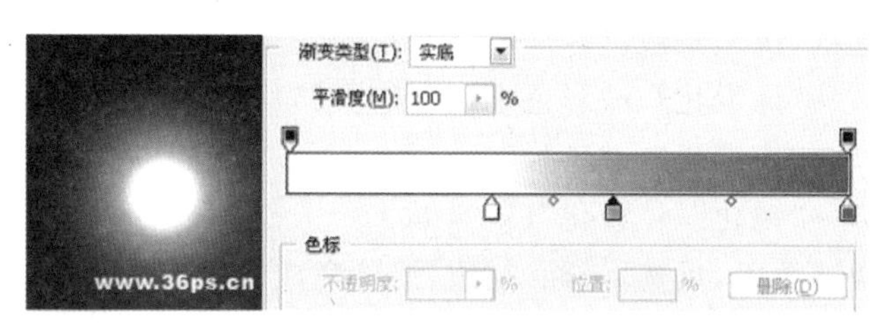

图10-3 渐变光点

步骤3：复制亮点的图层，把原始亮点图层隐蔽起来。运用变形，把亮点压缩得窄一些，如图10-4所示。

步骤4：执行"滤镜"→"扭曲"→"波浪"，设定值(生成器数1；波长：最小41，最大278；波幅：最小33，最大137；比例：水平100，垂直100)。(如果对波浪的方向、造型不满意，可以把亮点再压缩得窄一些，多运行几次波浪滤镜)。

步骤5：执行"滤镜"→"扭曲"→"旋转扭曲"(参考值角度：364°)。

步骤6：重复步骤4、步骤5，多打造几个线条。然后，打开隐蔽了的原始亮点图层。调节好地方，完成特效如图10-5所示。

图10-4 变形光点

图10-5 旋涡光影特效

实例3 特色边框1

步骤1：矩形选框，快速蒙版。

步骤2："滤镜"→"像素化"→"晶格化"(15左右)。

步骤3："滤镜"→"像素化"→"碎片"。

步骤4："滤镜"→"画笔描边"→"喷溅"(25,7)。

步骤5:“滤镜”→“扭曲”→“挤压”(100%)。
步骤6:“滤镜”→“扭曲”→“旋转扭曲”(999)。
步骤7:退出快速蒙版,反选,清除完成效果如图10-6所示。

实例4——特色边框2

步骤1:矩形选框,快速蒙版。
步骤2:“滤镜”→“像素化”→“彩色半调”(10～15)。
步骤3:“滤镜”→“像素化”→“碎片”。
步骤4:“滤镜”→“锐化”→“锐化”(3～4次)。
步骤5:退出快速蒙版,反选,清除,描边,清除完成效果如图10-7所示。

实例5——特色边框3

步骤1:矩形选框,反选,快速蒙版。
步骤2:“滤镜”→“像素化”→“晶格化”(10左右)。
步骤3:“滤镜”→“素描”→“铬黄”(10,2)。
步骤4:退出快速蒙版,清除,描边,清除完成效果如图10-8所示。

实例6——特色边框4

步骤1:矩形选框,反选,快速蒙版。
步骤2:“滤镜”→“像素化”→“彩色半调”(15左右,各通道1)。
步骤3:“滤镜”→“扭曲”→“玻璃”(小镜头)。
步骤4:退出快速蒙版,清除,描边,清除完成效果如图10-9所示。

图10-6 特色边框1

图10-7 特色边框2

图10-8 特色边框3

图10-9 特色边框4

实例7——黄昏光线

步骤1:打开背景素材,新建图层,用黑白线性渐变填充(从下往上)。

步骤 2：执行“滤镜”→“扭曲”→“波浪”(生成器数：5；波长：最小 10，最大 120；波幅：最小 5，最大 35；类型：方形)；执行“滤镜”→“扭曲”→“极坐标”，平面到极坐标；执行“滤镜”→“模糊”→“径向模糊”(数量：100)，制作出光线效果。

步骤 3：用白色的画笔在光线中心点一下绘制出中心高光，设置光线图层混合模式为叠加，添加图层蒙版，用从白到黑的径向渐变填充蒙版。完成效果如图 10-10 所示。

图 10-10 (素材、黄昏光线完成效果)

10.8 本章综合实例

实例 雪景——冬天记忆

步骤 1：打开冬天和雪树素材图片，用图层蒙版合成图像如图 10-11 所示。

图 10-11 合成素材

步骤 2：添加“色相/饱和度”调整图层，按 Ctrl＋Alt＋G 组合键使其与树图层进行剪切编组，调整树的颜色(色相：＋28，饱和度：－75)，如图 10-12 和图 10-13 所示。

步骤 3：新建图层，填充为黑色，执行“滤镜”→“素描”→“绘图笔”命令(描边长度：10，明暗平衡：90)，用“选择”→“色彩范围”选取黑色删除，得到效果如图 10-14 所示。

图 10-12 调整树颜色

图 10-13 调整图层面板

图 10-14 加入雪

步骤 4：对雪图层执行“滤镜”→“模糊”→“高斯模糊”命令(半径：0.5 像素)；执行“滤镜”→“锐化”→“USM 锐化”命令(数量：60%，半径：20 像素)，处理效果如图 10-15 所示。

图 10-15 调整雪效果

步骤 5：添加“亮度/对比度”调整图层(亮度：－50，对比度：＋45)，把画面调暗，按 Ctrl＋Shift＋Alt＋E 键盖印图像形成一个新图层，命名为“雪景”。

步骤 6：打开背景素材图片，新建图层。绘制矩形选区，设置前景色（淡黄色）和背景色（白色），执行“滤镜”→“渲染”→“云彩”命令；执行“滤镜”→“杂色”→“添加杂色”命令（数量：10%，高斯分布，单色），效果如图 10-16 所示。

步骤 7：取消选区，拖入步骤 5 完成的雪景图层，调整大小和位置，添加白色描边，如图 10-17 所示。

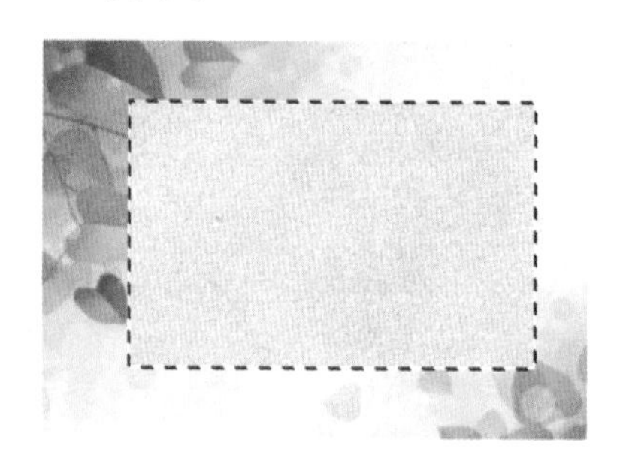

图 10-16 绘制选区

图 10-17 加入雪景图

步骤 8：链接两个图层，用变形工具制作透视效果，如图 10-18 和图 10-19 所示。

图 10-18 透视操作

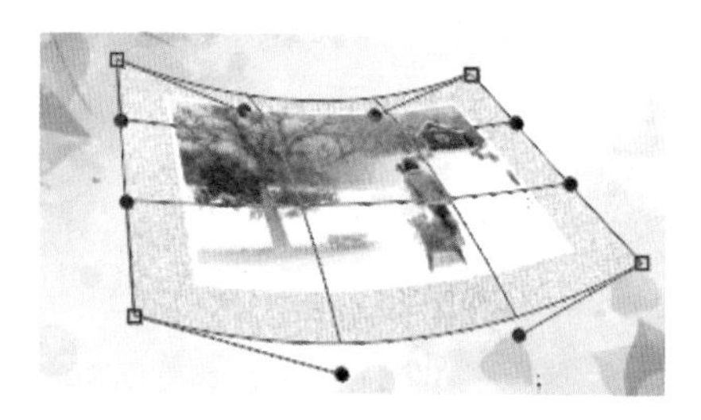

图 10-19 变形操作

步骤 9：添加图层样式，设置合适的参数制作投影；选择并拖入钉子素材，调整到合适位置，效果如图 10-20 所示。

步骤 10：打开气泡素材图片，选择气泡并拖入。绘制圆形选区把雪景放入气泡，用图层蒙版处理出半透明效果。复制两个并调整大小和位置，如图 10-21 所示。

图 10-20 添加投影效果

图 10-21 添加元素

步骤 11：加入木牌、日历，添加文字，完成效果如图 10-22 所示。

图 10-22　冬天记忆效果

第 11 章　用动作和自动化任务提高工作效率

知识要点

- ◆“动作”调板。
- ◆ 应用动作，录制动作。
- ◆ 调整及编辑动作。
- ◆ 修改动作中的命令参数。
- ◆ 继续录制动作。
- ◆ 创建 Web 照片画廊，用“批处理”命令快速处理图像。
- ◆ 制作全景图像。

本章导读

动作是 Photoshop 中非常重要的提高工作效率的功能，而配合“批处理”命令来使用动作能够以极高的速度处理一个文件夹中的所有图像文件，从而再次提高工作效率。本章不仅讲解了如何使用动作，如何录制动作，还讲解了如何批处理图像，如何创建 Web 照片画廊及制作全景图像。

11.1　“动作”调板

所有关于动作的操作基本上都是集中在“动作”调板中。选择“窗口”→“动作”命令，即可弹出“动作”调板（如图 11-1 所示）。其中存储了软件预设的动作，对动作的编辑管理等操作都需要在此调板中进行。

图 11-1　“动作”调板

组：包括多个动作的动作文件夹。

切换对话框开/关：用于控制动作在运行的过程中是否显示参数对话框的命令的对话框。如果在动作中某一命令的左侧显示标记，则表明运行此命令时显示对话框，否则不显示对话框。如果在动作的左侧显示标记，则表明运行此动作中所有具有对话框的命令时，显示对话框，否则不显示。

切换项目开/关：用于控制动作或动作中的命令是否被跳过。如果在动作中某一命令的左侧显示标记，则此命令正常运行。如果该位置显示标记,则表明命令被跳过。如果在某一动作的左侧显示红色标记,则表明此动作中有命令被跳过。如果显示标记,则表明为正常运行;如果该位置显示标记,则表明此动作中的所有命令均被跳过,不被执行。

11.2 应用及录制动作

自定义动作就是利用"动作"调板中的命令、按钮执行录制操作,具体操作步骤如下。

(1) 单击"动作"调板中的"创建新组"按钮,在弹出的对话框中设置新组的名称。单击"确定"按钮,在"动作"调板中增加一个新组。

★**提示**:如果不希望新动作保存在新的动作文件夹中,则此步骤不是必需的。

(2) 单击"动作"调板中的"创建新动作"按钮,弹出"新建动作"对话框如图 11-2 所示。

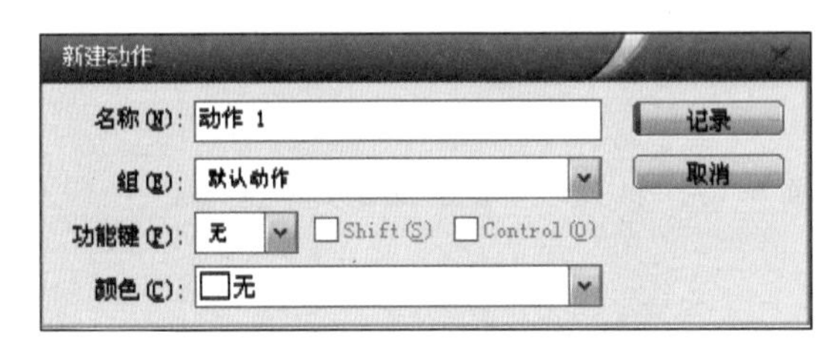

图 11-2 "新建动作"对话框

名称:在此文本框中输入新动作的名称。

组:在此下拉表中选择一个组,以使新动作被包含在该组中。

功能键:在此下拉列表中选择播放动作的快捷键,其中包括 F2~F12 键;并且可以选择其后的 Shift 或 Control 选项,以配合快捷键。

颜色:在此下拉列表中选择一种颜色,设置"动作"调板以"按钮"显示时,此动作的显示颜色。

(3) 设置"新建动作"对话框中的参数后,单击"记录"按钮,此时"动作"调板中的"开始记录"按钮显示为红色。

(4) 编辑图像的操作完成后,单击"动作"调板中的"停止播放纪录"按钮,即可完整地录制一个动作。

11.3 调整及编辑动作

11.3.1 重排命令的顺序

对动作或者动作中的命令进行修改的最简单的操作是重排命令的顺序,其操作方法与更改图层顺序的方法较为类似。可以将一个动作或动作中的命令,通过拖动至另一个动作或命令的上面或下面,来改变它们的播放顺序,顺序的改变意味着可以得到不同的图像效果。也可以将一个组中某一个动作中的某一个命令拖至另一个组中的另一个动作中，当高亮线出现在需要的位置时，释放鼠标即可。

11.3.2 继续记录其他命令

要在已录制完成的动作中增加新的命令，可以按下述步骤操作：

(1) 在“动作”调板中单击动作名称左侧的三角形按钮，显示动作所包含的命令的列表。

(2) 如果要在某命令的下面添加新命令，可选择该命令。

(3) 单击“动作”调板上的“开始记录”按钮▶。

(4) 开始执行要添加的命令，完成添加单击“停止播放记录”按钮■即可。

11.3.3 改变某命令参数

对于有对话框的命令，可以双击该命令名称，在弹出的对话框中更改以前的参数，使动作记录此命令的新参数值。使用这种方法可以使一个动作能够适应多个应用情况。

11.4 创建数据驱动图形

利用数据驱动图形，可以快速准确地生成图像的多个版本以用于印刷项目或 Web 项目。

1. 创建用作模板的基本图形

使用图层分离出要在图形中更改的图素。

2. 在图形中定义变量

可以使用变量来定义模板中的哪些元素将发生变化。Photoshop 中的变量功能与 CorelDRAW 的“拼合打印”功能及 InDesign 的“数据拼合”功能相似。Photoshop 中可以定义三种类型的变量。

- 可见性：变量显示或隐藏图层的内容。
- 文本替换：变量替换文字图层中的文本字符串。
- 像素替换：变量用其他图像文件中的像素来替换图层中的像素。

3. 创建或导入数据组

数据组是变量及其相关数据的集合。执行下列操作之一：

- 执行“图像”→“变量”→“数据组”命令。
- 如果“变量”对话框已打开，则从对话框顶部的弹出式菜单中选取“数据组”，或者单击“下一步”。

★**提示**：必须至少定义一个变量，才能编辑默认数据组。

- 单击“新建数据组”按钮。

4. 使用每个数据组预览文档

要查看最终图形的外观，可以先进行预览，然后再导出所有文件。

5. 将图形与数据一起导出来生成图形

可以将图形导出为 Photoshop(PSD)文件。

11.5 自动化任务

自动化任务是 Photoshop 最具代表性的功能，尽管这里的许多命令具有很强的针对性。

11.5.1 "批处理"命令

"批处理"命令是自动化任务中十分常用的一个命令。使用此命令需要结合"动作"来执行，它能够自动为一个文件夹中的所有图像添加指定的动作调板中的某一个命令，从而为文件夹中的所有图像都添加所希望的艺术效果。执行"文件"→"自动"→"批处理"命令，弹出如图 11-3 所示的对话框。

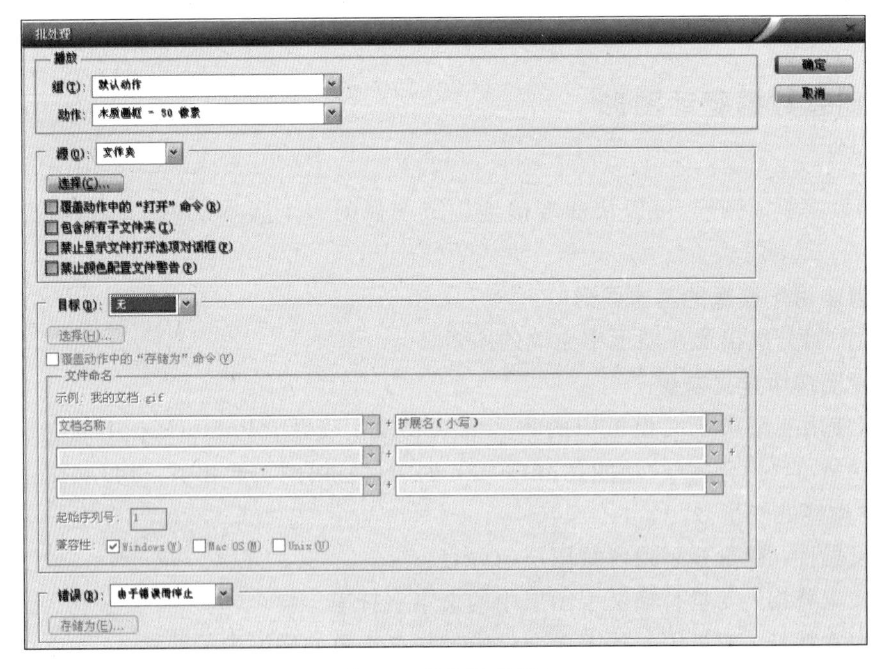

图 11-3 批处理对话框

对话框中各项设置的含义如下：

- 在"播放"选项按钮的"组"下拉列表框中的选项用于定义要执行的动作所在的组。
- 在"移动"下拉列表框中可以选择要执行的动作的名称。
- 在"源"下拉列表框中选择"文件夹"选项，然后单击其下面按钮，在弹出的对话框中可以选择要进行批处理的文件夹。
- 选择"覆盖动作中的'打开'命令"复选框，将忽略动作中录制的"打开"命令。

- 选择“包含所有子文件夹”复选框，将使批处理在操作时对指定文件夹的子文件夹中的图像执行指定的动作。
- 在“目标”下拉列表框中选择“无”选项，表示不对处理后的图像文件进行任何操作。选择“存储并关闭”选项，将进行批处理的文件存储并关闭以覆盖原来的文件。选择“文件夹”选项，并单击下面按钮，可以为进行批处理后的图像指定一个文件夹，以便将处理后的文件保存于该文件中。
- 在“错误”下拉表框中选择“由于错误而停止”选项，可以指定当动作在执行过程中发生错误时处理错误的方式。选择“将错误记录到文件”选项，可将错误记录到一个文本文件中并继续批处理。

应用“批处理”命令对一批图像文件进行批处理操作时，可以参考下面的步骤：

(1) 录制要完成指定任务的动作，选择“文件”→“自动”→“批处理”命令。

(2) 从“播放”选项组的“组”和“动作”下拉列表框中选择需要应用的动作所在的“组”以及动作的名称。

(3) 从“源”下拉列表框中选择要应用“批处理”的文件。如果要进行批处理操作的图像文件已经全部打开，则选择“打开的文件”选项。

(4) 选择“覆盖动作中的‘打开’命令”复选框，动作中的“打开”命令将引用“批处理”的文件而不是动作中指定的文件名，选择此选项将弹出提示对话框。

(5) 选择“包含所有子文件夹”复选框，使动作同时处理指定文件夹的所有子文件夹中的可用文件。

(6) 选择“禁止颜色配置文件警告”复选框，将关闭颜色方案信息的显示，这样可以在最大程度上减少人工干预批处理操作的几率。

(7) 从“目标”下拉列表框中选择执行批处理命令后的文件所放置的位置。

(8) 选择“覆盖动作中的‘存储为’命令”复选框。动作中的“存储为”命令将引用批处理的文件，而不是动作中指定的文件名和位置。

(9) 如果在“目标”下拉列表框中选择“文件夹”复选框，则可以指定文件命名规范并选择处理文件的文件兼容性选项。

(10) 如果在处理指定的文件后，希望对新的文件统一命名，可以在“文件命名”选项组中设置需要设定的选项。

(11) 从“错误”下拉列表框中选择处理错误的选项。

(12) 设置完所有选项后单击“确定”按钮，Photoshop 开始自动执行指定的动作。

11.5.2 Web 照片画廊

利用“Web 照片画廊”命令，可以非常迅速地由一个文件夹的所有图像自动生成用于简单演示的图片网站。此命令对于那些非专业的、希望制作个人照片或图库网站的爱好者非常有用。执行“文件”→“自动”→“Web 照片画廊”命令可弹出设置对话框。

此命令的使用方法如下：

(1) 先准备好要生成为网页的图片，并将其保存于一个文件夹中。选择“文件”→“自动”→“Web 照片画廊”命令。在“样式”下拉列表框中选择要创建 Web 照片画廊的基本样式，Photoshop 在此提供了 15 种样式。

(2) 在“源图像”选项组中单击按钮，在弹出的对话框中选择要制作为 Web 照片画廊的图片所在的文件夹。

(3) 单击按钮，在弹出的对话框中选择保存 Web 照片画廊的文件夹。

(4) 在“选项”下拉列表框中选择“横幅”选项，在此选项组中可以设置生成 Web 照片画廊的网络名称、摄影师、联系信息、日期、字体和字体大小等参数。

(5) 选择“大图像”选项，在此选项组中可以设置生成 Web 照片画廊的 JPEG 品质、边界大小、字体、字体大小等参数。

(6) 选择“缩览图”选项，在此选项组中可以设置生成 Web 照片画廊的缩览图的大小、列、行、边界大小、字体、字体大小等参数。

(7) 选择“自定颜色”选项，在此选项组中可以设置生成 Web 照片画廊的背景、链接、现用链接、已访问的链接、文本等颜色。

(8) 选择“安全性”选项，在此选项组中可以设置生成 Web 照片画廊后的一些保护性设置。

(9) 设置完所有选项后，单击“确定”按钮，Photoshop 开始自动操作。这些操作包括处理源图片，生成网页用的大浏览图以及小的缩览图，最后生成所需要的网页。

11.5.3 制作全景图像

普通的非专业照相机通常都没有广角镜头，利用 Photomerge 命令能够连续拍摄照片，并将其拼接成一个连续的全景图像。执行“文件”→“自动”→Photomerge 命令，打开如图 11-4 所示的对话框。

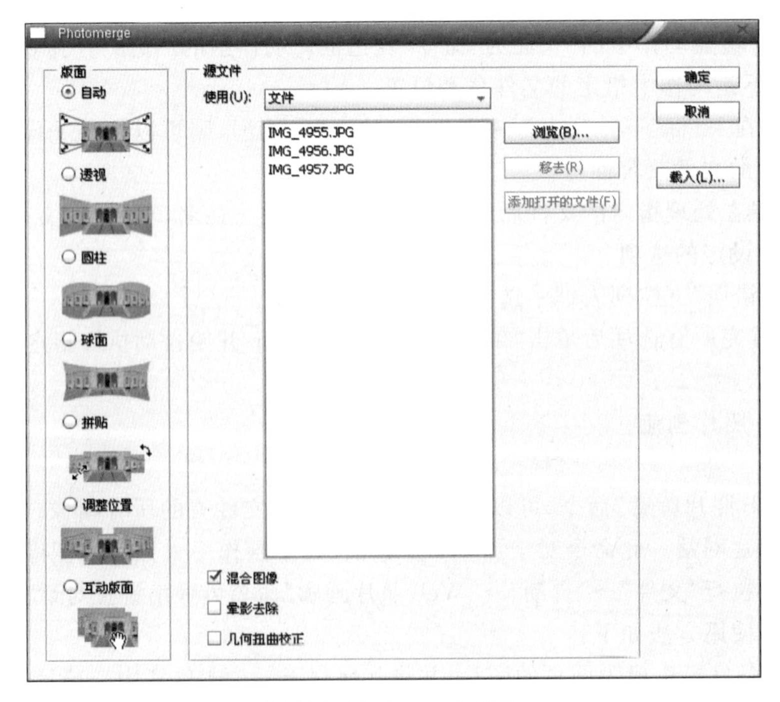

图 11-4 Photomerge 对话框

使用：如果希望使用已经打开的文件，可单击“添加打开的文件”按钮。

- 文件：可使用单个文件生成 Photoshop 合成图片。
- 文件夹：使用存储在一个文件夹中的所有图像创建 Photomerge 合成图像。该文件夹中的文件会出现在此对话框中。

版面：选择一种图片拼接类型。

混合图像：若使 Photoshop 自动排列工作区域中的图像，则取消选择该复选框。

对生成的全景图片，可以使用裁剪工具对图像进行裁剪直至得到满意的效果为止。使用 Photomerge 命令拼接后的全景图如图 11-5 所示。

图 11-5 Photomerge 合成应用

11.5.4 自动镜头更正

Adobe 从机身和镜头的构造上着手实现了镜头的自动更正，主要包括减轻枕形失真(pincushion distortion)，修饰曝光不足的黑色部分以及修复色彩失焦(chromatic aberration)。当然这一调节也支持手动操作，用户可以根据自己的不同情况进行修复设置，并且可以从中找到最佳的配置方案。执行“文件”→“自动”→“镜头校正”命令，可打开相应的对话框。

11.6 自动脚本

11.6.1 图像处理器

图像处理器可以转换与处理多个文件。与批处理命令不同的是，使用图像处理器时不必创建动作。使用图像处理器可以将一组文件在 JPEG、PSD、TIFF 格式之间进行转换，也可以将文件同时转换为三种格式；可以使用同样的选项处理数码相机的 RAW 文件；可以使用固定的像素值重新改变图像大小；可以嵌入颜色配置文件或将一组文件转换为RGB模式并将它们保存为JPEG格式；还可以将版权Metadata数据包括在转换后的图像中。

11.6.2 脚本事件管理器

利用脚本事件管理器可以指定一个事件，当事件发生时自动执行Javascript脚本与Photoshop动作。事件可以是启动Photoshop、新建文件、打开文件、保存文件、关闭文件、打印文件和导出文件等。可以使用Photoshop所提供的这几种默认事件，也可以在可编程的脚本中指定其他事件来触发动作。

11.7 本章基础实例

实例——变量排版

步骤1：新建一文件模版（PSD格式）。

步骤2：在文件中为想要调整的内容新建独立的图层模板，如图11-6所示。

图11-6 制作图层模板

步骤3：执行“图像”→“变量”→“定义”，打开“变量”对话框如图11-7所示。定义参数如下：

- 为“000000”定义变量类型为“文本替换”，“名称”为“学号”。
- 为“张小敏”定义变量类型为“文本替换”，“名称”为“姓名”。
- 为“照片”定义变量类型为“像素替换”，“名称”为“Photos”，“手法”为“限制”。

步骤4：导入或新建变量数据组，勾选“将第一列用作数据组名称”及“替换现有的数据组”选项（可以预览结果）。“导入数据组”对话框如图11-8所示。

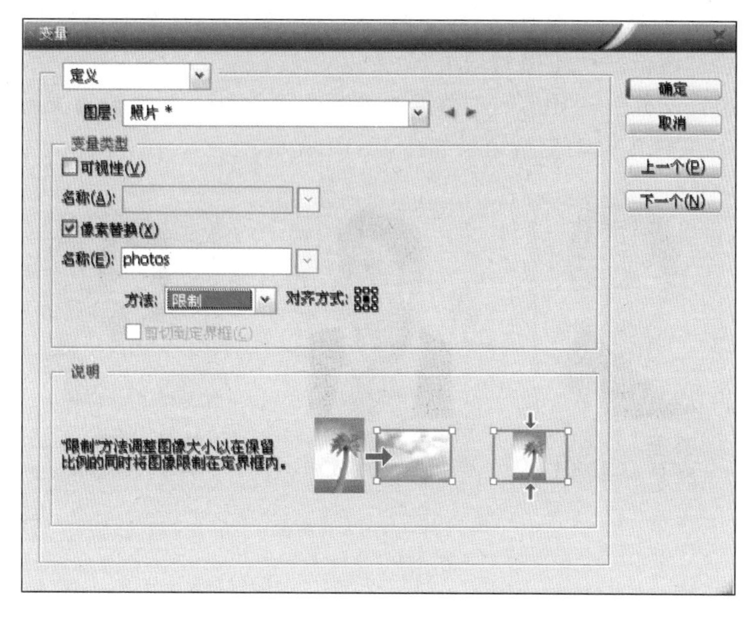

图 11-7 “变量”对话框

图 11-8 “导入数据组”对话框

本例导入的是 list. txt 素材文件。 *. txt 格式的数据组文件最好用 ANSI 编码存储,如图 11-9 所示。

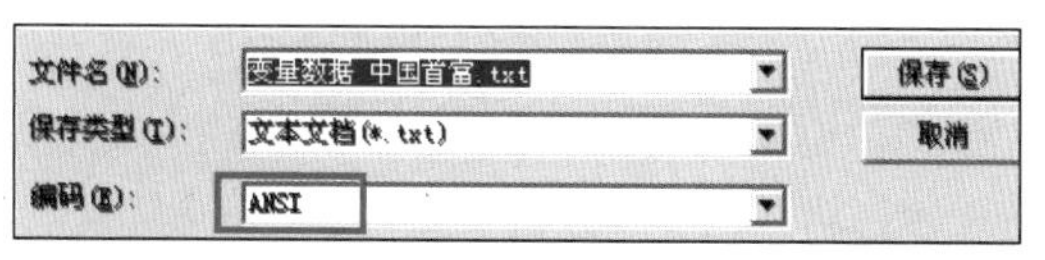

图 11-9 设置编码

关于新建数据组文件的注意事项:

- 文件中的项目用制表符而不是用空格(键盘上的 Tab 键)隔开。
- 第一行为变量项目,下面所有行为变量值。
- 第一行中的项目名称必须和在“变量”面板中为每个图层定义的变量名称完全一致。
- 像素替换变量一般用一外部图像替换,变量值应该是一图像的相对路径或者绝对路径。假如图像和数据组文件保存在同一目录下，运用相对路径即可。

步骤 5：执行“图像”→“应用数据组”命令。

步骤 6：执行“文件”→“导出”→“数据组作为文件”命令，选择输出文件夹，把结果导出为独立的 PSD 文件。自动变量结果如图 11-10 所示。

图 11-10　自动变量结果

第12章　网页、动画与视频

知识要点

- ◆ 切片工具和切片选择工具的使用方法。
- ◆ 切片的创建与编辑。
- ◆ 图像的优化格式。
- ◆ 帧模式和时间模式状态下的“动画”调板。
- ◆ 动画制作。
- ◆ 视频图层。
- ◆ 视频文件的编辑。

本章导读

图形图像软件处理技术的成熟，使网页的制作越来越精美。一个优秀的网页设计师必是一个优秀的平面设计师。本章主要讲解切片工具的应用，例如切片的创建、删除、组合及网页输出等；另外，还介绍在Photoshop中制作动画和处理视频的方法，这些暂时还没有成为Photoshop的主要功能，但代表了一种发展方向。

12.1　网页

利用Photoshop中的Web工具，可以轻松构建网页组件，并可按预设或自定义格式输出完整网页。

12.1.1　切片的类型

制作网页时，通常需要对页面进行分割，即制作切片。通过优化切片可以对分割的图像进行不同程度的压缩，以减少图像的下载时间。另外，还可以为切片制作动画、链接和翻转效果。使用切片工具创建的切片称为用户切片，通过图层创建的切片称为基于图层的切片。创建新的切片时，会生成附加的自动切片来占据图像的其余区域，填充图像中未定义的空间。

★**提示**：制作切片时，按住Shift键拖动鼠标可以创建正方形切片，按住Alt键拖动鼠标可从中心向外创建切片。

12.1.2 选择、移动和调整切片

使用切片选择工具单击切片，可以选择切片；选择后，拖动鼠标可以移动切片（按住 Shift 键可以垂直、水平或 45°角移动；按住 Alt 键可以复制切片）；将光标移至切片定界框的控制点上，单击并拖动可以调整切片大小。

12.1.3 切片选择工具选项栏

切片选择工具选项栏（见图 12-1）包含了该工具的设置选项。创建切片时，最后创建的切片是顶层切片。通过按钮组可以重新调整切片顺序。

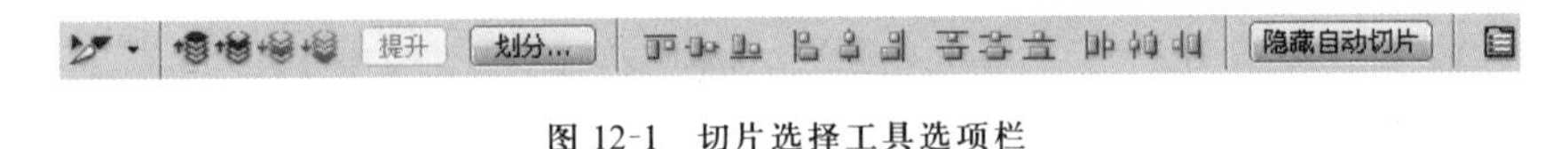

图 12-1 切片选择工具选项栏

提升：可转换自动切片或图层切片为用户切片。

划分：可在打开的"划分切片"对话框中对选择的切片进行划分。

对齐与分布切片：选择多个切片以后，可使用对齐与分布按钮组进行排列。

隐藏自动切片：可以隐藏自动切片。

设置切片选项：可在打开的"切片选项"对话框中设置切片的名称、类型及指定的 URL 地址等。

12.1.4 组合与删除切片

使用切片工具选择两个或更多的切片后，单击鼠标右键，可在打开的下拉菜单中选择"组合切片"命令，可将选择的切片组合为一个切片。

★**提示**：Photoshop 利用连接组合切片的外边缘创建的矩形来确定所生成切片的尺寸和位置。如果组合切片不相邻，或比例、对齐方式不同，则新组合的切片可能与其他切片重叠。组合切片将采用选定切片系列中的第一个切片的优化位置。组合切片始终为用户切片，与原始切片是否包含自动切片无关。

选择一个或多个切片，按下 Delete 键可以删除切片；如果要删除所有用户切片和图层切片，可执行"视图"→"清除切片"命令。

12.1.5 存储为 Web 格式

切片制作完毕后，执行"文件"→"存储为 Web 和设备所用格式"命令，在打开的对话框中进行设置，即可输出网页格式。

12.2　动画

动画是在一段时间内显示的一系列图像或帧。当每一帧都有轻微的变化时，连续、快速地显示这些帧就会产生运动或其他变化的视觉效果。执行“窗口”→“动画”可以打开“动画”调板，单击右下角的按钮可以切换时间轴模式与帧模式，如图 12-2 所示。

过渡动画帧：打开“过渡”对话框(如图 12-3 所示)，可以在两个现有帧之间添加一系列帧，并让新帧之间的图层属性均匀变化。

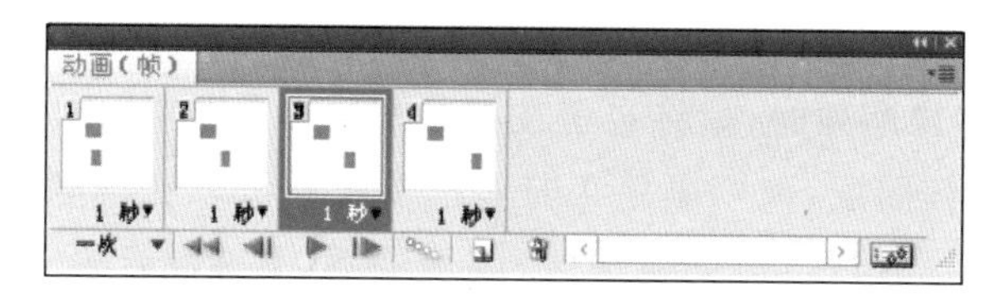

图 12-2　“动画”调板

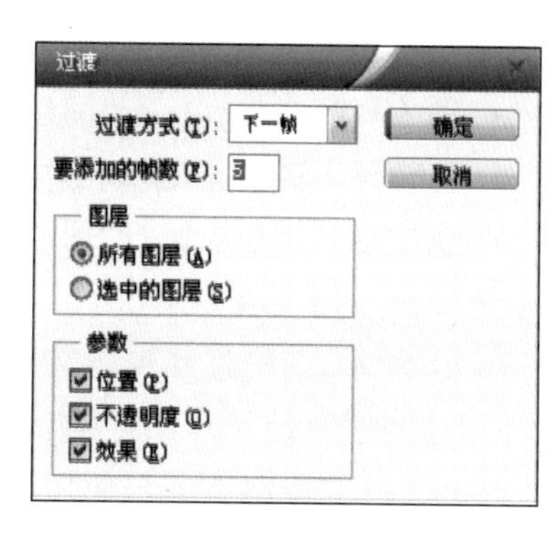

图 12-3　“过渡”对话框

在时间轴模式下，使用调板底部的工具可以浏览各个帧，放大或缩小时间显示，删除关键帧和预览动画。可以使用时间轴上自身的控件调整图层的帧持续时间，设置图层属性的关键帧并将动画的某一部分指定为工作区域。

全局光源轨道：显示要在其中设置和更改的图层效果。

切换洋葱皮：按下该按钮可切换到洋葱皮模式。该模式将显示在当前帧上绘制的内容以及在周围的帧上绘制的内容。这些附加描边以指定的不透明度显示。该模式可提供描转业军人位置的参考点，因此对于绘制逐帧动画很有用。

在时间轴模式中(见图 12-4)，“动画”调板将显示文档中的每个图层(背景层除外)，并与“图层”调板同步。只要添加、删除、重命名、分组、复制图层或为图层分配颜色，就会在两个调板中刷新所做的更改。

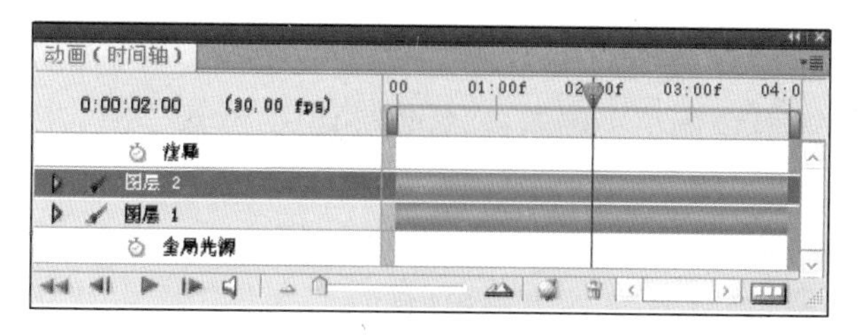

图 12-4　时间轴模式调板

12.3 视频

视频图层是从 Photoshop CS3 版本以后增加的功能，可以编辑视频的各个帧和图像序列文件。除了使用 Photoshop 工具在视频上进行编辑和绘制之外，还可以应用滤镜、变换、图层样式和混合模式。可以通过以下三种方式打开或者创建视频图层。

- 打开视频文件：执行"文件"→"打开"命令，选择一个视频文件打开，新文档的视频图层上将出现视频图层标志。
- 导入视频文件：执行"图层"→"视频图层"→"从文件创建视频图层"命令，可以将视频导入到打开的文档中。
- 新建视频图层：执行"图层"→"视频图层"→"新建空白视频图层"命令，可以新建一个空白的视频图层。

在 Photoshop 中打开视频文件或图像序列时，帧将包含在视频图层中。在"图层"调板中，用连环缩略幻灯片图标标识视频图层，使用画笔工具和图章工具可以在视频文件的各个帧上进行制作。与使用常规层类似，可以创建选区，应用蒙版，调整混合模式、不透明度、位置和图层样式。视频图层参考的是原始文件，对视频图层进行的编辑不会改变原始视频或图像序列。

★**提示**：要在 Photoshop 中处理视频，必须安装 QuickTime 7.1 或更高版本。它可以打开多种 QuickTime 视频格式的文件，包括：MPEG-4、MOV 和 AVI。如果安装了 Flash 8，则可支持 Quick Time 的 FLV 格式；如果安装了 MPEG-2 编码器，则可支持 MPEG-2 格式。

12.4 本章基础实例

实例——动态人物效果

步骤 1：打开素材图片，复制一层。
步骤 2：用钢笔工具绘制出人物路径，转换为选区，复制一层。
步骤 3：添加"动感模糊"效果。
步骤 4：执行"窗口"→"动画"命令打开动画调板，切换到帧模式。
步骤 5：复制一帧，隐藏图层，设置延迟时间。
步骤 6：保存为 Web 设备和所有文件(格式为 GIF)，动画效果如图 12-5 所示。

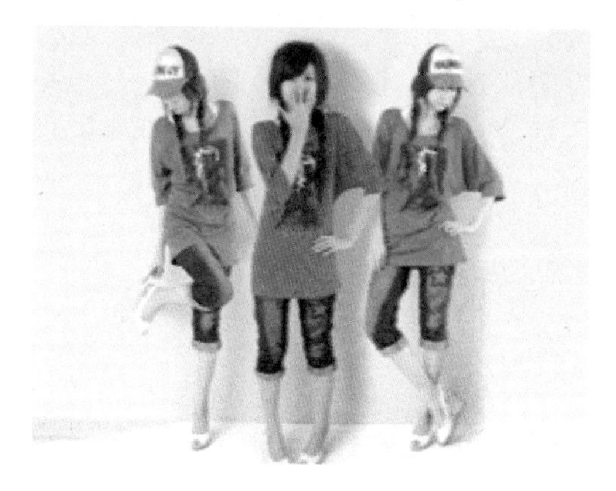

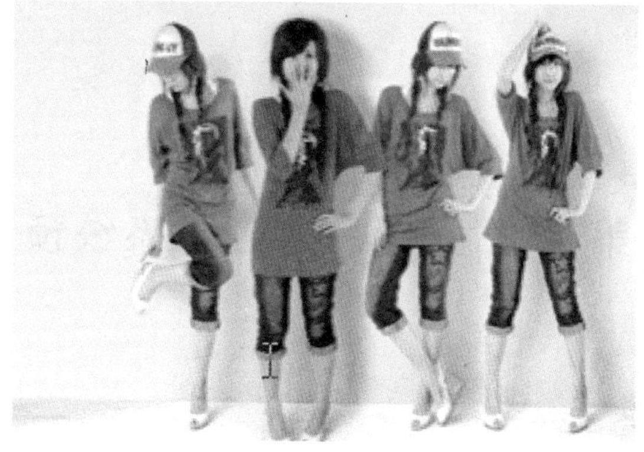

图 12-5 动画效果

第 13 章　色彩管理与系统预设

知识要点

- 配置文件的作用。
- 校样设置的方法。
- 色域警告的概念。
- 首选项的设置内容。

本章导读

在应用程序中，每个软件可能会有各自独立的色彩空间，从而导致文件在不同的设备间交换时颜色会发生变化。通过"颜色设置"命令可以进行色彩管理，颜色设置会自动在应用程序间同步，这种同步确保了颜色在所有的 Adobe Creative Suite 应用程序中都有一致的表现。本章重点讲解了如何进行校样设置；详细讲解了"首选项"中各项设置参数的作用，对于优化 Photoshop 制作环境具有指导作用。

13.1　颜色设置

对于大多数色彩管理工作流程，最好使用 Adobe Systems 已经测试过的预设颜色设置。只有对色彩管理知识很丰富并且对所做的更改非常有信心的时候，才可以更改特定选项。

13.1.1　颜色设置对话框

执行"编辑"→"颜色设置"命令，可以打开"颜色设置"对话框，如图 13-1 所示。

设置：在该选项的下拉列表中可以选择一个颜色设置。所选的设置确定了应用程序使用的颜色工作空间用嵌入的配置文件打开和导入文件时的情况，以及色彩管理系统转换颜色的方式。要查看设置说明，可选择该设置，然后将光标放在设备名称上。对话框的"说明"选项内会显示该设置的相关说明信息。

工作空间：为每个色彩模型指定工作空间配置文件(色彩配置文件定义颜色的数值如何对应其视觉外观)。工作空间可以用于没有色彩管理的文件及有色彩管理的新建文件。

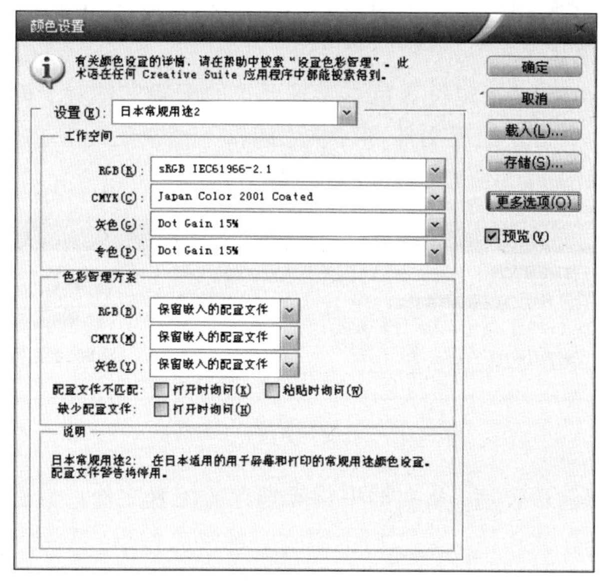

图 13-1 “颜色设置”对话框

色彩管理方案：指定如何管理特定的颜色模型中的颜色。它处理颜色配置文件的读取和嵌入、嵌入颜色配置文件和工作区的不匹配，还处理从一个文件到另一个文件间的颜色移动。当光标在对话框中的选项上移动时，“说明”区域便会显示该选项的相关说明信息。

★**提示**：如果对话框顶部出现“未同步”提示信息，表示没有在系统中进行同步颜色设置。如果没有同步颜色设置，则在所有 Creative Suite 应用程序中的“颜色设置”对话框顶部都会出现该警告信息。

13.1.2 指定配置文件

配置文件用来描述输入设备的色彩空间和文档。精确、一致的色彩管理要求所有的颜色设备具有正确的符合 ICC 规范的配置文件。例如，如果没有准确的扫描仪器配置文件，一个正确扫描的图像可能在另一个程序中显示不正确，这是由于扫描仪和显示图像的程序之间存在差别。这种产生误导的表现可能使操作者对已经令人满意的图像进行不必要的、费时的、甚至是破坏性的“校正”。利用准确的配置文件，导入图像的程序能够校正任何设备的差别并显示扫描的实际颜色。如图 13-2 为使用配置文件管理颜色的示意图。

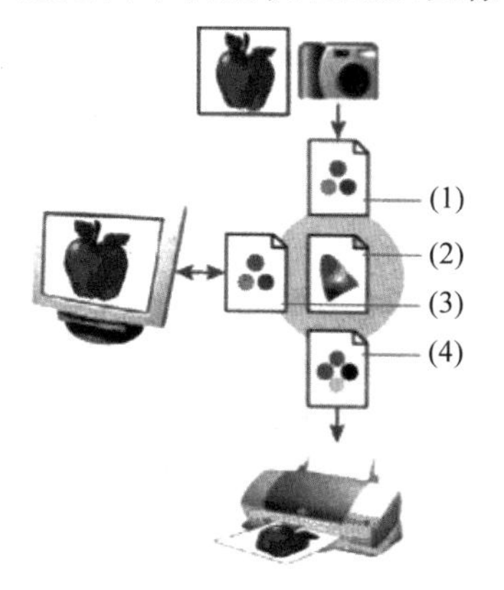

图 13-2 管理颜色的示意图

（1）配置文件描述输入设备的色彩空间和文档。

（2）色彩管理体系使用配置文件的说明来标识文档的实际颜色。

（3）显示器的配置文件告知色彩管理系统如何将数值转换到显示器的色彩空间。

(4) 色彩管理系统使用输出设备的配置文件,将文档的数值转换到输出设备的颜色值,从而打印实际颜色。

从图 13-2 中可以看出,指定符合色彩管理要求的配置文件对于确保显示和输出的一致性是非常重要的。要指定配置文件,可执行"编辑"→"指定配置文件"命令,打开"指定配置文件"对话框,如图 13-3 所示。

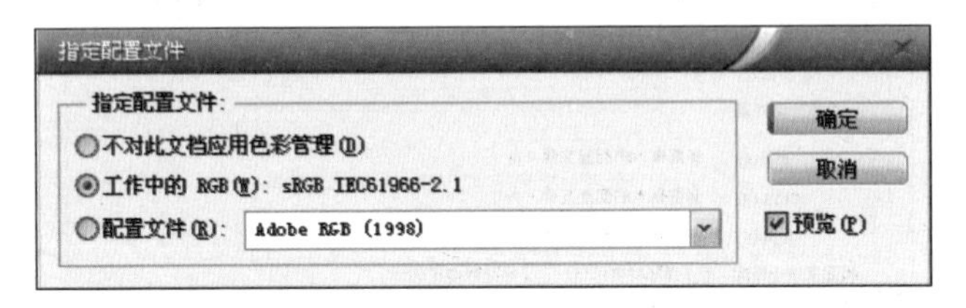

图 13-3 "指定配置文件"对话框

不对此文档应用色彩管理:从文档中删除现存的配置文件。只有在确定不想对文档进行色彩管理时才选择此选项。从文档中删除了配置文件后,颜色的外观将由应用程序工作空间的配置文件确定,我们不能再在文档中嵌入配置文件。

工作中的 RGB:给文档指定工作空间配置文件。

配置文件:在该选项的下拉列表中可以选择不同的配置文件。应用程序为文档指定了新的配置文件,而不将颜色转换到配置文件空间,这可大大改变颜色在显示器上的外观。

13.1.3 转换为配置文件

执行"编辑"→"转换为配置文件"命令,可以打开相应的对话框,如图 13-4 所示。

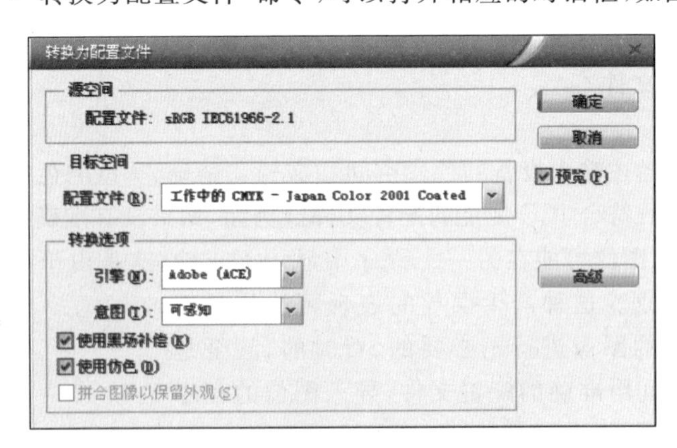

图 13-4 "转换为配置文件"对话框

源空间:显示了当前文档的颜色配置文件。

目标空间:可选择将文档的颜色转换到的颜色配置文件。文档将转换为新的配置文件并用此配置文件标记。

引擎:可以指定用于将一个色彩空间的色域映射到另一个色彩空间的色域的色彩管理模块(CMM)。对大多数用户来说,默认的 Adobe (ACE)引擎即可满足所有的转换

需求。

意图：指定色彩空间之间转换的渲染方法。渲染方法之间的差别只有当打印文档或转换到不同的色彩空间时才表现出来。

使用黑场补偿：确保图像中的阴影详细信息通过模拟输出设备的完整动态范围得以保留。

使用仿色：控制在色彩空间之间转换8位/通道的图像时使用仿色。

拼合图像：控制在执行转换操作时拼合文档中的所有图层。

13.2 校样颜色与校样设置

传统的出版工作流程中，在进行最后的打印输出之前，需要打印出文档的印刷校样，以预览该文档在特定输出设备上还原时的外观。在色彩管理工作流程中，可以直接在显示器上使用颜色配置文件的精度来对文档进行电子校样，通过屏幕预览便可以查看文档颜色在特定输出设备上还原时的外观，以便及时发现并修正问题，确保图像以正确的色彩输出。"校样设置"菜单如图13-5所示。

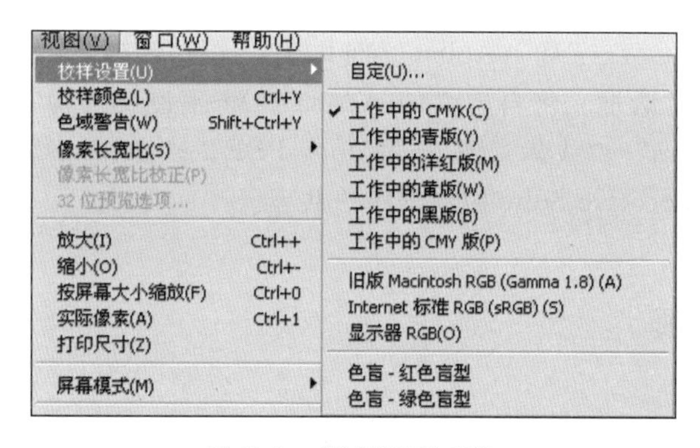

图13-5 "校样设置"菜单

选择"视图"菜单中"校样颜色"命令可以打开电子校样显示，使用这项功能可以预览图像打印后或是在各种设备上的显示效果。例如，在"校样设置"命令中，当前的图像显示为CMYK模式输出的结果。取消选择可关闭电子校样显示。

自定：可为特定输出条件创建一个自定校样设置。

工作中的CMYK/青版/洋红版/黄版/黑版/CMY版：使用当前CMYK工作空间创建特定CMYK油墨颜色的电子校样。

旧版Macintosh RGB/Windows RGB：使用标准的Mac OS显示器/Windows显示器作为模拟的校样配置文件空间，为图像中的颜色创建电子校样。

显示器RGB：使用当前显示器色彩空间作为校样配置文件空间，为RGB文档中的颜色创建电子校样。

13.3 色域警告

在出版系统中,没有哪种设备能够重现人眼可以看见的整个范围的颜色。每种设备都使用特定的色彩空间,此色彩空间可以生成一定范围的颜色,即色域。

显示器的色域要比打印机能够输出的颜色范围广,因此,并不是所有在显示器上显示的颜色都能够被打印出来,那些不能被打印机输出的颜色被称为溢色。在将 RGB 图像转换为 CMYK 时,Photoshop 会自动将所有颜色置于色域中。如果想在转换为 CMYK 之前识别图像中的溢色,以便进行手动校正,可选择"视图"菜单中的"色域警告"命令,图像中的溢色便会显示为灰色。

13.4 Adobe PDF 预设

Adobe PDF 预设是一个预定义的设置集合,这些设置旨在平衡文件大小和品质。使用它可以创建一致的 Photoshop PDF 文件,并且可以在 Adobe Creative Suite 组件,例如 InDesign Illustrator、GoLive 和 Acrobat 之间共享。执行"编辑"→"Adobe PDF 预设"命令可以打开相应的对话框。将自定义的 Adobe PDF 预设文件保存在"Documents and Settings"→"All Users"→"共享文档"→"Adobe PDF"→"Settings"文件夹内,该文件便可以在其他 Adobe Creative Suite 应用程序中共享。

13.5 设置首选项

在"编辑"→"首选项"下拉菜单中包含了 Photoshop 工作环境定制的各种选项。

1. 常规

拾色器:可选择使用 Adobe 或是 Windows 拾色器。Adobe 拾色器可根据 4 种颜色模型从整个色谱和 PANTONE 等颜色匹配系统中选择颜色;Windows 拾色器仅涉及基本颜色,并只允许根据两种颜色模型选择需要的颜色。如果采用的是 Windows 操作系统,最好使用 Adobe 拾色器。

图像差值:在改变图像大小时(这一过程被重新取样),Photoshop 会遵循一定的图像插值方法来增加或删除像素。

- 邻近:以中低精度的方法生成像素,该方法速度最快,但容易产生锯齿。
- 两次线性:以平均周围像素颜色值的方法来生成像素,该方法可生成中等品质的图像。
- 两次立方:以周围像素值分析作为依据的方法生成像素,该方法精度较高,但速度较慢。

用户界面字体大小:设置用户界面字体大小,修改后需要重启 Photoshop 才能生效。

自动启动 Bridge：运行 Photoshop 后自动启动 Bridge。

自动更新打开的文档：如果当前打开的文件已被其他程序修改并保存，勾选该项后，文件会在 Photoshop 中自动更新。

完成后用声音提示：完成操作时程序会发出提示音。

动态颜色滑块：设置在移动"颜色"调板中的滑块时，颜色是否随着滑块的移动而实时改变显示。

导出剪贴板：退出 Photoshop 时，复制到剪贴板中的内容仍会保留在剪贴板上，可以被其他程序使用。

使用 Shift 切换工具：在同一组工具间切换时需要按下工具快捷键＋Shift 键。

在粘贴/置入时调整图像大小：在粘贴或置入图像时，图像会依据当前文件的大小而自动调整大小。

缩放时调整窗口大小：在使用键盘快捷键缩放图像时，可自动调整窗口大小。

用滚轮缩放：通过鼠标的滚轮缩放窗口。

历史记录：指定将历史记录数据存储在何处，以及历史记录中所包含的信息的详细程度。

复位所有警告对话框：执行一些命令时，会弹出警告对话框。如果单击"不再显示此警告"命令，下一次执行时将不显示。想要重新显示，则单击此按钮。

2. 界面

使用灰度工具栏图标：工具箱中的图标显示为灰色。

用彩色显示通道：用相应的颜色显示各个通道。

显示菜单颜色：在菜单中使用颜色突出显示某些命令。

显示工具提示：将光标移至工具上时，会显示当前工具的提示。

自动折叠图标调板：使用调板时，可打开折叠的调板；不使用调板时，会自动折叠。

记住调板位置：退出 Photoshop 后会保存调板位置。

3. 文件处理

图像预览：设置存储图像时是否保存图像的缩略图。如果保存，则在打开文件时，在对话框底部会显示缩略图。

文件扩展名：将文件扩展名设置为"大写"或是"小写"。

对 JPEG 文件优先使用 Adobe Camera Raw：对 JPEG 文件优先使用 Adobe Camera Raw。

★**提示**：相机原始数据文件包含来自数码相机图像传感器且未经处理和压缩的灰度图片数据以及有关如何捕捉图像的信息。Photoshop Camera Raw 软件可以解释相机原始数据文件，该软件使用有关相机的信息以及图像元数据来构建和处理彩色图像。

忽略 EXIF 配置文件标记：保存文件时，可忽略关于图像色彩空间的 EXIF 配置文件标记。

最大兼容 PSD 和 PSB 文件：设置存储 PSD 文件时，是否提高文件的兼容性。如果仅在 Photoshop 中打开文件，则禁用"最大兼容 PSD"可明显减少文件大小。

启用 Version Cue：启用 Version Cue 工作组文件管理。

近期文件列表包含：设置"文件"→"最近打开文件"下拉菜单中能够显示的文件

数量。

4. 性能

内存使用情况：显示内存的使用情况。可拖动滑块或在“让 Photoshop 使用”选项内输入数值，调整分配给 Photoshop 的内存量。

暂存盘：具有空闲内存的驱动器或驱动器分区。

历史记录状态：设置“历史记录”调板中可以保留的历史记录的数量，默认为 20。该值越高，可以保留的历史记录越多，但占用的内存也就越多。

调整缓存：设置高速缓存的级别。

启用 3D 加速：启用 3D 加速，覆盖 3D 图层的软件渲染。

5. 光标

绘画光标：设置绘画工具的光标在画面中的显示状态。

其他光标：设置使用其他工具时光标在画面中的显示状态。

6. 透明度与色域

网格大小：设置代表透明背景的棋盘格的大小。

网格颜色：设置代表透明背景的棋盘格的颜色。

色域警告：选择“视图”菜单中的“色域警告”命令后，图像中的溢色会显示为灰色。如果不想用灰色代表溢色，可在该选项中设置其他颜色。在“不透明度”选项中可以调整覆盖溢色区域颜色的不透明度。降低不透明度值后，可通过警告颜色显示底层的图像。

7. 单位与标尺

单位：设置标尺的单位和文字的单位。文字的单位默认为“点”。

列尺寸：如果要将图像导入到排版软件（例如 InDesign）中，并用于打印和装订时，可以在该选项中设置“宽度”和“装订线”的尺寸，用列来指定图像的宽度，使图像正好占据特定数量的列。

新文档预设分辨率：设置新建文档的打印分辨率和屏幕分辨率。

点/派卡大小：设置如何定义每英寸的点数。选择“PostScript（72 点/英寸）”，设置一个兼容的单位大小，以便打印到 PostScript 设置；选择“传统（72.27/英寸）”，则使用 72.27 点/英寸（打印中传统使用的点数）。

8. 参考线、网格、切片和计数

参考线：设置参考线的颜色和样式。

智能参考线：设置智能参考线的颜色。

网格：设置网格的颜色和样式。对于“网格线间隔”可以输入网格间距值。为“子网格”设置一个值，可以依据该值来细分网格。

切片：设置切片边界框的颜色。勾选“显示切片编号”，可以显示切片的编号。

计数：设置计数项目的颜色。

9. 增效工具

附加的增效工具文件夹：设置外挂滤镜的安装路径。

旧版 Photoshop 序列号：如果需要使用旧版的增效工具，在此输入旧版 Photoshop 版本的序列号。

10. 文字

使用智能引号：智能引号称为印刷引号，它会与字体的曲线混淆。勾选该项，输入文本时可使用弯曲的引号代替引号。

显示亚洲字体选项：默认情况下，非中文、日文或朝鲜语版本的 Photoshop 将隐藏在“字符”调板和“段落”调板中出现的亚洲文字的选项。勾选该项，可以在“字符”和“段落”调板中显示中文、日文和朝鲜语文字的字体选项。

启用丢失字形保护：如果文档使用了系统上未安装的字体，在打开该文档时将会出现一条警告信息。默认情况下，Photoshop 自动选择一种适当的字体来提供字形保护。

以英文显示字体名称：在“字符”调板和文字工具选项栏的字体下拉列表中以英文显示亚洲字体的名称，否则以中文显示。

字体预览大小：在“字符”调板和文字工具选项栏的字体下拉列表中可以预览字体，该选项可以设置预览效果的大小。

第 14 章　商业设计案例

本章导读

本章是选择具有鲜明特色的实际案例，内容涉及海报、相册封面、广告、网页素材、形象宣传、主题背景、软件 UI 界面等应用领域，应用 Photoshop 在商业设计领域的实践。每个案例均从案例要求、设计思路、知识要点、制作步骤、案例小结五个方面完整介绍其完成过程。在学习过程中应重点掌握各种工具的综合应用和制作技巧，并注意培养创意思维，积累设计经验。

14.1　案例 1　折页国画——梅花

案例要求：设计一个以梅花为主题的国画艺术图片册的封面，要富有古韵。

设计思路：选择紧扣主题的水墨梅花、梅花刺绣、文房四宝为主体呈现素材，以三折页的处理方式处理水墨梅花，视觉上可达到立体感的效果；背景色调以土黄色为渐变基础色，配以皱纹及歌颂梅花的水法作品水印；再加上一只蝴蝶静中有动和墨印处理的"梅"字，紧扣主题，也更加有艺术气息。

知识要点：图层混合模式应用，色彩范围选择，变形工具应用，画笔工具制作阴影。

制作步骤：

步骤 1：打开宣纸背景素材，拖入皱纹布素材图片，调整至页面大小，设置图层不透明度为 35%，混合模式为正片叠底，如图 14-1 所示。

步骤 2：拖入梅花素材图片，调整位置与大小，在其图层下边新建图层，用矩形选择工具绘制大些的选区，用渐变工具从左上至右下实现三色（#ad8d38、#dcbf49、#ad8d38）渐变，执行"编辑"→"描边"命令绘制一个像素的白边，合并两个图层，如图 14-2 所示。

步骤 3：拖出辅助线，把梅花图层分成三个部分，用矩形选择工具选取，按 Ctrl+J 键分别复制形成三个新的图层，隐藏原来的梅花图层，如图 14-3 和图 14-4 所示。

步骤 4：用"编辑"→"变换"→"斜切"对左、中、右三个梅花图层进行扭曲变形，如图 14-5 所示。

步骤 5：隐藏辅助线，用"编辑"→"变换"→"扭曲"调整左、中、右三个梅花图层的顶点，使其有透视效果，如图 14-6 所示。

图 14-1 加入皱纸

图 14-2 加描边效果

图 14-3 加入辅助线

图 14-4 分层面板

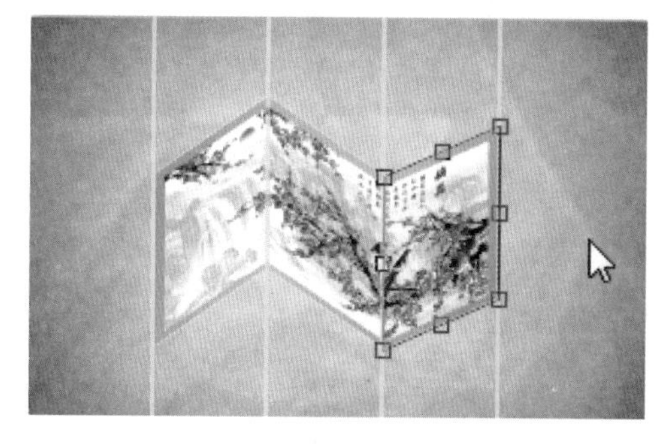

图 14-5 扭曲变形效果

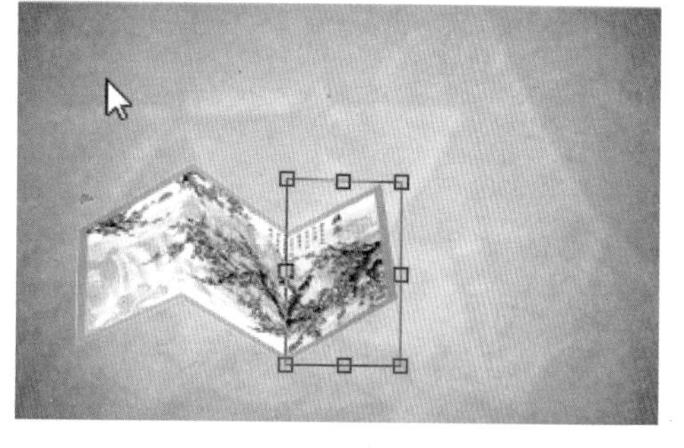

图 14-6 调整透视(1)

步骤 6：在梅花图层下新建图层，用黑色画笔绘制阴影，用“编辑”→“变换”→“透视”调整适当效果，设置阴影图层不透明度为 35%，如图 14-7 所示。

步骤 7：拖入书法素材图片，设置图层不透明度为 10%，混合模式为正片叠底；拖入文房四宝素材图下，调整好位置，用“编辑”→“变换”→“缩放”改变大小，按步骤 8 方法加阴影效果，如图 14-8 所示。

步骤 8：拖入立体梅花素材图片，如图 14-9 所示。执行“编辑”→“变换”→“水平翻转”，去除其白色背景，调整好位置，用“编辑”→“变换”→“缩放”改变大小，如图 14-10 所示。

步骤 9：加入梅字及蝴蝶素材图片，完成制作，如图 14-10 所示。

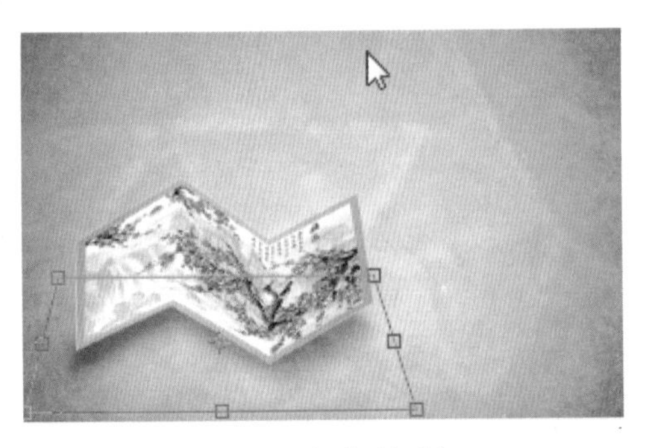

图 14-7　调整透视(2)

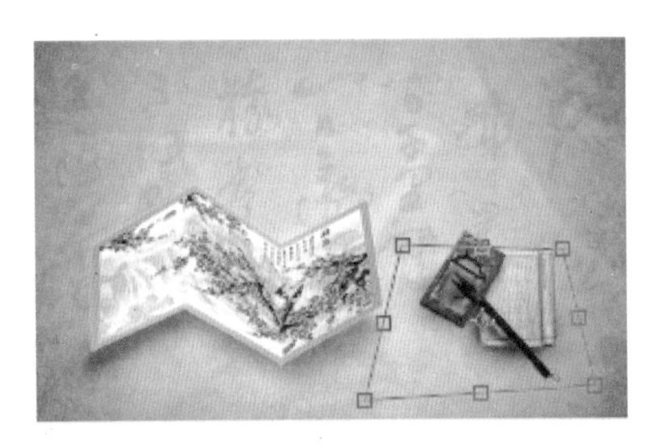

图 14-8　加入素材

图 14-9　加入立体梅花

图 14-10　完成立体画效果

案例小结：通过本案例，重点体会变形工具和图层混合模式的应用技巧，掌握同类风格素材的处理、合成，学会动静相宜、古色古香的设计风格。

14.2　案例 2　卡片墙——绿色科技

案例要求：设计一个知名 IT 企业网站的主体图片，要求富有科技氛围和立体动感，画面亮丽。

设计思路：选择代表科技的天蓝色为主体背景色调，配以光线与光芒体现时代感；用卡片墙方式展现该IT企业各项业务的代表图片，体现动态科技主题。

知识要点：羽化选区，应用变形工具，应用橡皮擦工具，应用镜头光晕滤镜，添加文字。

制作步骤：

步骤1：打开背景素材图片，新建图层，设置椭圆选择工具的羽化值为30像素，绘制并填充为白色，如图14-11所示。

步骤2：取消选区，对新图层执行"编辑"→"变换"下的缩放、旋转、扭曲系列功能进行变形操作，如图14-12所示。

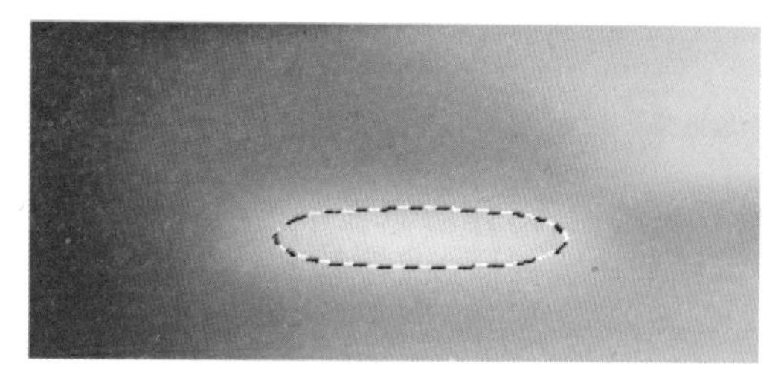

图14-11　填充选区

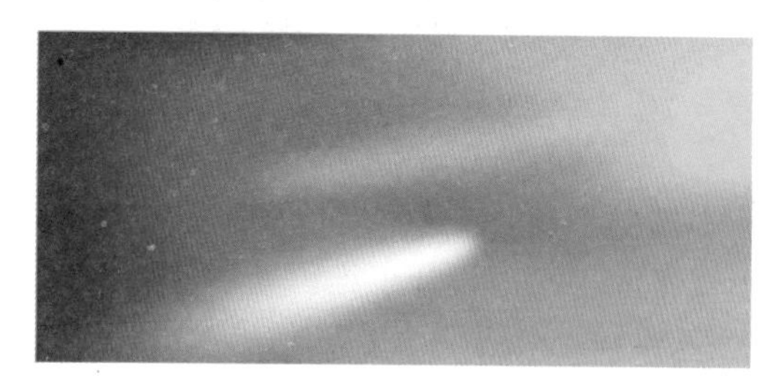

图14-12　变形图层

步骤3：同理，制作另一个光芒效果；设置矩形选择工具的羽化值为0像素，绘制细线，并用橡皮擦除边缘，如图14-13所示。

步骤4：拖入素材1图片，执行"编辑"→"描边"(宽度5像素，白色，位置居中)；用"编辑"→"变换"功能组完成卡片变形操作，如图14-14所示。

图14-13　绘制细线

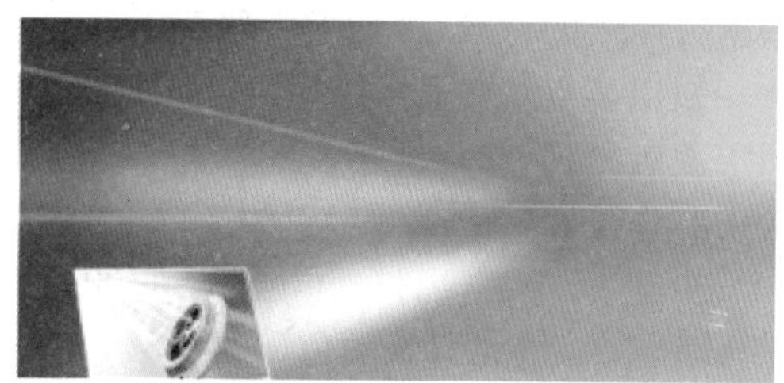

图14-14　描边图形

步骤5：同理，完成其他卡片的变形效果，注意整体透视和错落有致的层叠效果，如图14-15所示。

步骤6：选择一些卡片的下边新建图层，填充黑色，用移动工具向下拖动图层制作投影，设置合适的图层不透明度，如图14-16所示。

图14-15　制作透视卡片

图14-16　填充卡片阴影

步骤 7：用“滤镜”→“镜头光晕”添加几处柔和的光斑，再添加一些文字，完成制作，如图 14-17 所示。

图 14-17　卡片墙效果

案例小结：通过本案例，重点学习群体透视效果的制作，体会画面平衡的设计原则，形成平面不平的设计思维。素材的选择应注意色调的协调性原则。

14.3　案例 3　湿地之都——水绿盐城

案例要求：设计旅游城市宣传海报的效果图，要求体现水绿盐城的特点，展示独特的旅游资源。

设计思路：选择代表盐城的丹顶鹤、麋鹿、湿地为主体素材，配以绿水、蓝天、金色太阳融合而成的背景，再加上一些羽毛气泡，充分体现设计主题。

知识要点：魔术棒选择，选区羽化，云彩滤镜，分层云彩滤镜，图层混合模式的设置，图层蒙版处理，添加文字。

制作步骤：

步骤 1：新建文件(860 像素×1100 像素，颜色模式：CMYK，分辨率 300 像素/英寸)。

步骤 2：填充背景颜色(0d4688)，拖入湖水素材图片，用魔术棒工具选中并删除顶部白边，如图 14-18 所示。

步骤 3：设置椭圆选择工具的羽化值为 2px，在背景层上新建图层绘制正圆并填充黄色；新建图层，用矩形选择工具绘制遮盖色块，添加图层蒙版处理上部边缘，如图 14-19 所示。

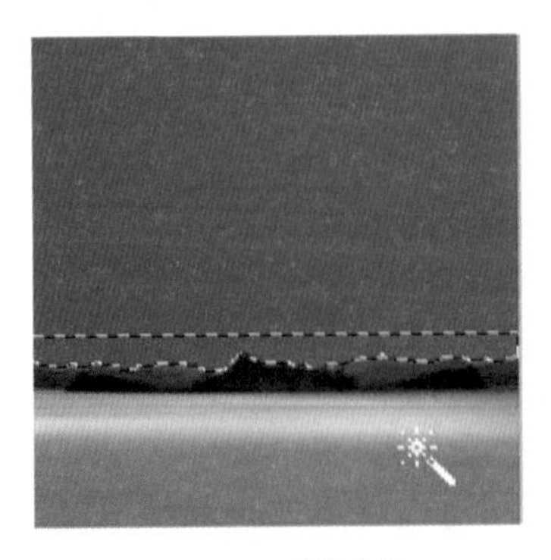

图 14-18　去除白边

图 14-19　蒙版处理

步骤4：新建图层，填充为黑色，执行“滤镜”→“渲染”→“云彩”命令，设置图层混合模式为滤色，调整图层到合适的位置和大小，添加图层蒙版处理边缘；同理，用“滤镜”→“渲染”→“分层云彩”命令完善云雾效果，如图14-20和图14-21所示。

图14-20 加入云彩

图14-21 云效果图层面板

步骤5：拖入湿地和麋鹿素材图片，调整图层到合适的位置和大小，添加图层蒙版处理边缘，设置麋鹿图层的不透明度为50%，如图14-22所示。

步骤6：拖入丹顶鹤素材图片，调整图层到合适的位置和大小，添加图层蒙版处理边缘，设置图层混合模式为强光，如图14-23所示。

图14-22 合成图像(1)

图14-23 合成图像(2)

步骤7：拖入水泡素材图片，调整图层位置在背景层之上，添加图层蒙版处理边缘，设置图层混合模式为滤色，图层不透明度为30%，如图14-24所示。

步骤8：添加文字“湿地之都，水绿盐城”，设置好字体、字号，添加投影图层样式(距离：3像素，大小：3像素)，完成制作效果如图14-25所示。

案例小结：通过本案例，掌握图层蒙版及图层混合模式和配合的使用方法；学会营造和谐氛围的设计技巧；注意调节不同元素之间的无缝结合及过渡的自然性。

图 14-24 加入水泡

图 14-25 完成制作效果

14.4 案例 4 主题背景——科技时代

案例要求：设计城市现代化发展论坛的主题背景效果图，要有现代化城市的特色，并体现浓厚的科技想象空间。

设计思路：选择具有代表意义的飞机、动车、电脑为主体素材，采用“以小见大”的设计方法处理构图，辅以动态编码链以及数字展台，加上一些指示箭头，用以视觉引导，营造出广阔的空间感和现代化城市发展的气势。

知识要点：渐变工具应用、单行选择工具、动态图层复制方法、路径字、图层不透明度、图层蒙版处理、画笔工具的应用，添加文字。

制作步骤：

步骤 1：新建文档（宽 700 像素，高 460 像素，分辨率为 100 像素/英寸），用线性渐变背景层（#535962，#9db2b3，#556f74）。

步骤 2：用单行选择后描边，用 Ctrl+Shift+T 组合快捷键移动复制，用 Ctrl+Shift+Alt+T 组合快捷键进行复制，合并线图层后用蒙版处理，如图 14-26 和图 14-27 所示。

图 14-26 制作背景

图 14-27 图层面板

步骤 3：绘制正圆路径，用文字工具创建路径字，如图 14-28 所示。

步骤 4：用“编辑”→“变换”→“扭曲”制作透视效果，如图 14-29 所示。

图 14-28 圆路径文字

图 14-29 透视效果

步骤 5：用深灰色描边当前图层，按 Ctrl+A 键全选，用 Ctrl+Alt+↑实现立体字效果，如图 14-30 所示；向内复制两层，执行"编辑"→"自由变换"，按 Alt+Shift 用鼠标拖动以中心点缩放，如图 14-31 所示。

图 14-30 立体文字

图 14-31 加入电脑素材

步骤 6：拖入公路素材图片，用"编辑"→"自由变换"调整与电脑屏幕相适应，用魔术棒工具选择电脑屏幕，选择公路图层，单击图层面板下方的添加矢量蒙版，如图 14-32 所示。

步骤 7：打开动车和飞机素材图片，选择并复制到文档中，调整位置与大小，用图层蒙版处理动车与电脑屏幕结合处，如图 14-33 所示。

图 14-32 屏幕背景

图 14-33 加入飞机、动车

步骤 8：在电脑图层下方新建图层，用多边形套索工具绘制选区，用渐变工具从左至右完成渐变(从白色到透明)，设置图层不透明度为 20%，如图 14-34 所示。

步骤 9：执行"滤镜"→"模糊"→"高斯模糊"，模糊半径为 5 像素；用矩形选择工绘制垂直细长线，填充为白色，运用“滤镜”→“扭曲”→“切变”制作飞机轨迹线，添加图层蒙版处理轨迹线两端，如图 14-35 所示。

图 14-34 绘制光线

图 14-35 处理光线

步骤 10：添加辅助线，新建两个图层，用多边形套索工具绘制两个箭头选区，分别填充为红色（#fc3c3b）和蓝色（#5a77ef），如图 14-36 所示。

步骤 11：用变形工具调整两个箭头图层的形状和位置，采用本例步骤 5 的方法制作红色箭头的立体感，如图 14-37 所示。

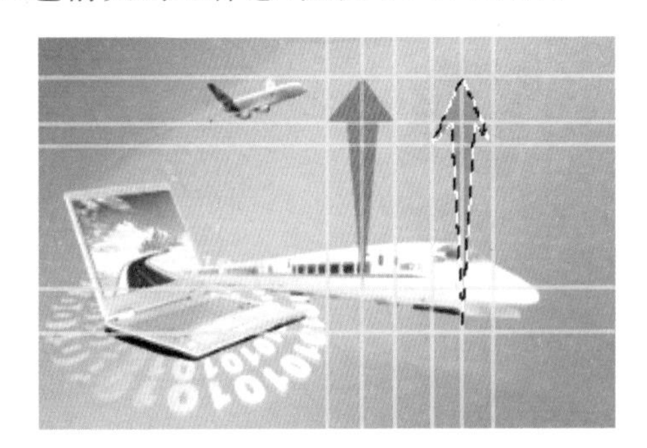

图 14-36 绘制箭头

图 14-37 变形箭头

步骤 12：新建图层，用文字工具添加长条“01”代码数字链，复制并通过设置字号、图层位置、图层不透明度制作合适的效果；用画笔工具选择星星刷绘制点缀效果；再添加标题文字完成制作，科技背景如图 14-38 所示。

图 14-38 科技背景

案例小结：通过本案例掌握三维效果的制作方法，学会平面设计中用方向标识指引视觉的方法，掌握以小见大的设计技巧，注意辅助元素的合理应用。

14.5 案例5 电视广告——震撼视觉

案例要求：设计液晶电视广告宣传单，要突出该产品视、听两个方面的卓越品质，画面要有创意，有厚重感。

设计思路：选择山峰云海为背景的主要元素，把宇宙空间与现实奇伟景观相融合，营造一种无限的广阔空间；再脱离电视画面影像表现产品的视听感受。

知识要点：渐变工具、单行选择工具、动态图层复制方法、路径字、图层不透明度、图层蒙版处理、画笔工具的应用，镜头光晕滤镜制作太阳光，添加文字。

制作步骤：

步骤1：新建文档(宽12厘米，高15厘米，分辨率为300像素/英寸)。

步骤2：填充背景颜色为深蓝色(＃0c1658)；新建图层，用矩形选择工具绘制矩形选区，填充为土黄色(＃916e2a)，添加图层蒙版处理上部边缘，如图14-39和图14-40所示。

图14-39 制作背景

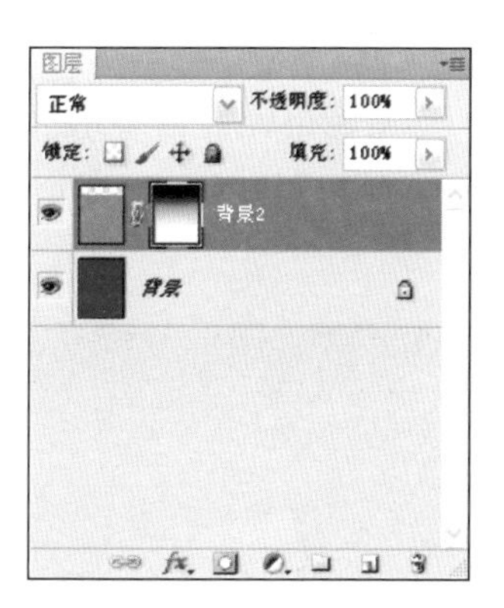

图14-40 图层面板

步骤3：拖入山峰素材，添加图层蒙版处理上下边缘，设置图层混合模式为明度，如图14-41和图14-42所示。

图14-41 加入山峰素材

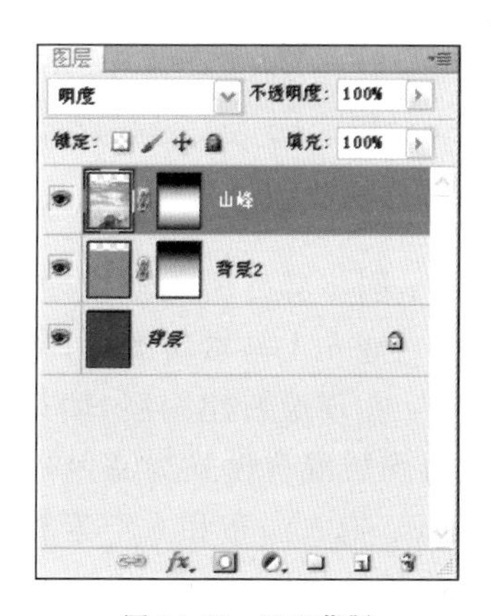

图14-42 处理蒙版

步骤 4：拖入电视屏幕素材图片，设置图层混合模式为变暗，用矩形选择工具选择并删除屏幕，如图 14-43 所示。保留选区，单击山峰图层按 Ctrl+J 组合键复制图层。用“图像”→“调整”→“色相/饱和度”调整合适颜色，然后链接两个图层。

步骤 5：用“编辑”→“变换”→“透视”及“编辑”→“变换”→“缩放”制作透视效果，如图 14-44 所示。

图 14-43　删除屏幕

图 14-44　透视效果

步骤 6：复制电视屏幕图层，用“编辑”→“变换”→“垂直翻转”和“编辑”→“变换”→“斜切”变形图层。然后添加图层蒙版进行遮盖，制作倒影效果，如图 14-45 和图 14-46 所示。

图 14-45　制作倒影

图 14-46　图层顺序

步骤 7：同步骤 6 所用方法，制作出另外两个部分的效果，如图 14-47 所示。

步骤 8：拖入飞马素材图片，移动到中间电视屏幕的合适位置，如图 14-48 所示。

步骤 9：在顶层新建图层，填充黑色，执行“滤镜”→“渲染”→“镜头光晕”，位置在左上角。设置图层混合模式为滤色，如图 14-49 所示。

步骤 10：拖入瀑布和太空素材图片，图层顺序在山峰图层之上。用步骤 3 的方法，进一步完善背景效果，如图 14-50 所示。

图 14-47 添加屏幕

图 14-48 添加飞马

图 14-49 添加光晕

步骤 11：用矩形选择工具选择全图，添加 30 像素的描边；再添加文字、认证标识，完成电视广告效果如图 14-51 所示。

图 14-50 添加瀑布

图 14-51 完成电视广告效果

案例小结：通过本案例掌握创意设计理念，在设计之初摆脱一成不变的思考方式，用夸张的手法体现事物的突出特点；学会两种环境相融合的方法。

14.6 案例 6 报纸广告——新一代智能电视

案例要求：某电器企业要在报纸上做广告，宣传新一代智能电视产品。要求视觉清新，具有科技氛围，突出该产品高清、轻薄和云搜索的智能特色。

设计思路：以水蓝色为主色调，设计一个如水晶宫般清澈的室内空间，以飘浮的立体冰块承载该电器产品独特的性能标识，再加上享受生活的人物素材进一步完善设计。

知识要点：云彩滤镜背景制作、套索选择工具、图层蒙版处理、画笔工具、变形工具、渐变工具、图层样式、图层混合模式、添加文字。

制作步骤：

步骤 1：新建文档(宽：900 像素，高：350 像素，分辨率：72 像素/英寸)。

步骤 2：选择前景色为水蓝色(＃cee3ee)，执行“滤镜”→“渲染”→“云彩”，如图 14-52 所示。

步骤 3：用多边形选择工具绘制选区，如图 14-53 所示。

图 14-52　云彩背景

图 14-53　绘制选区

步骤 4：新建图层并填充从水蓝色到白色的渐变，用单行、单列选择工具选取横线和竖线，用深蓝色(＃90afc6)描边(1 像素)，用自由变换工具调整到合适的位置，如图 14-54 所示。

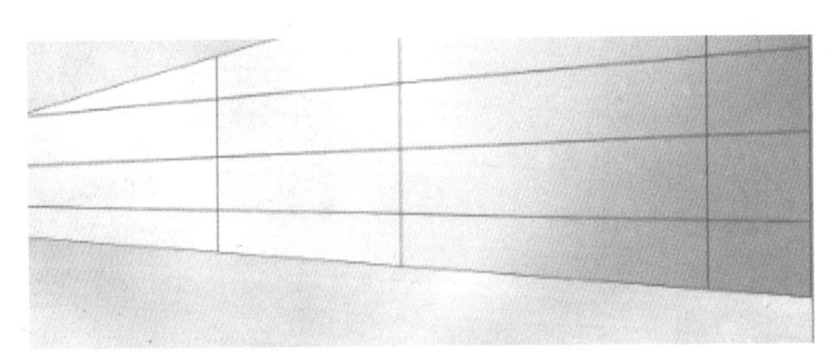

图 14-54　填充分格

步骤 5：新建图层，绘制正方形选区，用蓝色(＃ 4ba9da)到白色渐变工具填充(菱形渐变模式)，如图 14-55 所示。

步骤 6：用变形工具制作立体冰块，并用多边形选择工具和渐变工具制作冰块内的光线效果，添加图层样式，设置适当的外发光和内阴影(注意用图层蒙版处理边缘)，如图 14-56 所示。

图 14-55　菱形渐变

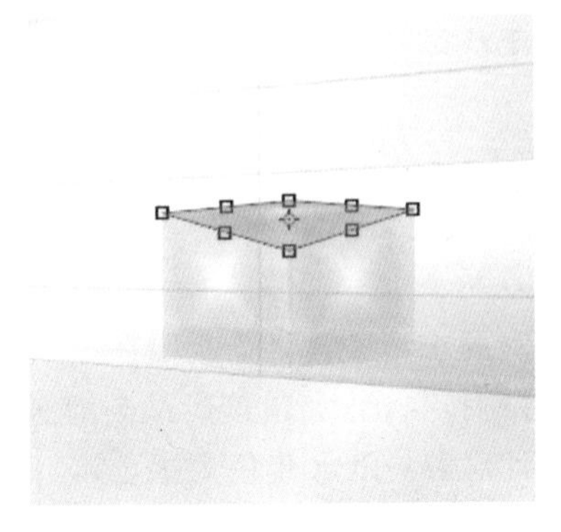

图 14-56　制作立体冰块

步骤 7：用多边形选择工具绘制冰块底面，用从透明到白色的渐变填充；适当调节图层不透明度，如图 14-57 和图 14-58 所示。

图 14-57 合成冰块

图 14-58 添加灯光

步骤 8：拖入电视和人物 1 素材图片，用变形工具实现立体透视，通过调整图层不透明度完成倒影效果如图 14-59 所示。

图 14-59 完成倒影效果

步骤 9：复制冰块，调整到合适的位置和大小，如图 14-60 所示。

图 14-60 复制冰块

步骤 10：在每个立体冰块中加入小标识图标，运用图层蒙版和调整图层不透明度制作与融合效果，如图 14-61 所示。

步骤 11：添加人物 2 素材图片，调整适当的位置和大小；添加水波素材，设置图层混合模式为颜色加深；添加水泡素材，设置图层混合模式为明度；添加文字，完成智能电视广告如图 14-62 所示。

图 14-61　加入图标

图 14-62　完成智能电视广告

案例小结：通过本案例掌握透视空间的设计方法，学会构图的对称和呼应原则，掌握手绘工具的使用。

14.7　案例 7　三维风格——汽车展台效果图

案例要求：某汽车制作厂商举办年度汽车展览会，需针对于不同品牌、不同型号的汽车设计不同风格的展台，要求保证安全、突出个性且便于展示。

设计思路：以中性的灰色为主色调，设计聚焦视觉的半封闭空间，空间背景以焦点透视技法设计出窗栏结构，放大本款汽车局部作为展台背景，最大限度地展示产品特点。

知识要点：渐变工具、图层样式、图层混合模式、图层蒙版处理、画笔工具、变形工具的应用。

制作步骤：

步骤 1：新建文档(宽：1000 像素，高：650 像素，分辨率：300 像素/英寸)，从右到左双色渐变背景(＃939393，＃e3e3e3)。

步骤 2：用矢量椭圆工具绘制展台底座，添加灰色描边如图 14-63 所示。

步骤 3：全选当前图层，按 Ctrl＋Alt＋↑组合键在同一图层进行立体复制，如图 14-64 所示。

图 14-63 绘制圆形填充

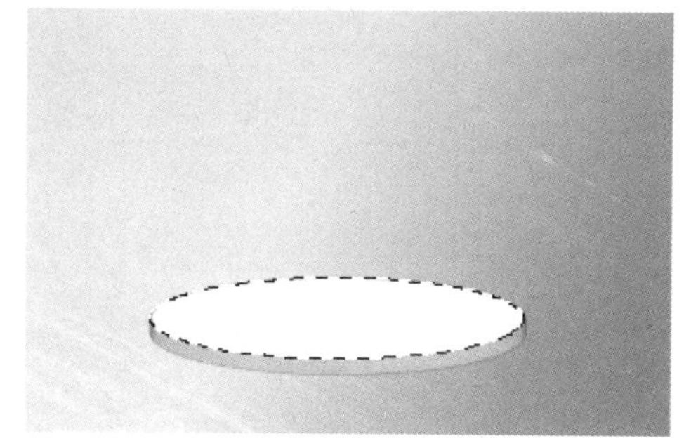

图 14-64 制作圆台

步骤 4：用魔术棒选择工具选中圆台顶部，从下往上填充双色渐变（#dedede，白色），如图 14-65 所示。

步骤 5：复制圆台，调整位置，缩放到合适大小，如图 14-66 所示。

图 14-65 渐变圆台顶部

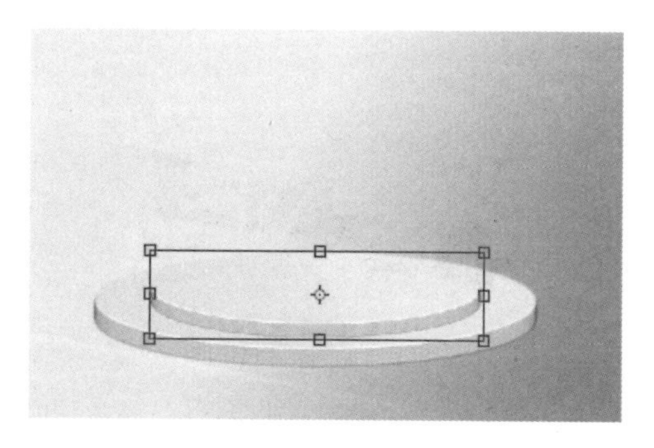

图 14-66 复制圆台

步骤 6：绘制矩形选区，填充白色，执行"编辑"→"变换"→"变形"，向内拖动上、下两条控制线中间部分，制作出立体透视背景边框，如图 14-67 所示。

步骤 7：按 Ctrl 键单击背景框图层缩略图，获取选区，执行"选择"→"修改"→"收缩"命令，把选区缩小 20 像素，如图 14-68 所示。

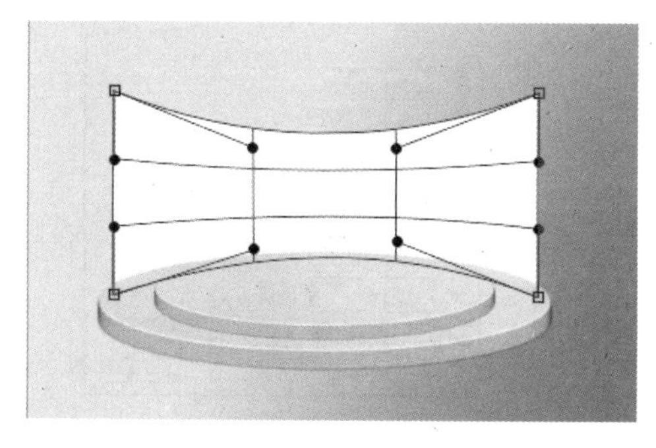

图 14-67 变形矩形

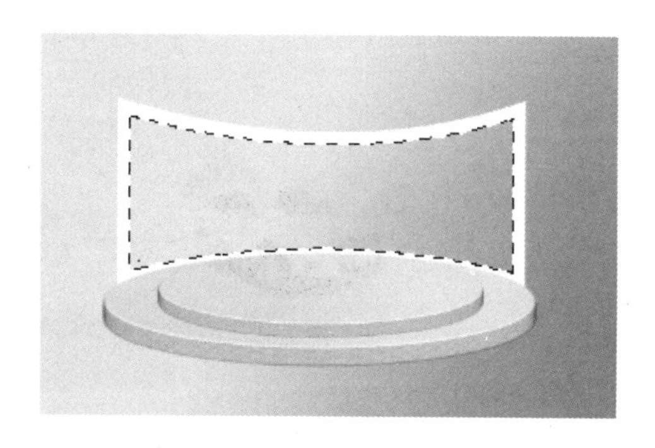

图 14-68 制作展台边框

步骤 8：用矩形选择工具绘制细长条区域，填充灰色，添加斜面浮雕样式，制作背景框内部竖栏，如图 14-69 所示。

步骤 9：同步骤 8，制作出另外两个内部竖栏，如图 14-70 所示。

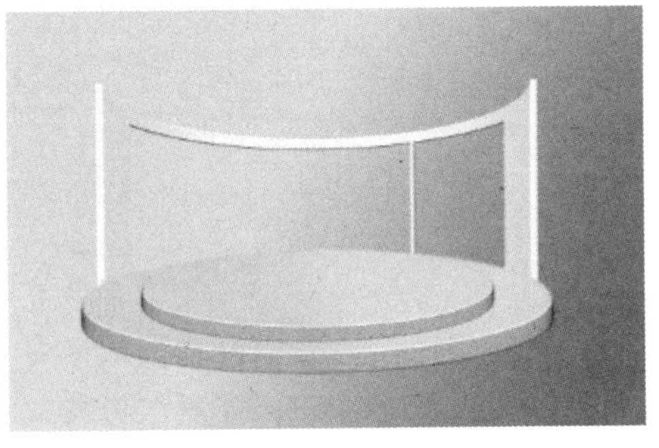

图 14-69　加入分隔

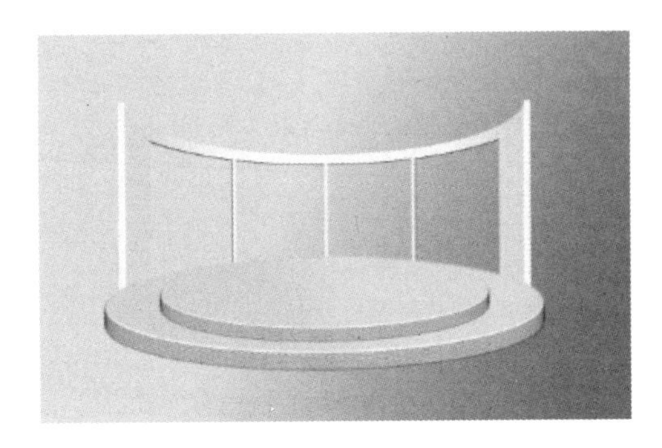

图 14-70　复制分隔

步骤 10：拖入汽车素材图片，置于背景边框下层，缩放至合适大小，添加图层蒙版遮盖多余部分，如图 14-71 所示。

步骤 11：调整汽车素材图层的透明度，如图 14-72 所示。

图 14-71　加入展台背景

图 14-72　调整透明度

步骤 12：拖入汽车素材，调整位置及大小，在汽车下部添加阴影，如图 14-73 和图 14-74 所示。

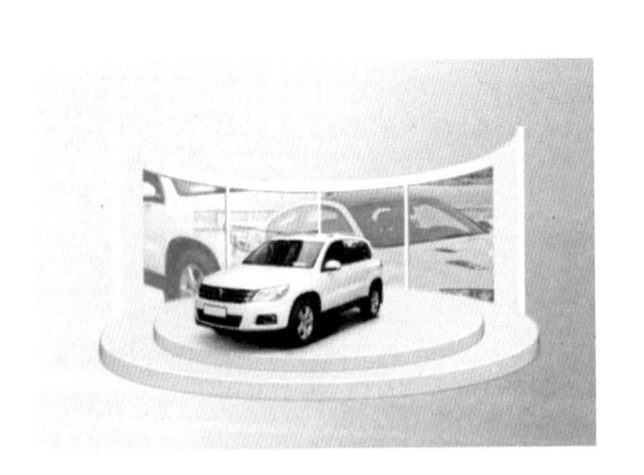

图 14-73　加入汽车

图 14-74　图层顺序

步骤 13：同步骤 3、步骤 4 制作展台顶部；复制背景边框，制作内边框以增加墙面厚度，如图 14-75 和图 14-76 所示。

步骤 14：绘制椭圆选区，填充浅灰色，用斜面浮雕样式制作出立体顶灯；执行“编

图 14-75 展台顶部

图 14-76 加入边墙

辑”→“变换”→“旋转”命令，移动中心点至合适位置，按 Ctrl+Shift+Alt+T 组合键旋转复制；合并所有顶灯图层，用变形工具调整合适的透视角度，如图 14-77 和图 14-78 所示。

图 14-77 添加顶灯

图 14-78 图层面板

步骤 15：添加文字标识素材和外部护栏，完成汽车展台效果如图 14-79 所示。

图 14-79 完成汽车展台效果

案例小结：通过本案例，掌握三维立体效果图的制作方法，学会各种工具的综合应用，注意画面整体和局部透视原理的应用和光影对设计场景的影响。

14.8 案例8 仿古风格——酒店网站欢迎页面

案例要求：制作某高级酒店的改版网站，其中欢迎页面的制作要求有亲和力、柔和、自然，要体现东方文化元素，画面简洁大方，链接及酒店信息醒目。

设计思路：选择黑框及梅花为画面主体精神元素，体现自然、和谐发展的理念及坚韧不拔的企业精神，同时体现东方传统文化。

知识要点：渐变工具、图层样式设置、图层混合模式、图层蒙版处理、画笔工具、钢笔工具、变形工具的应用。

制作步骤：

步骤1：新建文档(宽为1000像素，高为650像素，分辨率为72像素/英寸)，从右到左双色渐变背景(＃6785863，白色)。

步骤2：应用纹理化滤镜制作出页面材质，如图14-80和图14-81所示。

图14-80 制作条纹背景

图14-81 纹理化滤镜窗口

步骤3：拖入书法古诗素材图片，置于背景层之上，设置图层混合模式为叠加，添加图层蒙版处理边缘，如图14-82所示。

步骤4：拖入墨素材图片和酒店图片，在酒店图层上添加图层蒙版，遮盖酒店图层墨形状以外的部分，如图14-83所示。

图14-82 文字背景

图14-83 蒙版处理

步骤 5：在酒店图层上边添加“亮度/对比度”调整图层(亮度：34,对比度：14)，如图 14-84 和图 14-85 所示。

图 14-84 色彩调整

图 14-85 调整图层

步骤 6：加入梅花素材图片，用色彩范围选择方法去除背景，调整位置和大小，如图 14-86 所示。

步骤 7：用钢笔工具绘制“人”特效字路径，在新图层上用画笔描边制作出艺术字效果，添加印形图案；用文字工具加入酒店信息等，如图 14-87 所示。

图 14-86 加入梅花

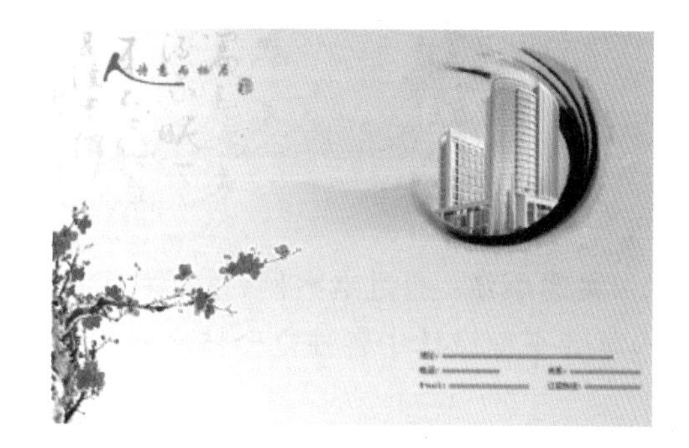

图 14-87 加入文字

步骤 8：添加大厅、餐厅、单间三个图片素材，缩小并对齐图片，添加图层样式投影(距离 2 像素、大小 6 像素)、外发光、描边(大小 2 像素)图层样式，如图 14-88 所示。

图 14-88 加入图片

步骤 9：加入按钮边框素材，添加文字，制作导航按钮，如图 14-89 所示。

步骤 10：绘制底边矩形选区，填充颜色，用添加杂色滤镜完成底边效果，网页主界面效果如图 14-90 所示。

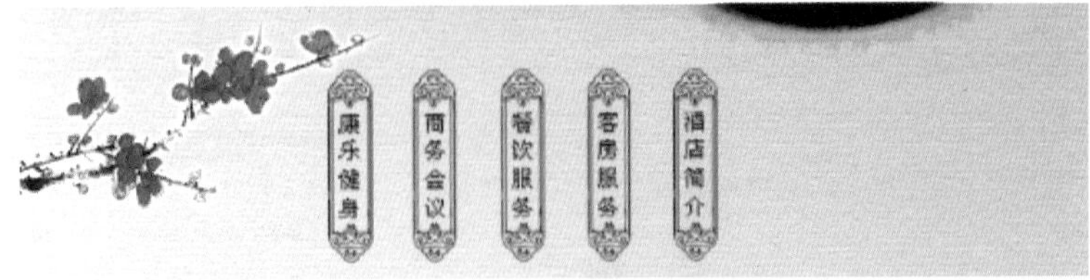

图 14-89　加入导航

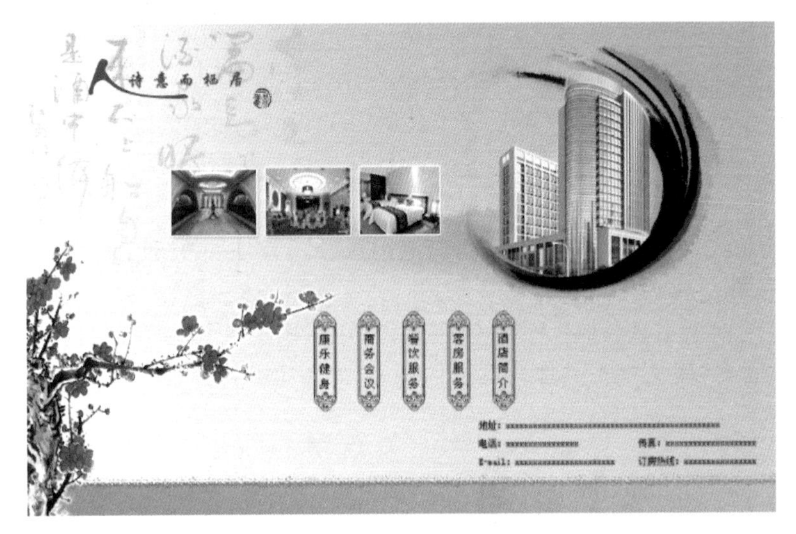

图 14-90　网页主界面效果

案例小结：通过本案例，重点掌握素材的组合处理，学会合理布局和色彩之间的协调性，学会平面设计中各独立个体之间相互衬托的设计技巧。

14.9　案例 9　软件 UI 设计——卫生管理规划平台

案例要求：市卫生管理部门建立卫生管理规划平台，要求 UI 界面清爽、视界广阔，具备良好的用户体验；四大主模板导航链接清楚，有动态效果；辅助菜单形式灵活，使用方便。

设计思路：选择蓝天、绿地为主体背景体现生态环境特点，主体按钮设计成动态轮盘样式，辅菜单设计成可伸缩的效果；配色方案应用“自然色系”。

知识要点：渐变工具、图层样式设置、图层蒙版处理、画笔工具、钢笔工具、变形工具、图层混合模式的应用。

制作步骤：

步骤 1：打开背景素材图片，用“内容识别”填充和“内容识别比例”变换加大草地范围；打开天空素材图片，添加图层蒙版处理与背景图层的结合部，如图 14-91 和图 14-92 所示。

图 14-91 调整背景

图 14-92 合成云彩

步骤 2：用矢量矩形工具绘制椭圆，添加描边和阴影样式，如图 14-93 所示。

步骤 3：复制椭圆，向上移动到合适位置，调整大小，如图 14-94 所示。

图 14-93 制作托盘(1)

图 14-94 制作托盘(2)

步骤 4：用钢笔工具绘制标题栏背景路径，填充为白色，如图 14-95 所示。

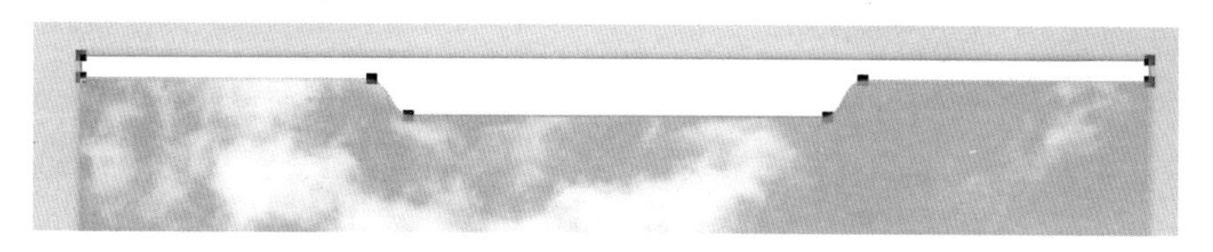

图 14-95 绘制标题栏

步骤 5：用圆角矩形工具绘制导航形状，获取选区后新建图层，用小正方形图案填充，添加图层蒙版处理上部边缘，如图 14-96 和图 14-97 所示。

图 14-96 绘制导航按钮

图 14-97 处理填充

步骤 6：添加导航按钮文字和图标，链接图层，用变形工具制作透视效果，如图 14-98 和图 14-99 所示。

步骤 7：添加按钮顺序数字，复制并垂直翻转形状图层，添加图层蒙版处理下部边；选中按钮组成部分图层，按 Ctrl+G 进行群组，如图 14-100、图 14-101 和图 14-102 所示。

图 14-98 添加文字、图标

图 14-99 变形按钮

图 14-100 立体按钮

图 14-101 添加序号

步骤 8：绘制椭圆选区，填充淡蓝到白色的双色渐变；再使用图层样式制作出导航立体托盘的镜面效果；同步骤 5、步骤 6、步骤 7 的方面制作出其余三个主导航按钮，如图 14-103 所示。

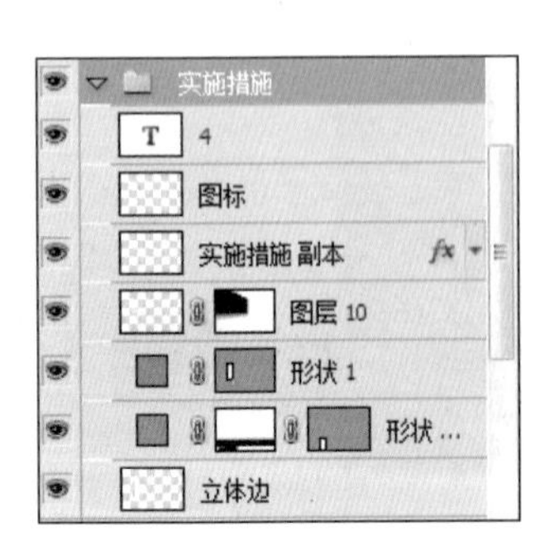

图 14-102 按钮图层面板

图 14-103 美化托盘

步骤 9：添加地球仪素材图片，绘制椭圆选区并描边，添加外发光图层样式制作出地球仪外部光环，如图 14-104 和图 14-105 所示。

步骤 10：用圆角矩形工具绘制标题栏背景，设置内阴影、外发光、渐变叠加、描边图层样式，添加文字，完成标题栏制作，效果如图 14-106 所示。

图 14-104 加入地球仪、光线

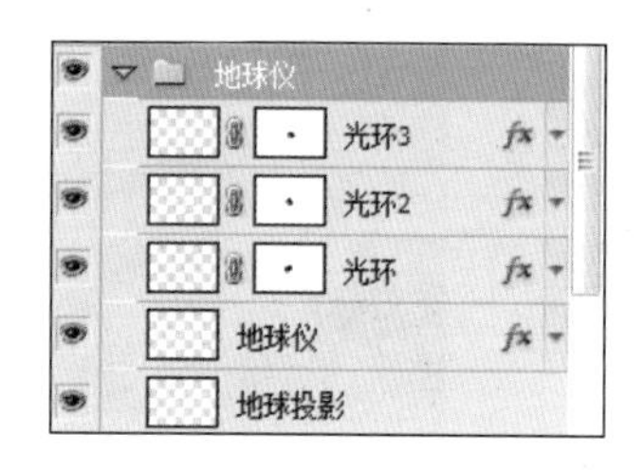

图 14-105 地球仪图层面板

图 14-106 标题栏制作效果

步骤 11：应用选区运算绘制底部导航菜单形状，填充蓝色并应用立体样式，添加文字及辅助背景，如图 14-107 所示。

图 14-107 添加底部菜单

步骤 12：新建图层，用画笔工具在四个主体导航按钮上加一些光点。设置图层混合模式为叠加，完成制作。人工界面设计如图 14-108 所示。

案例小结：通过本案例，重点掌握应用图层样式制作立体效果的方法；学会在设计中应用统一的配色方案；掌握软件界面设计过程中的易于操作、布局合理、用户体验好等基本规范。

图 14-108 UI界面设计

参考文献

[1] 智丰工作室. Photoshop CS5 平面广告设计宝典. 北京：清华大学出版社，2011

[2] 张军安，吕庆莉. 平面设计标准教程. 西安：西北工业大学出版社，2010

[3] 倪洋，张大地. 完全征服 Photoshop 平面设计. 北京：人民邮电出版社，2007

[4] 梵绅科技. Photoshop CS4 从入门到精通. 北京：北京科海电子出版社，2009

[5] 周建国，吕娜. Photoshop CS 完全解析中文版. 北京：人民邮电出版社，2004

[6] 鸿人工作室. Photoshop CS 全面攻克设计行业. 北京：中国科学技术出版社，2004

[7] (美)麦克莱兰. Photoshop CS 宝典. 北京：电子工业出版社，2004

[8] (韩)金东美，郑世兰. Photoshop CS 特效设计风暴. 北京：中国青年出版社，2005

[9] 锐世视觉. Photoshop 完美创意设计 III. 北京：中国青年出版社，2009

[10] 麓山文化. 中文版 CorelDRAW X4 商业案例设计及绘制技法. 北京：科学出版社，2009